职业教育精品规划教材

模拟电子技术项目仿真与工程实践

李云庆 张 帆 主 编

李 康 嵇丽丽 汪 勤 副主编

电子工业出版社

Publishing House of Electronics Industry

北京·BEIJING

内 容 简 介

本书充分发挥中德合作优势，以德国技术员学校"电子技术"课程模拟部分教学大纲和内容为依据，借鉴技术员学校对电子技术课程学习领域的划分方式，将模拟电子技术课程划分为二极管、三极管、场效应管、集成运算放大器几个学习领域，结合国内教学特点和先进的项目式教学法通过直流稳压电源、便携式扩音器、机器人直流电动机驱动模块、机器人巡线信号处理模块几个项目使每个学习领域的知识得以应用，通过每个项目的实施将理论知识、设计应用、工程实践融入其中，充分发挥项目引导、任务驱动的优势，弥补传统教学方法在该课程教学中理论教学抽象复杂、教学效果差的缺点。

未经许可，不得以任何方式复制或抄袭本书之部分或全部内容。
版权所有，侵权必究。

图书在版编目（CIP）数据

模拟电子技术项目仿真与工程实践/李云庆，张帆主编. —北京：电子工业出版社，2016.7
ISBN 978-7-121-29192-0

Ⅰ. ①模… Ⅱ. ①李… ②张… Ⅲ. ①模拟电路－电子技术－系统仿真 Ⅳ. ①TN710

中国版本图书馆 CIP 数据核字（2016）第 143468 号

策划编辑：白　楠
责任编辑：白　楠　　　特约编辑：王　纲
印　　刷：北京盛通商印快线网络科技有限公司
装　　订：北京盛通商印快线网络科技有限公司
出版发行：电子工业出版社
　　　　　北京市海淀区万寿路 173 信箱　邮编　100036
开　　本：787×1 092　1/16　印张：16.75　字数：428.8 千字
版　　次：2016 年 7 月第 1 版
印　　次：2022 年 8 月第 2 次印刷
定　　价：38.00 元

凡所购买电子工业出版社图书有缺损问题，请向购买书店调换。若书店售缺，请与本社发行部联系，联系及邮购电话：（010）88254888，88258888。
质量投诉请发邮件至 zlts@phei.com.cn，盗版侵权举报请发邮件至 dbqq@phei.com.cn。
本书咨询联系方式：010-88254592，bain@phei.com.cn。

  本书充分发挥中德合作优势，以德国技术员学校"电子技术"课程模拟部分教学大纲和内容为依据，借鉴技术员学校对电子技术课程学习领域的划分方式，将模拟电子技术课程划分为二极管、三极管、场效应管、集成运算放大器几个学习领域，结合国内教学特点和先进的项目式教学法通过直流稳压电源、便携式扩音器、机器人直流电动机驱动模块、机器人巡线信号处理模块几个项目使每个学习领域的知识得以应用，通过每个项目的实施将理论知识、设计应用、工程实践融入其中，充分发挥项目引导、任务驱动的优势，弥补传统教学方法在该课程教学中理论教学抽象复杂、教学效果差的缺点。

  每个学习领域的设计分为以下几个部分。

  ❖ 项目引入（提出问题）

  通过一个生活中的实例，让大家感性认识该学习领域的知识点，体会这个知识点并不只是在死板的书里，而是活生生地存在着。让大家了解这个学习领域能做什么。

  ❖ 项目分析（分析问题）

  通过对元器件数据手册和电气特性的分析并结合项目中的具体应用，展现每一个学习领域核心的电路知识点，并详细介绍如何把元器件、电子技术应用在实际当中。通过 Multisim 对电路进行仿真学习，既强化了知识点，也训练了技能。在仿真过程中还能学习到电路设计的思路。

  ❖ 项目实现（解决问题）

  电子技术的最大价值就是实践设计，每一个学习领域都安排一个工程项目，通过对实际项目的实施，使学生真正学以致用，切实感受模拟电子技术的功用。

  ❖ 项目扩展（如何解决其他问题）

  通过完成的项目对知识点的应用进一步引导和扩展，使学生对学习到的知识能够举一反三、灵活运用，既扩展视野，又便于感性认识知识点的应用。

  考虑到课时和理论分析不够直观，本书在编写过程中为了能充分调动学生的积极性和兴趣，引入先进的 Multisim 仿真软件，在教学过程中直观地反映出电路的特点和应用，同时也使学生掌握一门电路设计与仿真的软件，提高对模拟电路的理解和应用能力。

  本书由上海电子信息职业技术学院李云庆、张帆主编，其中直流稳压电源项目由汪勤编写，便携式扩音器由李康编写，机器人直流电动机驱动模块由张帆编写，机器人巡线传感器信号处理模块由李云庆编写，李云庆负责统稿和所有项目的制作调试与仿真，参与编写的还有嵇丽丽。在此对参与本书的编写人员表示衷心的感谢。

  由于时间仓促，编者水平有限，书中难免存在错误不妥之处，请读者批评指正，并提出宝贵意见，编者的邮箱为：liyunq81@163.com。

编 者

目　　录

项目一　直流稳压电源 (1)

任务1　直流稳压电源电路工作原理分析 (3)
- 子任务1　认知电路中的元器件 (3)
- 子任务2　电路原理认知学习 (11)
- 子任务3　直流稳压电路的仿真分析与验证 (13)

任务2　直流稳压电路元器件的识别与检测 (15)
- 子任务1　电阻类元件、电容元件的识别与检测 (16)
- 子任务2　二极管与稳压管的识别与检测 (17)
- 子任务3　三极管的识别与检测 (18)

任务3　直流稳压电源电路的装配与调试 (18)
- 子任务1　电路元器件的装配与布局 (19)
- 子任务2　制作直流稳压电源电路模块 (20)
- 子任务3　调试直流稳压电源电路 (20)

任务4　项目汇报与评价 (23)
- 子任务1　汇报制作调试过程 (23)
- 子任务2　对其他人作品进行客观评价 (23)
- 子任务3　撰写技术文档 (24)

【知识链接】 (25)

1.1　半导体基础知识 (25)
- 1.1.1　半导体基本概念 (25)
- 1.1.2　PN 结及其导电性 (26)

1.2　半导体二极管 (27)
- 1.2.1　二极管的伏安特性 (27)
- 1.2.2　特殊二极管及其应用 (28)

1.3　整流电路 (31)
- 1.3.1　单向半波整流电路 (31)
- 1.3.2　单相桥式整流电路 (32)

1.4　滤波电路 (33)
- 1.4.1　电容滤波电路 (34)
- 1.4.2　电感滤波电路 (35)
- 1.4.3　复式滤波电路 (35)
- 1.4.4　倍压整流电路 (36)

1.5　稳压电路 (37)
- 1.5.1　硅稳压二极管稳压电路 (37)

		1.5.2 线性串联型稳压电路	(37)
		1.5.3 集成稳压器	(39)
	1.6	习题	(42)

项目二 便携式扩音器的制作 (45)

- 任务1 便携式扩音器放大电路工作原理分析 (46)
  - 子任务1 认知电路中的元器件 (46)
  - 子任务2 电路原理认知学习 (55)
  - 子任务3 便携式扩音器电路原理的仿真分析及验证 (57)
- 任务2 便携式扩音器放大电路的元器件检测 (59)
  - 子任务1 电阻类元件、电容、二极管的识别与检测 (60)
  - 子任务2 大功率管的识别与检测 (62)
  - 子任务3 驻极式话筒的识别与检测 (63)
  - 子任务4 扬声器的识别与检测 (64)
- 任务3 便携式扩音器放大电路的装配与调试 (64)
  - 子任务1 电路元器件的装配与布局 (65)
  - 子任务2 制作便携式扩音器放大电路模块 (66)
  - 子任务3 调试便携式扩音器放大电路 (66)
- 任务4 项目汇报与评价 (67)
  - 子任务1 汇报制作调试过程 (68)
  - 子任务2 对其他人作品进行客观评价 (68)
  - 子任务3 撰写技术文档 (69)

【知识链接】 (70)

- 2.1 三极管 (70)
  - 2.1.1 三极管的结构、分类和符号 (70)
  - 2.1.2 三极管的伏安特性 (71)
  - 2.1.3 三极管的主要参数 (74)
  - 2.1.4 三极管的工作状态 (75)
- 2.2 放大电路基础 (78)
  - 2.2.1 组成框图 (78)
  - 2.2.2 四端口网络 (78)
  - 2.2.3 放大电路的性能指标 (79)
- 2.3 三极管放大电路 (80)
  - 2.3.1 共发射极放大电路 (80)
  - 2.3.2 共基极放大电路 (83)
  - 2.3.3 共集电极放大电路 (85)
- 2.4 多级放大电路 (88)
  - 2.4.1 多级放大电路基本概念 (88)
  - 2.4.2 多级放大电路的耦合方式 (88)
  - 2.4.3 多级放大电路性能指标的计算 (90)

  2.4.4 多级放大电路的频率特性 ··· (90)
 2.5 互补对称功率放大电路 ·· (90)
  2.5.1 功率放大电路基础 ··· (90)
  2.5.2 乙类互补对称功率放大电路 ··· (91)
  2.5.3 甲乙类互补对称功率放大电路 ····································· (92)
  2.5.4 甲乙类单电源互补对称放大电路（OTL） ·················· (93)
  2.5.5 BTL 电路 ·· (94)
  2.5.6 集成音频功率放大器 ··· (94)
 2.6 习题 ··· (97)
  2.6.1 概念题部分 ·· (97)
  2.6.2 简答分析题 ·· (101)
  2.6.3 计算与仿真 ·· (102)

项目三　工业机器人电动机驱动模块 ··································· (105)

 任务1 电动机驱动模块工作原理分析 ·· (107)
  子任务1 认知电路中的元器件 ·· (107)
  子任务2 电路原理认知学习 ·· (112)
  子任务3 电动机驱动电路项目仿真分析与验证 ···················· (114)
 任务2 电动机驱动模块电路元器件的识别与检测 ····················· (115)
  子任务1 电阻类元件、电容、二极管、三极管的识别与检测 ··· (115)
  子任务2 75N75 的识别与检测 ·· (117)
  子任务3 IR2110 的识别与检测 ··· (118)
  子任务4 继电器的识别与检测 ·· (118)
 任务3 电动机驱动模块电路的装配与调试 ································ (119)
  子任务1 电路元器件的装配与布局 ····································· (120)
  子任务2 制作电动机驱动模块电路 ····································· (121)
  子任务3 调试电动机驱动模块电路 ····································· (121)
 任务4 项目汇报与评价 ·· (122)
  子任务1 汇报制作调试过程 ·· (123)
  子任务2 对其他人作品进行客观评价 ································· (123)
  子任务3 撰写技术文档 ··· (124)
 【知识链接】 ··· (125)
 3.1 场效应管 ·· (125)
  3.1.1 场效应管的分类 ·· (125)
  3.1.2 结型场效应管 ·· (125)
  3.1.3 增强型 MOSFET（E-MOSFET） ······························ (128)
  3.1.4 耗尽型 MOSFET（D-MOSFET） ······························ (130)
  3.1.5 场效应管的主要参数 ··· (132)
  3.1.6 场效应管的特点及使用注意事项 ····························· (135)
  3.1.7 场效应管的检测 ·· (136)

3.2 场效应管放大电路 (137)
    3.2.1 场效应管的微变等效分析 (137)
    3.2.2 共源组态基本放大电路 (138)
    3.2.3 共漏组态基本放大电路 (143)
    3.2.4 共栅组态基本放大电路 (144)
    3.2.5 三种接法基本放大电路的比较 (145)
3.3 习题 (145)

项目四 工业机器人巡线传感器信号处理模块 (149)

任务1 巡线传感器信号处理模块工作原理分析 (152)
    子任务1 认知电路中的元器件 (152)
    子任务2 电路原理认知学习 (160)
    子任务3 巡线传感器信号处理电路项目仿真分析与验证 (162)

任务2 巡线传感器信号处理电路元器件的识别与检测 (163)
    子任务1 电阻类元件、电容、稳压管、发光二极管的识别与检测 (163)
    子任务2 LM324的识别与检测 (166)
    子任务3 74HC14的识别与检测 (167)

任务3 巡线传感器信号处理模块电路的装配与调试 (168)
    子任务1 电路元器件的装配与布局 (169)
    子任务2 制作8路巡线传感器信号处理电路模块 (170)
    子任务3 调试8路巡线传感器信号处理电路 (170)

任务4 项目汇报与评价 (171)
    子任务1 汇报制作调试过程 (171)
    子任务2 对其他人作品进行客观评价 (172)
    子任务3 撰写技术文档 (173)

【知识链接】 (173)
4.1 集成运算放大器 (174)
    4.1.1 集成运放基础知识概述 (174)
    4.1.2 集成运放的电气特性 (178)
    4.1.3 集成运放的主要技术指标 (184)
    4.1.4 集成运放的理想化模型 (188)
4.2 反馈在集成运放中的应用 (188)
    4.2.1 反馈的基本概念 (189)
    4.2.2 反馈的判断 (190)
    4.2.3 四种反馈组态 (191)
    4.2.4 负反馈放大电路的一般表达式 (195)
4.3 频率特性的基本概念 (195)
    4.3.1 基本概念 (196)
    4.3.2 集成运放的频率特性 (197)
4.4 集成运放的线性应用 (197)

　　　　4.4.1 比例运算电路 (198)
　　　　4.4.2 加法运算电路 (199)
　　　　4.4.3 减法运算电路 (199)
　　　　4.4.4 积分运算电路 (199)
　　　　4.4.5 微分运算电路 (200)
　　　　4.4.6 仪表放大器 (200)
　　4.5 集成运放的非线性应用 (201)
　　　　4.5.1 比较器 (201)
　　　　4.5.2 方波发生器 (203)
　　4.6 正弦波发生器 (204)
　　　　4.6.1 正弦振荡的一般问题 (204)
　　　　4.6.2 文氏电桥振荡器 (206)
　　4.7 常用集成运放芯片介绍 (207)
　　　　4.7.1 集成运放供应商 (207)
　　　　4.7.2 常用集成运放芯片 (208)
　　　　4.7.3 常用集成比较器芯片 (209)
　　　　4.7.4 函数发生器芯片 (210)
　　4.8 习题 (211)
　　　　4.8.1 概念题部分 (211)
　　　　4.8.2 计算和计算机仿真题 (213)
附录 A 二极管 1N4007 数据手册 (215)
附录 B 二极管 1N4008 数据手册 (217)
附录 C 三极管 S9012 数据手册 (220)
附录 D 三极管 S9013 数据手册 (222)
附录 E 3DD15D 数据手册 (225)
附录 F LM7805 数据手册 (227)
附录 G D882 数据手册 (229)
附录 H HF3FF 超小型大功率继电器 (230)
附录 I 功率场效应管 75N75 手册 (233)
附录 J IR2110 数据手册 (238)
附录 K LM324 数据手册 (243)
附录 L 74HC14 数据手册 (250)
参考文献 (255)

项目一

直流稳压电源

当今社会人们极大地享受着电子设备带来的便利，但是任何电子设备都有一个共同的电路——电源电路。大到超级计算机、小到袖珍计算器，所有的电子设备都必须在稳定的电源电路支持下才能正常工作。虽然日常生活中收音机、MP4 等可以采用干电池、蓄电池供电，但干电池容量小、不经济，因此在有交流电网的情况下，一般利用交流电网将交流电转换成直流电。本项目就是利用电子元器件来制作一台简单的直流稳压电源。

 项目学习目标

- 能认识项目中元器件的符号。
- 能认识、检测及选用元器件。
- 能查阅元器件手册并根据手册进行元器件的选择和应用。
- 能分析直流稳压电源电路的工作原理和工作过程。
- 能对直流稳压电源电路进行仿真分析和验证。
- 能制作和调试直流稳压电源电路。
- 能文明、安全操作，遵守实验实训室管理规定。
- 能与其他学员团结协作完成技术文档并进行项目汇报。

 项目任务分析

（1）通过学习和查阅相关元器件的技术手册进行元器件的检测，完成项目元器件检测报告。
（2）在 Multisim 中进行项目的仿真分析和验证。
（3）按照安装工艺的要求并结合项目任务报告进行项目装配，装配完成对本项目进行调试。
（4）撰写制作调试报告。
（5）对项目完成进行展示汇报，并对其他组学生的作品进行互评，完成项目评价表。

 项目总电路图

该项目的电路原理图如图 1-1 所示。

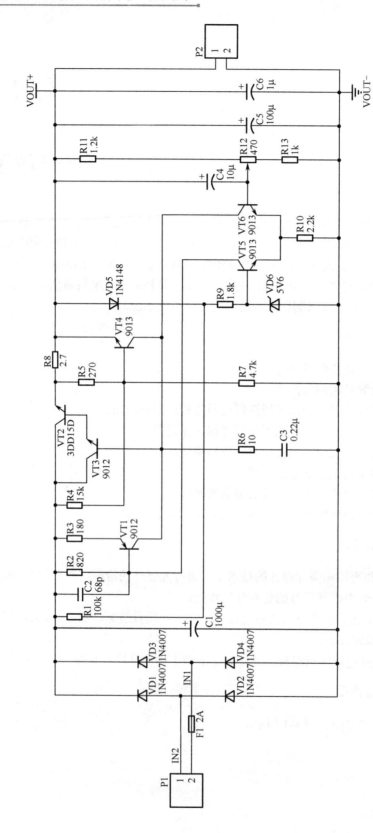

图1-1 直流稳压电源电路原理图

项目任务分配表（表 1-1）

表 1-1 任务分配表

项目任务	子任务		课时
任务 1 直流稳压电源电路工作原理分析	子任务 1	认知电路中的元器件	6
	子任务 2	电路原理认知学习	
	子任务 3	直流稳压电路电路的仿真分析与验证	
任务 2 直流稳压电源电路元器件的识别与检测	子任务 1	电阻类元件、电容元件的识别与检测	1
	子任务 2	二极管与稳压管的识别与检测	
	子任务 3	三极管的识别与检测	
任务 3 直流稳压电源电路的装配与调试	子任务 1	电路元器件的装配与布局	3
	子任务 2	制作直流稳压电源电路模块	
	子任务 3	调试直流稳压电源电路	
任务 4 项目汇报与评价	子任务 1	汇报制作调试过程	2
	子任务 2	对其他人作品进行客观评价	
	子任务 3	撰写技术文档	

任务 1　直流稳压电源电路工作原理分析

 学习目标

（1）能认识常用的元器件符号。
（2）能分析直流稳压电源电路的组成及工作过程。
（3）能对直流稳压电源电路进行仿真。

工作内容

（1）认识二极管、三极管等元器件的符号。
（2）对直流稳压电源电路进行分析和参数计算。
（3）对直流稳压电源电路进行仿真分析。

子任务 1　认知电路中的元器件

【元器件知识】

1. 二极管

二极管又称晶体二极管，它是最常用的电子元件之一，具有单向传导电流的特性，被广泛用于整流、检波、稳压和各种调制电路中。

1）二极管的结构与组成

二极管是由一个 PN 结加上引出线封装在管壳内构成的。P 区一侧的引出线称为阳极或正极，N 区一侧的引出线称为阴极或负极。二极管的电气符号如图 1-2 所示，电气符号中三角箭头方向表示 PN 结正向电流的方向。

A ─▷├─ K
正极　　　负极

图 1-2　二极管的电气符号

2）二极管的分类

二极管种类繁多，按材料分类有硅二极管、锗二极管和砷化镓二极管。二极管按用途可分为普通、整流、稳压、光敏、热敏、发光等类型。二极管按结构可分为点接触型和面接触型，点接触型的 PN 结面积非常小，不能通过较大电流；但结面积小，结电容也小，高频性能好，故适用于高频和小功率情况，一般用于检波或脉冲电路，也可用于小电流整流。面接触型的 PN 结面积很大，能通过较大电流，但结电容也大，只能在较低频率下使用，常用于低频大电流的整流器中。常见二极管的电路符号如图 1-3 所示。

（a）整流二极管　　（b）稳压管　　（c）发光二极管　　（d）光电二极管　　（e）变容二极管

图 1-3　常用二极管的电气符号

3）二极管的主要参数

二极管的参数，是定量描述二极管性能优劣的质量指标，其主要参数如下。

（1）最大整流电流 I_F

最大整流电流 I_F 是指二极管长时间工作时允许通过的最大正向平均电流。注意流过二极管的正向最大平均电流不大于这个数值，否则可能损坏二极管。

（2）最大反向电压 U_{Rm}

最大反向电压 U_{Rm} 是指二极管正常使用时所允许加的最高反向电压。其值通常取二极管反向击穿电压 U_{BR} 的一半左右，使用时如果超过此值，二极管将有击穿的危险。

（3）反向电流 I_S

反向电流 I_S 是指在室温下二极管未被击穿时的反向电流值，或者是加上最大反向工作电压时的反向电流。

（4）最高工作频率 f_m

最高工作频率 f_m 是指保证二极管能起单向导电作用时的最高工作频率。如果通过二极管电路的频率大于该值，二极管将不能起到单向导电的作用。

常用的二极管有 1N4000 系列普通二极管和开关二极管，HERxxx 系列、MURxxx 系列、BYxxx 系列快恢复二极管，其主要参数见表 1-2。常用的稳压管参数见表 1-3。

表 1-2　常用二极管参数

规　格	型　号	最大电压(V_{DC})	I_o(A)	I_{FSM}(A)	封　装	说　明
1N4000 系列	1N4001	50	1	30	DO-41	普通二极管

续表

规 格	型 号	最大电压(V_{DC})	I_o(A)	I_{FSM}(A)	封 装	说 明
1N4000 系列	1N4002	100	1	30	DO-41	普通二极管
	1N4003	200	1	30	DO-41	普通二极管
	1N4004	400	1	30	DO-41	普通二极管
	1N4005	600	1	30	DO-41	普通二极管
	1N4006	800	1	30	DO-41	普通二极管
	1N4007	1000	1	30	DO-41	普通二极管
	1N4148	100	0.2	540	DO-35	开关二极管
	1N4150	50	0.2	540	DO-35	开关二极管
	1N4448	50	0.2	540	DO-35	开关二极管
	1N4454	50	0.2	540	DO-35	开关二极管
	1N4457	70	0.2	540	DO-35	开关二极管
MURxxx 系列 快恢复二极管	MUR805	50	8	100	TO-220AC	快恢复二极管
	MUR810	100	8	100	TO-220AC	快恢复二极管
	MUR815	150	8	100	TO-220AC	快恢复二极管
	MUR820	200	8	100	TO-220AC	快恢复二极管
	MUR840	400	8	100	TO-220AC	快恢复二极管
BYxxx 系列 二极管	BYW29-50	50	8	100	TO-220	快恢复二极管
	BYW29-100	100	8	100	TO-220	快恢复二极管
	BYW29-150	150	8	100	TO-220	快恢复二极管
	BYW29-200	200	8	100	TO-220	快恢复二极管
HERxxx 系列 快恢复二极管	HER1601C	50	16	200	TO-220	快恢复
	HER1602C	100	16	200	TO-220	快恢复
	HER1603C	200	16	200	TO-220	快恢复
	HER1604C	300	16	200	TO-220	快恢复
	HER1605C	400	16	200	TO-220	快恢复

表 1-3 常用稳压管参数

序号	型号	V_Z(V)	Z_Z(Ω)	I_Z(mA)	I_{RZ}(μA)	封 装	说 明
1	1N4728	3.3	10	76	100	DO-41	稳压二极管
2	1N4729	3.6	10	69	100	DO-41	稳压二极管
3	1N4730	3.9	9	64	50	DO-41	稳压二极管
4	1N4731	4.3	9	58	10	DO-41	稳压二极管
5	1N4732	4.7	8	53	10	DO-41	稳压二极管
6	1N4733	5.1	7	49	10	DO-41	稳压二极管
7	1N4734	5.6	5	45	10	DO-41	稳压二极管
8	1N4735	6.2	2	41	10	DO-41	稳压二极管
9	1N4736	6.8	3.5	37	10	DO-41	稳压二极管

4）二极管的检测

（1）用指针式万用表检测

指针式万用表红表笔是（表内电源）负极，黑表笔是（表内电源）正极。在使用二极管之前，须辨别二极管的正、负极性。最简单的判断方法是用一只普通万用表来测量它的正、反向电阻，如图1-4（a）、（b）所示。测量时，首先将万用表欧姆挡的量程拨到 $R\times100$ 挡或 $R\times1k$ 挡位置，因为在 $R\times1$ 挡位置时电流太大，$R\times10k$ 挡位置时电压太高，都有可能损坏二极管。然后将两表棒分别接二极管的两个电极，交换电极再测一次，从而得到两个电阻值。管子的正向电阻值一般为几百欧姆至几千欧姆，反向电阻值为几十千欧姆到几百千欧姆。若测得电阻值中数值小的一次黑表棒接的是二极管的正极，红表棒接的是二极管的负极。由于二极管是非线性器件，用不同的电阻挡测量时，测出的正反向电阻值会有所差别。一般硅管正向电阻为几千欧，锗管正向电阻为几百欧。正反向电阻相差不大为劣质管，正反向电阻都是无穷大或零则二极管内部断路或短路。

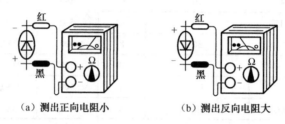

图1-4　测正反向电阻接线图

（2）用数字式万用表检测

数字式万用表红表笔是（表内电源）正极，黑表笔是（表内电源）负极。再用 ▶︱ 挡进行测量，当 PN 结完好且正偏时，显示值为 PN 结两端的正向压降。反偏时，显示"1."，表示其处于截止，阻值为无穷大。其接法如图1-5（a）、（b）所示。

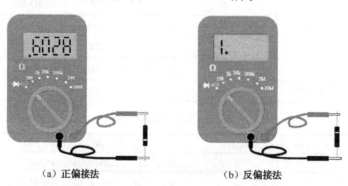

图1-5　数字式万用表检测二极管的接法

5）稳压二极管的检测

从外形上看，金属封装稳压二极管管体的正极一端为平面形，负极一端为半圆面形。塑封稳压二极管管体上印有标记的一端为负极，另一端为正极。对标志不清楚的稳压二极管，也可以用万用表判别其极性，测量的方法与普通二极管相同，即用万用表 $R\times1k$ 挡，将两表笔分别接稳压二极管的两个电极，测出一个结果后，再对调两表笔进行测量。在两次测量结果中，阻值较小那一次,黑表笔接的是稳压二极管的正极,红表笔接的是稳压二极管的负极。若测得稳压二极管的正、反向电阻均很小或均为无穷大,则说明该二极管已击穿或开路损坏。

2. 三极管

半导体双极型三极管又称晶体三极管,简称晶体管或三极管,它是一种电流控制电流的半导体器件,可用来对微弱信号进行放大和作为无触点开关。它具有结构牢固、寿命长、体积小、耗电省等一系列独特优点,故在各个领域得到广泛应用。

1) 晶体管的结构与组成

晶体管又称三极管,是利用特殊工艺将两个 PN 结结合在一起而构成的,按其结构组成有 PNP 和 NPN 两种,如图 1-6 所示。

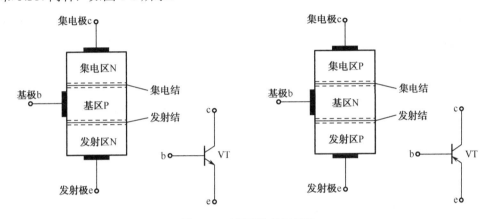

图 1-6 三极管结构及符号

三极管有三个区域分别为发射区、集电区和基区。由三个区引出的三个电极分别称为发射极 e、集电极 c 和基极 b。发射区和基区之间的 PN 结为发射结,集电区和基区之间的 PN 结为集电结。基区较薄,集电区较厚。在使用时发射极和集电极两者不可互换,因为发射区和集电区的杂质浓度大小不同。在一定的外部条件下晶体管具有电流放大作用。

2) 三极管的分类

三极管的种类很多,通常按以下几个方面分类。

(1) 按三极管所用半导体材料来分,有硅管和锗管两种,硅管受温度影响小,性能稳定,应用广泛。

(2) 按三极管的导电极性来分,有 NPN 型和 PNP 型两种。硅管多是 NPN 型,锗管多是 PNP 型。

(3) 按功率分,有小功率管、中功率管和大功率管(功率在 1W 以上的为大功率管)。

(4) 按频率来分,有低频管和高频管两种,工作频率在 3MHz 以上的为高频管。

(5) 按用途分,有放大管和开关管等。

(6) 从三极管的封装材料来分,有金属封装、玻璃封装,近年来多用硅酮塑料封装。

常用三极管的外形如图 1-7 所示。

(a) TO-92 封装　(b) SOT-23 封装　(c) TO-255 封装　(d) TO-220 封装　(e) TO-3 封装

图 1-7　常用三极管的封装

3）三极管的主要参数

（1）集电极最大允许电流 I_{CM}

其指三极管正常工作时，集电极所能承受的最大电流。如果工作电流超过 I_{CM}，不仅造成三极管放大倍数明显下降，还有可能损坏三极管。一般小功率管 I_{CM} 为几十毫安，大功率管 I_{CM} 为几安以上。

（2）反向击穿电压 $U_{(BR)CEO}$

其指基极开路时，加在集电极与发射极之间的最大允许电压。超过 $U_{(BR)CEO}$，I_C 将大幅度上升，三极管将被击穿。

（3）集电极最大允许耗散功率 P_{CM}

其指三极管正常工作时，集电极所允许的最大耗散功率。使用时若集电极功耗超过此值，将使三极管的性能变差或烧毁。P_{CM} 与环境温度有密切关系，温度越高，则 P_{CM} 越小，对于大功率管，常在管子上加散热器或散热片。

注意在选用三极管时不要超越极限参数。常用的三极管参数见表 1-4。

表 1-4　常用三极管参数表

名　称	封装	极性	功能	耐压	电流	功率	频率	配对管
9012	TO92	PNP	低频放大	50V	0.5A	0.625W	<150MHz	9013
9013	TO92	NPN	低频放大	50V	0.5A	0.625W	<150MHz	9012
9014	TO92	NPN	低噪放大	50V	0.1A	0.4W	150MHz	9015
9015	TO92	PNP	低噪放大	50V	0.1A	0.4W	150MHz	9014
9018	TO92	NPN	高频放大	30V	0.05A	0.4W	1000MHz	
8050	TO92	NPN	高频放大	40V	1.5A	1W	100MHz	8550
8550	TO92	PNP	高频放大	40V	1.5A	1W	100MHz	8050
2N2222	TO92	NPN	通用	60V	0.8A	0.5W		
2N2369	TO18	NPN	开关	40V	0.5A	0.3W	800MHz	
2N2907	TO92	NPN	通用	60V	0.6A	0.4W		
2N3055	TO3	NPN	功率放大	100V	1A	115W		MJ2955
2N3440	TO3	NPN	视放开关	450V	1A	1W	15MHz	2N6609
2N3773	TO3	NPN	音频功放	160V	16A	50W		
2N3904	TO92	NPN	通用	60V	0.2A			

续表

名 称	封装	极性	功 能	耐压	电流	功 率	频 率	配对管
2N2906	TO92	PNP	通用	40V	0.2A			
2N6718	TO3	NPN	音频功放	100V	2A	2W		
2N5401	TO3	PNP	视频放大	160V	0.6A	0.625W	100MHz	2N5551
2N5551	TO3	NPN	视频放大	160V	0.6A	0.625W	100MHz	2N5401
2N5685	TO3	NPN	音频功放开关	60V	50A	300W		
2N6277	TO3	NPN	功放	开关	180A	50W		
2N6678	TO3	NPN	音频功放	650V	15A	175W	15MHz	
3DG6B	TO92	NPN	通用	20V	0.02A	0.1W	150MHz	
3DG6C	TO92	NPN	通用	25V	0.02A	0.1W	250MHz	
3DG6D	TO92	NPN	通用	30V	0.02A	0.1W	150MHz	
MPSA42	TO3	NPN	电话视频放大	300V	0.5A	0.625W		
MPSA92	TO3	PNP	电话视频放大	300V	0.5A	0.625W		
3DK2B	TO92	NPN	开关	30V	0.03A	0.2W		
3DD15D	TO3	NPN	电源开关	300V	5A	50W		

4）三极管的检测

（1）**根据外观判断极性**

如图1-8所示为三极管各引脚的极性。

（2）**硅管或锗管的判别**

如图1-9所示，当基极发射极之间的电压$V=0.6\sim0.7$V时，则为硅管；当$V=0.1\sim0.3$V时，则为锗管。

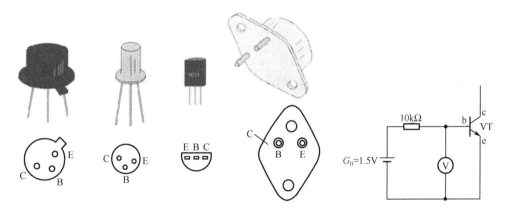

图1-8　由硅管和锗管的外形判断极性　　　图1-9　判别硅管和锗管的测试电路

（3）**基极及管型的判断**

将万用表设置在$R\times100$挡或$R\times1$k挡位置，用黑表笔和任一引脚相接（假设它是基极b），红表笔分别和另外两个引脚相接，如果测得两个阻值都很小，则黑表笔所连接的就是基极，而且是NPN型的管子。如图1-10（a）所示。如果按上述方法测得的结果均为高阻值，则黑表笔所连接的是 PNP 管的基极，如图 1-10（b）所示。

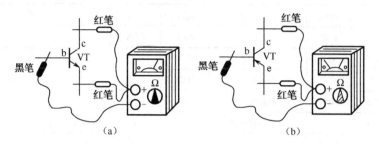

图 1-10　基极及管型的判断

（4）集电极和发射极的判别

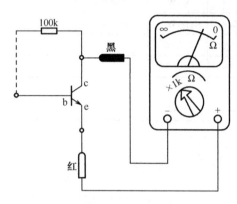

图 1-11　集电极和发射集的判断

将红黑表棒分别接在两个未知电极上，再用手指把基极和黑表棒所接的极一起捏住，但两极不能相碰，或在两极间接一个人（10~100kΩ的电阻），记下此时万用表的读数，然后对换表棒。用同样方法再测一次阻值，比较两次结果。对于 NPN 型管，读数较小的一次黑表棒所接引脚为集电极，如图 1-11 所示；对于 PNP 型管，调换红、黑表棒的位置，读数较小的一次红表棒所接引脚为集电极。

（5）三极管放大倍数 β 值大小估算

若万用表有测 β 值的功能，则可直接插入三极管挡（h_{FE}），测量并读数，若没有此功能，则如图 1-12 所示在 b、c 两极之间接入一只 100kΩ 的电阻，测量并比较开关 S 断开和接通时的电阻值，若前后两个电阻读数相差越大，说明管子的 β 越高，即电流放大能力越大。一般三极管的 β 值在 40~100 为好。

（6）三极管稳定性的测量

将万用表放在 R×100 或 R×1k 挡，测量 c、e 之间的反向电阻，如图 1-13 所示，若测得的阻值越大，说明管子的反向击穿电流 I_{CEO} 越小，三极管的稳定性越好。或在测量时，用手捏住三极管，受温度的影响导致电阻值迅速减小，则三极管的稳定性较差。

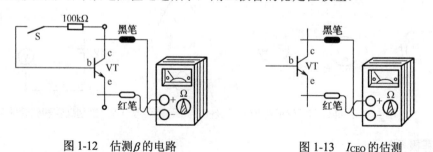

图 1-12　估测 β 的电路　　　　　图 1-13　I_{CEO} 的估测

练一练：请根据对元器件知识的学习并查阅相关手册和资料，完成元器件认知表（表 1-5），请在表中写出元件符号名称、电气特性、参数和主要作用，并在元件符号上标出元件的引脚名称或极性。

表 1-5 元器件认知表

元 件 符 号	元 件 名 称	编号与参数	主 要 作 用	电 气 特 性
─▭─				
─┤├─				
─┤├─				
─▱─				
─▶├─				
─▶├─				
(三极管NPN)				
(三极管NPN)				

子任务 2 电路原理认知学习

1. 直流稳压电源电路的组成

直流稳压电源的作用是将交流电网提供的频率为 50Hz 的交流电经过变压、整流、滤波和稳压四个过程变换为直流电。为提高稳压效果，本任务采用了具有放大环节的串联型直流稳压电路结构，其组成框图如图 1-14 所示，主要由整流滤波、基准电源、调整管、比较放大器等环节构成，通过对输出电压的采样并与参考电压进行比较，由比较的结果对调整管进行控制，从而改变输出电流以实现稳定电路输出电压的目的。

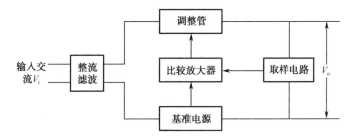

图 1-14 直流稳压电源的组成框图

下面对几个主要电路模块进行分析。

1）整流电路

如图 1-15 所示，经电源变压器降压后的 18V 交流电压由 P1 端输入，通过 F1 熔丝到达桥式整流电路进行整流，C1 为滤波电容。在 C1 两端将产生 $18\sqrt{2}$ V 直流电压。

2）恒流源电路

如图 1-16 所示，R2、R3、VT1 组成恒流源，当整流输出电压升高，VT1 的 $U_B\uparrow\to$VT1 的 $I_c\uparrow\to$VT3 的 $U_B\downarrow$，因此稳定了 VT3 基极电位。

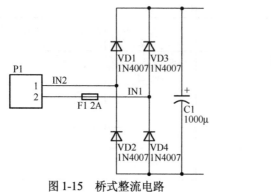

图 1-15　桥式整流电路　　　　图 1-16　恒流源电路

3）基准电压的建立

如图 1-17 所示，当 VT3 导通后，输出电压正极，经 VD5、R9→VD6 两端产生一个更加稳定的直流电压，作为本电路中的基准电压。由于 VD6 为 5.6V 稳压管，所以本电路的参考电压 U_{REF}=5.6V。

图 1-17　建立基准电压电路

4）由差分放大器组成的电压采样与调整电路

如图 1-18 所示是由 VT5、VT6 组成的差分放大电路。VT5、VT6 的发射极电流都流过电阻 R10，由于稳压管 VD6 的作用，VT5 的发射极电流 I_E 为定值。R11、R12、R13 和 VT6 组成输出电压采样和调整电路，由于 R12 为可变电阻，会引起 VT6 的基极电压变化。但由于电容 C4 的作用不会使 VT6 的基极电压产生突变，当 VT6 的基极电压 $U_b\uparrow\to$R10 的电流 $I_E\uparrow\to$VT6 的 $I_c\uparrow\to$R3 的 $I_{V1E}\uparrow\to$R3 两端的电压 $U\uparrow\to$VT3 的 $U_b\downarrow$，故而保持输出稳定。

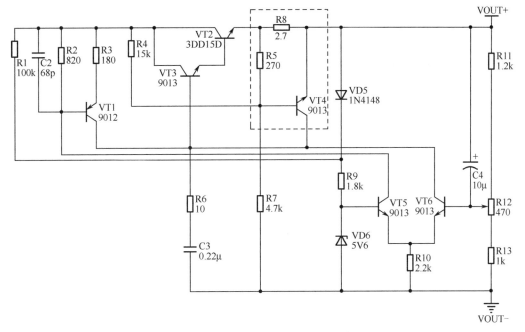

图 1-18 电压调整与过流保护电路

5)过流保护电路的工作原理

如图 1-18 所示,由 R8(过流取样电阻)、R5、R7(为 VT4 的偏置组成的分压电阻)、VT4 组成的过流取样电路,当负载电流过大时,在 R8 两端产生的电压大于 0.7V 时,VT4 导通,VT4 的 U_{ce} 呈短路状态,VT3 的基极和 3DD15D 的 CE 极之间的电压为 0V,VT2、VT3 截止,VT2 两端电压为输入电压,输出电压为零,从而保护了电路不至于过流而烧坏。

2. 直流稳压电路的工作过程

由 VD1~VD4 和 C1 组成整流滤波电路,其作用是利用二极管的单向导电性,把电网交流电变成直流电,并通过电容的充放电过程,使整流后的直流电变得平滑。VT5 和 VT6 组成比较放大器,VD6 作为基准电压,R11~R13 组成取样电路,比较放大器是将取样电压和基准电压做比较后放大其差值,然后送入由大功率管 VT2 和 VT3 组成的调整管电路,电路中采用差动放大器作为比较放大器主要是为了克服温度变化所带来的零点漂移,增加输出电压稳定度。调整管在电路中起调节电压的作用,它工作在放大区,大功率管的 V_{CE} 受比较放大器误差电压的控制。VT4 和 R8 以及 R5 组成过电流保护装置,正常工作时,输出电流 I_O 在 R8 上的压降不足以使 VT4 导通,当 I_O 超过规定值时,VT4 导通其 I_C 的分流作用,使 VT3 的 I_B 减少,保护了调整管。VT3 和 R2 以及 R3 组成恒流源,作为比较放大器的负载,大大提高了差动放大器的电压增益,同时又作为调整管的基极偏置。

子任务 3 直流稳压电路的仿真分析与验证

1. 电路图绘制

在 Multisim 中完成如图 1-19 所示的直流稳压电源电路的仿真电路。

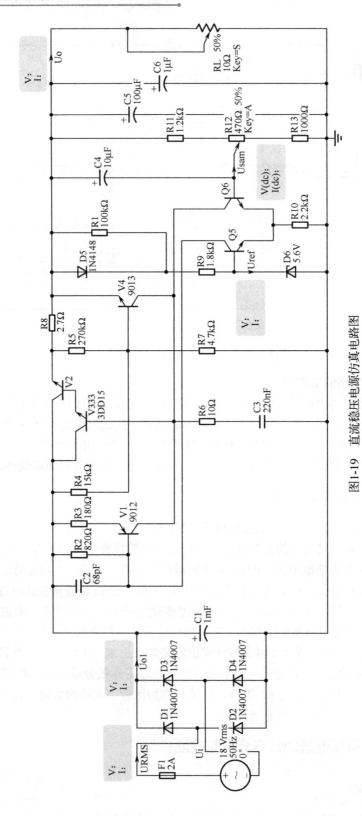

图1-19 直流稳压电源仿真电路图

2. 仿真记录

（1）打开仿真开关，测量电路各级电压值，调整 R12 测量各点电压值，并将仿真结果记录并完成表 1-6。

表 1-6 直流稳压电源电路的仿真记录表

输入电压 U_i（V_{RMS}/V）	滤波输出 U_{O1}（V）	R12 接入（%）	R12 阻值	V_{REF}（V）	V_{SAM}（V）	U_o（V）
18		0				
18		50				
18		75				
18		100				
25		0				
25		25				
25		50				
25		100				

（2）电路的整体调试。

调整负载 RL 从 0～10kΩ 变化，测量电路中各关键点的电压，然后进行比较，分析电路的带负载能力，将仿真调试结果填入表 1-7 中。

表 1-7 仿真电路的整体调试

测量点 RL 接入值	输入电压 U_i（V_{RMS}/V）	滤波输出 U_{O1}（V）	R12 接入值（Ω）	V_4 的集电极 U_{CE}（V）	输出电压 U_o（V）
0%					
1%					
10%					
50%					
100%					

（3）通过对表 1-7 的分析，请说明 R12 在电路中的作用和对电路的影响，在实际的调试过程中需要注意哪些问题，请计算、分析并写出实际电路的调试过程和步骤。

任务2　直流稳压电路元器件的识别与检测

 学习目标

（1）能对电阻、电位器、电容进行识别和检测。
（2）能识别与检测稳压管、二极管元件的好坏与性能。
（3）能识别与检测三极管各引脚的极性，并能判断三极管元件的好坏与性能。
（4）能识别施密特反相器的引脚及型号。

工作内容

（1）通过对色环或元器件上的标示识别电阻、电位器、电容的参数,并用万用表进行检测。
（2）用万用表检测二极管、稳压管的好坏与性能。
（3）识别三极管各引脚的极性,用万用表检测三极管的好坏与性能。
（4）识别施密特反相器的引脚及型号。
（5）填写识别检测报告。

子任务1 电阻类元件、电容元件的识别与检测

根据以前所学知识,识别本项目所用到的的电阻、电位器、电容等元器件,用万用表测量这些器件的参数并判断其好坏,完成检测表。

1. 电阻的检测

检测步骤:
（1）能通过色环读出阻值与误差。
（2）用万用表测量电阻的阻值,并与理论值比较并判断其好坏,完成表1-8。

表1-8 电阻识别与检测报告表

外观特征	识读电阻的标志		实测阻值	好坏判别
识别电阻	色环	标称阻值		
例如,色环电阻	绿蓝黑棕金	5.6kΩ(±5%)	5.59kΩ	好

想一想:电阻的参数有哪几个?标注方法有哪些?测量电阻时应注意哪些问题?

2. 电位器的检测

读出电位器上的数字标识电位器的阻值,用万用表对其进行检测,识别引脚和参数,完成表1-9。

表1-9 电位器检测表

电位器的检测	
电气原理图与引脚分布图	
封装	
标示值	
标称阻值	
实测阻值	
好坏判别	

3. 识别并检测电容

根据以前所学知识，识别本项目所用电容，并用万用表测量电容的好坏。

检测步骤：

（1）从外观特征识别电容。

（2）从极性、容量、性能方面判断电容的好坏，并按要求填入表 1-10 中。

表 1-10 电容识别与检测报告表

电容编号	外表标注	判 断 结 果				电容性能好坏
		电容类别	标称容量	耐压值	允许误差	
例如 C	1000μF/25V	电解电容	1000μF	25V	±10%	正常

想一想：

（1）电容的参数有哪几个？标注方法有哪些？

（2）常见的电容有哪几种？各有何特征？

（3）测量电容时应注意哪些问题？

子任务 2　二极管与稳压管的识别与检测

根据以前所学知识，识别本项目所给的二极管与稳压管，用万用表测量其质量并判断其好坏。

检测步骤：

（1）从外观特征识别二极管，并判断二极管类型及其功能。

（2）用万用表测量二极管的正反向阻值，并将测量结果填入表 1-11。

表 1-11 二极管识别与检测报告表

标　号	型　号	测量极间电阻				说明二极管的功能
		正向电阻		反向电阻		
		万用表挡	测量值	万用表挡	测量值	
VD1	2CW27	R×1k		R×1k		稳压管
VD1～VD4	1N4007					
VD5	1N4148					
VD6	5V6					

想一想：

（1）某二极管的型号为 1N4007，则该二极管是_____材料，是_____类型的二极管。
（2）常见的二极管类型有哪些？各有何特征和作用？
（3）如何检测二极管的极性，如何判断二极管质量的好坏？
（4）阅读附录 A、附录 B，写出 1N4007 和 1N4148 的主要参数。

子任务 3　三极管的识别与检测

根据以前所学知识，识别本项目所给的三极管，用万用表测量其质量并判断其好坏。

检测步骤：

（1）从外观型号识别三极管，并判断三极管的类型及功能。
（2）用万用表测量三极管的引脚，并将上述测量结果填入表 1-12 中。

表 1-12　三极管识别与检测报告表

标号	型号	测量极间电阻				引脚判断			管型判断
		红表笔接 2 脚		黑表笔接 2 脚					
		黑表笔接 1 脚	黑表笔接 3 脚	红表笔接 1 脚	红表笔接 3 脚	e	b	c	
VT1	9012								
VT2	9013								
VT3～VT5	3DD15D								

想一想：

（1）某三极管的型号为 3DD15D，则该三极管是_____材料，属于_____类型，_____（高/低）频率的，_____（大/小）功率三极管。
（2）三极管的极限参数有哪几个？正常工作时，实际参数应满足何条件？
（3）如何检测三极管的引脚，如何判断三极管性能的好坏？

三极管 9012、9013 的数据手册见附录 C、附录 D。

任务 3　直流稳压电源电路的装配与调试

工作目标

（1）能够对直流稳压电源电路按工艺要求进行装配。
（2）能够调试直流稳压电源电路使其正常工作。
（3）能够写出制作调试报告。

工作任务

（1）装配直流稳压电源电路。
（2）调试直流稳压电源电路。
（3）撰写调试报告。

实施前准备
（1）常用电子装配工具。
（2）万用表、交流电源。
（3）配套元器件与 PCB 板，元器件清单见表 1-13。

表 1-13 直流稳压电源电路元器件清单

名 称	规 格 型 号	数量	名称	规 格 型 号	数量
VT1	9012	1	R7	4.7kΩ 0.25W	1
VT2	3DD15D	1	R8	2.7Ω 0.25W	1
VT3、VT4、VT5、VT6	9013	4	R9	1.8kΩ 0.25W	1
VD1、VD2、VD3、VD4	1N4007	4	R10	2.2kΩ 0.25W	1
VD5	1N4148	1	R11	12kΩ 0.25W	1
VD6	5.6V 稳压管	1	R12	470Ω 电位器	1
R1	100kΩ 0.25W	1	R13	1kΩ 0.25W	1
R2	820Ω 0.25W	1	C1	1000μF/25V	1
R3	180Ω 0.25W	1	C2	68pF	1
R4	15kΩ 0.25W	1	C3	0.22μF/63V	1
R5	270Ω 0.25W	1	C4	10μF/16V	1
R6	10Ω 0.25W	1	C5	100μF/16V	1
F1	熔丝 2A	1	C6	1μF/25V	1

子任务 1 电路元器件的装配与布局

1. 元器件的布局

直流稳压电源电路元器件的布局如图 1-20 所示。

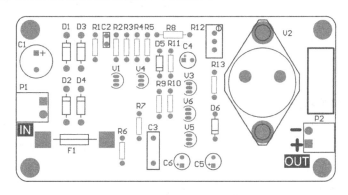

图 1-20 直流稳压电源电路元器件的布局图

2. 元器件的装配工艺要求

（1）电阻体紧贴电路板，色环电阻的色环标志顺序一致。

（2）微调电位器插到底，不能倾斜，三只脚均须焊接。

（3）二极管应底面紧贴电路板。注意桥式整流电路的四个二极管的排列方向不要弄错。

（4）三极管采用垂直安装方式，三极管底部离开电路板 5～10mm，安装时注意引脚极性不要搞错。

（5）电容采用垂直安装方式，底部紧贴电路板，安装电解电容时注意正负极性。

（6）安装熔丝时，将其直接焊接在 PCB 板上。

3. 操作步骤

（1）按工艺要求安装色环电阻和电位器。

（2）按工艺要求安装稳压管和二极管。

（3）按工艺要求安装三极管和电解电容。

（4）按工艺要求安装接线端子。

（5）按工艺要求安装熔丝。

子任务 2　制作直流稳压电源电路模块

要求：　按制作要求直流稳压电源电路，并撰写制作报告。

方法步骤：（1）对安装好的元件进行手工焊接。

（2）检查焊点质量。

子任务 3　调试直流稳压电源电路

1. 断电检查电路的通断

通电前先检查输入端是否短路，并仔细检查线路是否正确。可以对照电路图，从左向右，从上到下，逐个元器件进行检测。

1）检测所有接地的引脚是否真正接到电源的负极

选择万用表的蜂鸣挡，用万用表的一个表笔接电路的公共接地端（电源的负极），另一个表笔接元件的接地端，如果万用表的指针偏转很大，接近 0Ω 位置（刻度右边），并听到蜂鸣声，则说明接通；如果万用表指针不动或偏转较小，听不到蜂鸣声，则说明元器件的接地引脚没有和电源的负极接通。

2）检测所有接电源的引脚是否真正接到电源的正极

选择万用表的蜂鸣挡，用万用表的一个表笔接电源的正极，另一个表笔接元件，应该接电源的引脚，如果万用表的指针偏转很大，接近 0Ω 位置（刻度右边），并听到蜂鸣声，则说明元器件引脚与电源的正极接通；如果万用表指针不动或偏转较小，听不到蜂鸣声，则说明元器件的引脚没有和电源的正极接通。

3）检测相互连接的元器件之间是否真正接通

选择万用表的蜂鸣挡，用万用表的一个表笔接元器件的一端，另一个表笔接和它相连的另一个元器件的端子，如果万用表的指针偏转很大，接近 0Ω 位置（刻度右边），并听到蜂鸣声，则说明接通；如果万用表指针不动或偏转较小，听不到蜂鸣声，则说明没有接通。按照此方法，依次检查各元器件是否接通。

2. 通电调试电路

（1）接通交流电源，用万用表测量电路各级电压值，调整 RP，测量稳压输出最小电压和最大电压值，并将结果记录在表 1-14 中。

表 1-14　测量电压

整流输入电压 U_i(V)	整流滤波输出电压 U_{o1}(V)	基准电压 U_{REF}(V)	稳压输出电压(V)	
			最小值 U_{omin}	最大值 U_{omax}

（2）调整 RP，使输出电压为 9V。分别用双踪示波器测量整流输入、整流输出、滤波输出和稳压输出电压的波形，观察波形变化情况，并将各波形记录到表 1-15 中。

表 1-15　测量波形

电 压 名 称	整 流 输 入	整 流 输 出	滤 波 输 出	稳 压 输 出
波形图				

（3）电路的整体调试。对制作好的直流稳压电源进行统一调试，先断开负载，测试电路中各关键点的电压，再接上负载，测量电路中各关键点的电压，然后进行比较，分析电路的带负载能力，将调试结果填入表 1-16 中。

表 1-16　整体调试表

测 量 点	未接入负载时的电压/V	接入负载后的电压/V
熔丝的输入端		
C1 的两端		
VT1 发射极		
VT2 集电极		
调试中出现的故障及排除方法		

（4）短路测试。

将输出端短路，测量电路输出电压，并判断保护电路是否起作用，短路撤销后，测量输出电压，并将测试结果计入表 1-17 中。

表 1-17　短路调试

测 量 点	输出端短路	短 路 撤 销
保护电路起作用（是否）		
输出电压		

读一读

电路故障的排除与检修

1. 电子电路故障检修方法

1）万用表测量法

采用万用表测量电压、电流的方法主要能够反映电路的静态参数，适用于直流故障的检修，而对于电路动态故障的检修就显得力不从心了。

2）双踪示波器测量法

利用双踪示波器能测量电路信号流程中各点波形的有、无和失真的情况，可以在检修中缩小故障范围，通过对波形的幅度、周期、相位及形状的分析，确定故障原因。

2. 直流稳压电源电路故障排除路径

路径如图 1-21 所示。

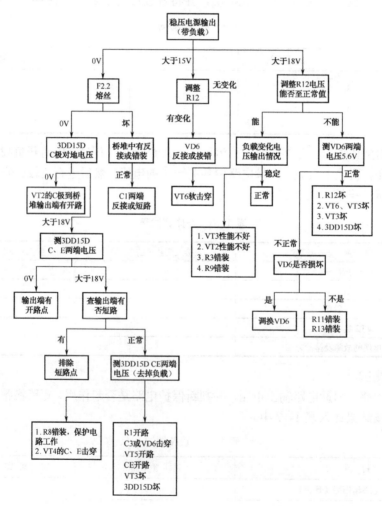

图 1-21　故障排除路径

任务 4　项目汇报与评价

学习目标

（1）会对项目的整体制作与调试进行汇报。
（2）能对别人的作品与制作过程做出客观的评价。
（3）能够撰写制作调试报告。

工作内容

（1）对自己完成的项目进行汇报。
（2）客观地评价别人的作品与制作过程。
（3）撰写技术文档。

子任务 1　汇报制作调试过程

1．汇报内容

（1）演示制作的项目作品。
（2）讲解项目电路的组成及工作原理。
（3）讲解项目方案制定及选择的依据。
（4）与大家分享制作、调试中遇到的问题及解决方法。

2．汇报要求

（1）演示作品时要边演示边讲解主要性能指标。
（2）讲解时要制作 PPT。
（3）要重点讲解制作、调试中遇到的问题及解决方法。

子任务 2　对其他人作品进行客观评价

1．评价内容

（1）演示结果。
（2）性能指标。
（3）是否文明操作、遵守实训室的管理规定。
（4）项目制作调试过程中是否有独到的方法或见解。
（5）是否能与其他学员团结协作。
具体评价参考项目评价表（表 1-18）

2．评价要求

（1）评价要客观公正。

(2)评价要全面细致。
(3)评价要认真负责。

表 1-18 项目评价表

评价要素	评价标准	评价依据	评价方式（各部分所占比重）			权重
			个人	小组	教师	
职业素养	(1)能文明操作、遵守实训室的管理规定 (2)能与其他学员团结协作 (3)自主学习，按时完成工作任务 (4)工作积极主动，勤学好问 (5)能遵守纪律，服从管理	(1)工具的摆放是否规范 (2)仪器仪表的使用是否规范 (3)工作台的整理情况 (4)项目任务书的填写是否规范 (5)平时表现 (6)制作的作品	0.3	0.3	0.4	0.3
专业能力	(1)清楚规范的作业流程 (2)熟悉巡线信号处理模块电路的组成及工作原理 (3)能独立完成电路的制作与调试 (4)能够选择合适的仪器、仪表进行调试 (5)能对制作与调试工作进行评价与总结	(1)操作规范 (2)专业理论知识：课后题、项目技术总结报告及答辩 (3)专业技能：完成的作品、完成的制作调试报告	0.1	0.2	0.6	0.7
创新能力	(1)在项目分析中提出自己的见解 (2)对项目教学提出建议或意见具有创新性 (3)独立完成检修方案的指导，并设计合理	(1)提出创新的观念 (2)提出意见和建议被认可 (3)好的方法被采用 (4)在设计报告中有独特见解	0.2	0.2	0.6	0.1

子任务3 撰写技术文档

1. 技术文档内容

（1）项目方案的选择与制定。

① 方案的制定。

② 元器件的选择。

（2）项目电路的组成及工作原理。

① 分析电路的组成及工作原理。

② 元件清单与布局图。

（3）元器件的识别与检测。

（4）项目收获。

（5）项目制作与调试过程中所遇到的问题。

（6）所用到的仪器仪表。

2. 报告要求

（1）内容全面翔实。

（2）填写相应的元器件检测报告表。

（3）填写相应的调试报告表。

【知识链接】

1.1 半导体基础知识

半导体器件是现代电子技术的重要组成部分，它具有体积小、重量轻、使用寿命长、功率转换效率高等优点，因而得到了广泛应用。今日大部分的电子产品，如计算机、移动电话或数字录音机当中的核心单元都和半导体有着极为密切的关连。

1.1.1 半导体基本概念

1. 半导体的特性

自然界中的物质，按导电能力强弱的不同，可以分为三大类：一是导体，其导电能力特别强，如金属、电解液等；二是绝缘体，其导电能力非常弱，几乎可以看成不导电，如陶瓷、橡胶等；三是半导体，其导电能力介于导体和绝缘体之间，常用的半导体材料有锗、硅、硒、砷化镓以及大多数金属氧化物和硫化物等。

半导体的导电能力受各种因素的影响。

（1）热敏性：温度升高，大多数半导体电阻率下降，导电能力变强。利用这一特性，半导体可用做热敏元件。例如纯锗温度每升高 10℃ 电阻率会减少到原来的一半左右。

（2）光敏性：半导体对光很敏感，光照愈强，导电能力愈强。如硫化镉无光照时电阻高达几十兆欧，受到阳光照射时电阻可降到几十千欧。利用这一特性，半导体可用做光电元件。

（3）掺杂特性：在纯净半导体中掺入微量的杂质（其他元素）后，导电性能将大大提高。利用这一特性可以制造出不同用途的半导体器件，如半导体二极管、三极管、场效应管等。

2. 本征半导体

纯净、不含杂质的半导体叫做本征半导体，在本征办半导体中掺入其他元素，称为杂质半导体。

本征半导体有两种导电的粒子，一种是带负电荷的自由电子，另一种是相当于带正电荷的粒子——空穴。自由电子和空穴在外电场的作用下都会作定向移动而形成电流，所以把它们统称为载流子。在本征半导体中每产生一个自由电子必然会有一个空穴出现，自由电子和空穴成对出现，这种物理现象称为本征激发。由于常温下本征激发产生的自由电子和空穴的数目很少，所以本征半导体的导电性能比较差。但温度升高或光照增强时，本征半导体内电子运动加剧，载流子数目增多，导电性能提高。在本征半导体中掺入杂质，不单单是为了提高导电能力，更主要的是通过控制掺入杂质的多少达到控制半导体导电能力强弱的目的，据掺入杂质的不同可分为N型半导体和P型半导体。P型或N型半导体的导电能力虽然较高，但并不能直接用来制造半导体器件。

3. P型半导体和N型半导体

（1）P型半导体。如果在本征半导体硅或锗（四价元素）的晶体中掺入微量三价元素硼（或铝、铟等），半导体内部空穴的数量将增加成千上万倍，导致导电能力大大提高，这类杂质半导体称为P型半导体，也称空穴型半导体。在P型半导体中，空穴成为半导体导电的多数载流子，自由电子为少数载流子。

（2）N型半导体。如果在本征半导体硅或锗（四价元素）的晶体中掺入微量五价元素磷（或砷、锑等），半导体内部自由电子的数量将增加成千上万倍，导致导电能力大大提高，这类杂质半导体称为N型半导体，也称电子型半导体。在N型半导体中，自由电子成为半导体导电的多数载流子，空穴为少数载流子。

无论是P型半导体N型半导体，就整块半导体来说，它既没有失去电子也没有得到电子，所以呈电中性。

1.1.2 PN结及其导电性

1. PN结的形成

在一块完整的本征半导体硅或锗上，采用掺杂工艺，使一边形成P型半导体，另一边形成N型半导体。这样，在P型半导体与N型半导体的交界处，就形成了一个特殊的带电薄层——PN结。PN结是构成各种半导体器件的基础。

因为P型半导体内空穴载流子浓度高，N型半导体内自由电子浓度高，所以在交界面上的载流子将由浓度高处向浓度低处扩散，如图1-22（a）所示，结果在交界处的P型半导体一侧留下负电离子，N型半导体一侧留下正电离子，形成PN结的方向由N区指向P区的电场，即PN结的内电场，如图1-22（b）所示。由于PN结内的自由电子和空穴已经中和，几乎没有可自由移动的载流子，PN结也称"耗尽层"。若无外加电压或其他激发因素作用时，此时流过PN结的电流为零。

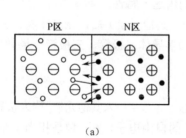
(a)

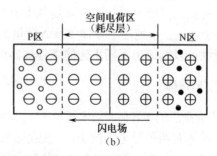
(b)

图1-22　PN结的形成

2. PN 结的单向导电性

1）PN 结加正向电压导通

将 P 区接电源正极，N 区接电源负极，则 PN 结外加了正向电压，称为正向偏置，简称正偏，如图 1-23（a）所示。这时内、外电场方向相反，外电场削弱了内电场对多数载流子扩散的阻碍作用，使扩散继续进行，由于多数载流子扩散的定向运动，在 PN 结内部与外电路形成正向电流 I_F，并随着外加电压的升高而迅速增大，这种现象称为 PN 结正向导通。为防止大的正向电流把 PN 结烧坏，实际电路中要串接限流电阻 R。

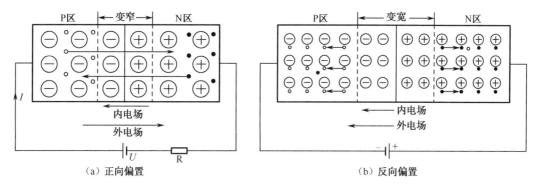

图 1-23　PN 结的偏置

2）PN 结加反向电压截止

将 P 区接电源负极，N 区接电源正极，则 PN 结外加了反向电压，称为反向偏置，如图 1-23（b）所示。当 PN 结反向偏置时，内、外电场的方向相同，因而加强了内电场，使空间电荷区变宽，其结果是加强了内电扬对多数载流子扩散的阻碍作用，在 PN 结内形成微小的反向电流 I_R。常温下锗管的 I_R 为微安数量级，而硅管的 I_R 比锗管还要小。这说明在反向偏置作用下，PN 结的电阻很大，处于截止状态。当 PN 结两端施加的反向电压增加到一定数值时，反向电流会急剧增大，此时 PN 结会发生反向击穿。

综上所述，PN 结具有加正向偏压时导通，加反向偏压时截止的特性，即 PN 结具有单向导电性，其导电方向是由 P 区指向 N 区。

1.2 半导体二极管

1.2.1 二极管的伏安特性

二极管最主要的特性是单向导电性，可以用伏安特性曲线来说明。所谓伏安特性曲线就是电压与电流的关系曲线，二极管的伏安特性如图 1-24 所示。

1. 正向特性

由图 1-24 可以看出，当正向电压超过死区电压 U_{th}（又称门坎电压或开启电压）时，流过二极管的电流随电压的升

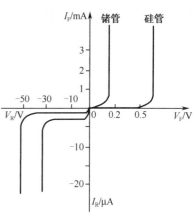

图 1-24　二极管伏安特性曲线

高而明显增加,二极管的电阻变得很小,进入导通状态。硅材料 U_{th}≈0.5V,锗材料 U_{th}≈0.1V。

由图 1-24 中正向特性还可以看出,导通后二极管两端的正向压降几乎不随流过电流的大小而变化,硅管的正向压降约为 0.7V,锗管约为 0.3V。

2. 反向截止特性

当二极管处于反偏截止,其反向电流在反向电压不大于某一数值(此电压称为反向击穿电压)时是很小的,并且几乎不随反向电压而变化,称为反向饱和电流。在同样温度下,硅管的反向电流比锗管小得多。锗管是微安级,硅管是纳安级。二极管的反向电流越小,表明反向特性越好。

3. 反向击穿特性

当反向电压增大到一定数值 U_{BR} 时,反向电流剧增,这种现象称为二极管的反向击穿。击穿分两种,一是电击穿,电击穿过程一般是可逆的;二是热击穿,热击穿产生后是不可逆的,并能损坏管子。发生电击穿时的电压 U_{BR} 称为反向击穿电压,视不同二极管而定,普通二极管一般在几十伏以上且硅管较锗管高。从反向击穿特性可以看出,虽然反向电流剧增,但二极管的端电压却变化很小,这一特点成为制作稳压二极管的依据。

4. 温度对二极管特性的影响

二极管是温度的敏感器件,利用该特性往往可以作为测量元件。元件温度的变化对其伏安特性的影响主要表现为:随着温度的升高,其正向特性曲线左移,即正向压降减小;反向特性曲线下移,即反向电流增大。一般在室温附近,温度每升高 1℃,其正向压降减小 2～2.5mV;温度每升高 10°C,反向电流大约增大 1 倍左右。

综上所述,二极管的伏安特性具有以下特点:

(1)二极管具有单向导电性;

(2)二极管的伏安特性具有非线性;

(3)二极管的伏安特性与温度有关。

1.2.2 特殊二极管及其应用

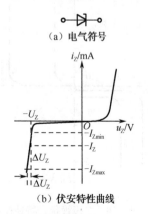

图 1-25 稳压管的电气符号和伏安特性

除前面讨论的普通二极管外,还有若干特殊二极管,如稳压二极管、变容二极管、发光二极管、光电二极管等,它们具有特殊的功能,下面分别加以介绍。

1. 稳压二极管

1)稳压二极管的特性

稳压二极管(简称稳压管)的电气符号和伏安特性如图 1-25 所示。由伏安特性曲线可知,稳压管反向击穿特性曲线非常陡峭。在反向击穿区,反向击穿电流在较大范围内变化时,管子两端的电压变化范围却很小。稳压管是利用其反向击穿特性进行稳压的。

稳压管均为硅管,只要反向击穿电流小于它的最大允许电流,管子一般不会损坏。因此需要限制稳压管的工作电流。

2)稳压二极管的主要参数

(1)稳定电压 U_Z:指稳压管中的电流为规定电流时,稳压管两端的电压值。不同型号的稳压管的 U_Z 值不同,由于制造工艺原因,即使相同型号的稳压管 U_Z 的分散性也较大,使用和更换稳压管时,应给予注意。

(2)稳定电流 I_Z:指稳压管正常工作时,稳定电流的参考值。流过稳压管电流低于此值,稳压效果略差,高于此值但不超过额定功耗都可正常工作。

(3)动态电阻 R_Z:指击穿后,稳压管两端电压的变化量ΔU_Z与对应的电流的变化量ΔI_Z之比。动态电阻 R_Z 表示稳压管反向击穿特性曲线的陡峭程度,动态电阻越小,稳压效果越好。

(4)耗散功率 P_M:指稳压管正常工作时所能承受的最大功耗。超过此功率时稳压管将因热击穿而损坏。

(5)温度系数α

α是指稳定电压 U_Z 受温度影响的程度。硅稳压管在 U_Z<4V 时,α<0;在 U_Z>7V 时,α>0;在 U_Z=4~7V 时,α很小。

3)稳压管应用时应注意的问题

稳压管在应用时应当注意以下几个方面的问题:

(1)稳压管的正极要接低电位,负极要接高电位,保证工作在反向击穿区。

(2)为了防止稳压管的工作电流超过最大稳定电流而发热损坏,必须在回路中串接限流电阻。

(3)稳压管不能直接并联使用。

2. 光敏二极管

光敏二极管是将光信号变成电信号的器件,电气符号和伏安特性如图 1-26 所示。光敏二极管是利用半导体的光敏特性制成的。它在反向电压下工作,当不受光照时,通过二极管的反向电流很小;当有光照射时,反向电流显著增加,其伏安特性如图所示,在实际应用中,光敏二极管使用时要反向接入电路中,即正极接电源负极,负极接电源正极。

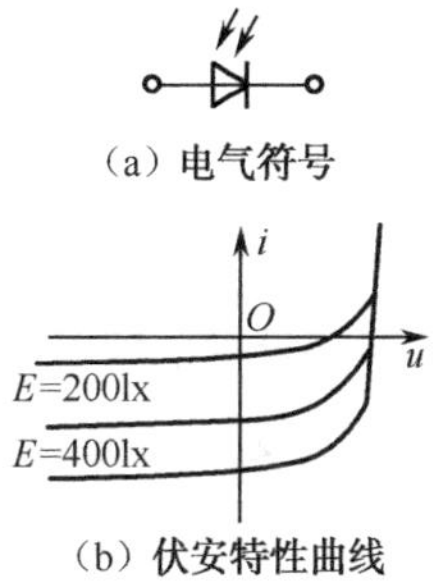

3. 发光二极管

发光二极管简称 LED,它的外形及电气符号和伏安特性分别如图 1-27 所示,发光二极管和普通二极管一样,具有单向导电性能,它的死区电压比普通二极管高。当它正向导通的时候,会发出光线,根据材料的不同,能发出红、绿、黄等几种颜色的可见光,还能发出人眼看不见的红外光,发光的强度与正向电流的大小成正比。

在实际应用中,发光二极管作为显示器件,除单个使用外,也常做成七段式或矩阵式。如用做微型计算机、音响设备、数控装置中的显示器件。对要求亮度高、光点集中、显示明显的地方可选用 FC 系列高亮度发光二极管。照相机的电子测光显示使用超小型发光二极管。若用

图 1-26 光敏二极管的电气符号和伏安特性
(a)电气符号
(b)伏安特性曲线

于遥控器，如电视的发光二极管使用时，应接适当的限流电阻。

4. 变容二极管

变容二极管的电气符号以及结电容 C 与反偏电压 U 的结电容特性如图 1-28 所示，变容二极管利用 PN 结的电容效应，可以用来作为电容器。它的电容量与所加的反偏电压大小有关，可通过改变其反偏电压的大小达到改变电容的目的。变容二极管两端应接反向电压才能正常工作。在实际应用中，变容二极管常用于高频电路的调频、电调谐和自动频率控制等。

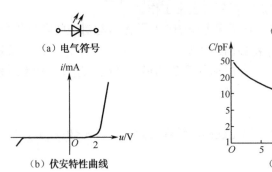

图 1-27 发光二极管的电气符号和伏安特性   图 1-28 变容二极管的符号和结电容特性

5. 肖特基二极管

肖特基二极管是利用金属 N 型和 P 型半导体接触形成具有单向导电性的二极管。其符号如图 1-29 所示，肖特基二极管具有反向恢复时间短，正向压降低的特点，是高频和快速开关的理想器件。在数字集成电路中，它与三极管做在一起，形成肖特基晶体管，可以提高开关速度，还可用于高频检波、续流二极管等。但肖特基二极管的反向击穿电压较一般 PN 结二极管低，且反向漏电流较大，耐压低，多用于低电压场合。

6. 快恢复二极管

快恢复二极管是近年来的新型半导体器件，在制造工艺上采用掺金、单纯扩散等工艺，可获得较高的开关速度，同时也能得到较高的耐压。目前快恢复二极管主要应用在逆变电源中做整流元件，快恢复二极管外形图如图 1-30 所示。

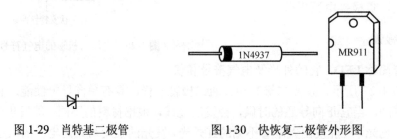

图 1-29 肖特基二极管   图 1-30 快恢复二极管外形图

1.3 整流电路

二极管具有单向导电性,因此可以利用二极管的这一特性组成整流电路,将交流电压变为单向脉动电压,在小功率直流电源中,经常采用单向半波、单向全波和单向桥式电路。

1.3.1 单向半波整流电路

1. 电路组成及其工作原理

单相半波整流电路由电源变压器 T 的副边绕组、整流二极管 VD 和负载 R_L 串联组成,如图 1-31 所示。

电路中变压器 T 将电网的正弦电压 u_1 变成 u_2,设变压器副边感应交流电压为 $u_2 = \sqrt{2}U_2 \sin\omega t\,(0 \leq \omega t \leq \pi)$,式中 U_2 为变压器二次侧交流电压的有效值。

在交流电压的正半周,A 为正,B 为负,二极管正偏导通,电流流过二极管和负载。若忽略二极管正向电压降,则负载 R_L 上获得的电压为变压器的二次电压即 $u_L = u_2 = \sqrt{2}U_2 \sin\omega t$。在交流电压的负半周,B 为正,A 为负,二极管随反向电压截止,电路中几乎无电流。此时二极管承受一个反向电压,其值为变压器二次电压,即

$$u_{VD} = u_2 = \sqrt{2}U_2 \sin\omega t\,(\pi \leq \omega t \leq 2\pi)$$

由此可知,电路加上交流电压后,交流电压只有半个周期能够产生与二极管箭头方向一致的电流,如图 1-32 所示,这种电路称为半波整流电路。

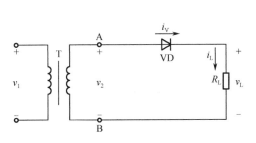

图 1-31 单相半波整流电路

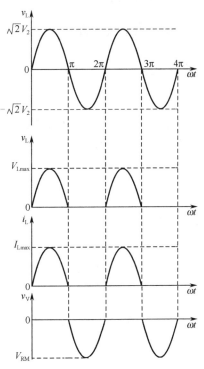

图 1-32 单相半波整流电路波形

2. 负载上直流电压和电流的估算

由图 1-31 可知，负载所得半波整流电压虽然方向不变，但大小仍不断变化，这种电压称为脉动直流电压，可以用一个周期内的平均值表示其大小。由半波整流电路可得

$$U_L = \frac{1}{2\pi}\int_0^{2\pi} u_2 \mathrm{d}(\omega t) = \frac{1}{2\pi}\int_0^{2\pi} U_2 \sin\omega t \mathrm{d}(\omega t) = \frac{\sqrt{2}}{\pi}U_2$$

即负载上直流电压 $U_L \approx 0.45 U_2$。

负载上电流的平均值为

$$I_L = \frac{U_L}{R_L} \approx 0.45 \frac{U_2}{R_L}$$

3. 二极管的选择

单相半波整流电路流过整流二极管的平均电流 I_D 与流过负载的直流电流 I_L 相等，可见正确选用整流二极管时，必须满足最大整流电流：

$$I_F \geq I_D = I_L$$

由图 1-32 可知，在交流电压的负半周，二极管所承受的最高反向电压为变压器二次侧交流电压 u_2 的峰值，即

$$U_{RM} \geq \sqrt{2} U_2$$

根据最大整流电流 I_F 和最高反向工作电压 U_{RM} 的计算值，查阅有关半导体器件手册选用合适的二极管型号使其定额值大于计算值。

通过以上分析可知：单相半波整流电路由于结构简单，输出的整流电压波动很大，整流效率低，因而电路需要改进。

1.3.2 单相桥式整流电路

1. 电路组成及其工作原理

全波整流电路是在半波整流方式下对剩下的半个周期的波形也进行整流的电路，桥式整流电路是全波整流电路中的一种类型。如图 1-33 所示为桥式整流电路。电路中采用了四个二极管，接成桥式，故称为桥式整流电路。其简化形式如图 1-34 所示。

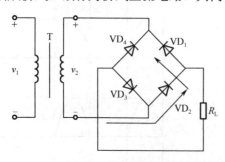

图 1-33 桥式整流电路

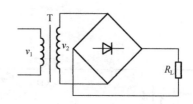

图 1-34 桥式整流电路简化图

整个过程中，四个二极管两两轮流导通，因此正、负半周内都有电流流过 R_L，从而使输出电压的直流成分提高。在 u_2 的正半周，VD_1、VD_3 导通，VD_2、VD_4 截止；在 u_2 的负半周，VD_2、VD_4 导通，VD_1、VD_3 截止。但无论在正半周或负半周，流过 R_L 的电流方向是一致的。桥式整流电路波形图如图 1-35 所示。

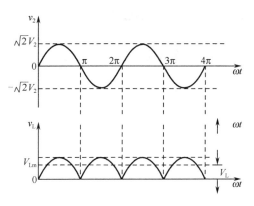

图 1-35　桥式整流电路波形图

2. 负载上直流电压和电流的估算

由图 1-35 可知，全波整流电路负载上得到的输出电压或电流的平均值是半波整流电路的两倍，即

$$U_L = 2\frac{\sqrt{2}}{\pi}U_2 \approx 0.9 U_2$$

$$I_L = \frac{U_L}{R_L} \approx 0.9 \frac{U_2}{R_L}$$

3. 二极管的选择

桥式整流电路的结构决定了每只整流二极管只在半个周期内导通，即在一个周期内流过每个管子的平均电流 I_D 只有负载电流 I_L 的一半，所以选择二极管时要求其最大整流电流：

$$I_F \geq I_{D1} = I_{D2} = 0.5 I_L$$

由图 1-32 中可知，若 VD_1、VD_3 两只二极管导通时，变压器二次侧电压 u_2 将加到不导通的两只二极管 VD_2、VD_4 的两端，使这两只二极管承受的最高反向电压为变压器副边感应电压的峰值，如图 1-34 所示，所以二极管的最高反向电压为

$$U_{RM} \geq \sqrt{2} U_2$$

【例】有一直流负载，需要直流电压 $V_L=60V$，直流电流 $I_L=4A$，若采用桥式整流电路，求二次电压并选择二极管。

解： $V_L = 0.9 V_2$

$$V_2 = \frac{V_L}{0.9} = \frac{60}{0.9} V = 66.7 V$$

$$I_V = \frac{1}{2} I_L = \frac{1}{2} \times 4A = 2A$$

$$V_{RM} = \sqrt{2} V_2 = 1.41 \times 66.7 V = 94 V$$

通过查手册，选用电流大于 2A，额定反向电压为 100V 的 2CZ12A 二极管四只。

1.4　滤波电路

交流电经过整流变成直流电之后还不能直接加到电子电路中，必须经过滤波电路去除输出电压中的交流成分才能加到电子电路中，常见的滤波电路有电容滤波、电感滤波及复式滤波电路。

1.4.1 电容滤波电路

1. 电路组成及其工作原理

如图 1-36（a）所示为半波整流电容滤波电路，电路特点是在整流电路负载电阻两端并联上滤波电容。半波整流电容滤波电路的滤波过程及输出波形如图 1-36（b）所示。

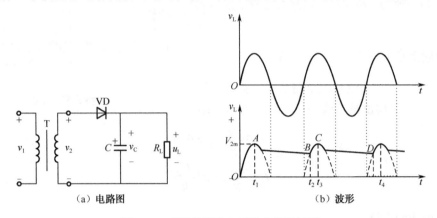

图 1-36　半波整流电容滤波电路及波形

从图 1-36（a）中可见，在 u_2 正半周 $0 \sim t_1$ 时间内，二极管 VD 受正向电压作用而导通，此时通过二极管 VD 向负载 R_L 供电，同时又向电容器 C 充电。由于二极管 VD 的正向电阻很小，故充电很快。当 u_2 达最大值时，电容器 C 两端电压也随之达到最大值。

在 $t_1 \sim t_2$ 时间内，由于电容器 C 上已充足电，u_2 达到最大值后开始下降，当 $u_C > u_2$，二极管 VD 因受反向电压而截止，u_C 通过 R_L 放电，以一定的时间常数按指数规律下降，直到下一个正半周，当 $u_2 > u_C$ 时，二极管又导通。输出电压波形如图 1-36（b）中实线所示。由此可见，半波整流电路输出电压 u_L 的脉动程度减弱，波形平滑。

桥式整流电容滤波电路的工作原理与半波整流时一样，如图 1-37 所示为其电路图和输出波形图。

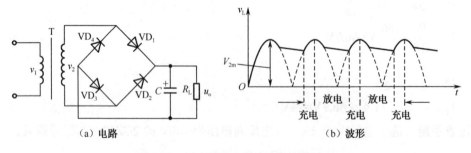

图 1-37　桥式整流电容滤波电路及波形

不同点是桥式整流电路中 u_2 在正负半周都对电容器充电，即在一周期内 u_2 对电容器 C 充电两次，电容器向负载电阻放电的时间缩短，因此输出电压更加平滑，如图 1-37（b）所示。

2. 负载两端直流电压的近似计算

在整流电路中接入滤波电容后,输出电压的平均值如下。

半波整流电容滤波电路:$U_L=U_2$

桥式整流电容滤波电路:$U_L=1.2U_2$

3. 滤波电容的选择

滤波电容的参数取决于 R 与 C 放电的时间常数 τ,τ 越大放电过程越慢,输出电压越平稳。因此通常按下式确定滤波电容:

$$R_LC \geqslant (3 \sim 5)T (半波)$$

$$R_LC \geqslant (3 \sim 5)T/2 (全波桥式)$$

式中,T 为交流电源电压周期。

1.4.2 电感滤波电路

电感线圈的直流电阻很小,整流电路输出的脉动电压中的直流分量很容易通过电感线圈,几乎全部加到负载上;电感线圈对交流的阻抗很大,脉动电压中的交流分量很难通过电感线圈,根据电磁感应原理,将产生自感电动势,阻碍线圈中电流的变化。当通过电感线圈流向负载的脉动电流随 u_2 上升而增加时,线圈的自感电动势就阻碍其增加,使电流只能缓慢上升;当电流减小时,线圈的自感电动势又阻碍其减小,使电流只能缓慢下降。于是负载电流的脉动幅度减小,负载电压就比较平稳,其波形如图 1-38 所示。

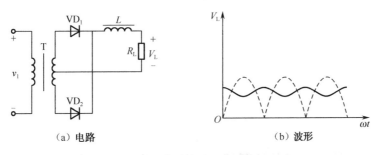

图 1-38 电感滤波电路及波形

电感 L 的反电势使整流管的导电角增大,峰值电流很小,输出特性比较平坦。缺点是体积大,易引起电磁干扰。电感滤波适用于电压低、脉动小、电流大的负载。负载电流和电感量越大,自感现象越强,滤波效果就越好。但考虑电路的体积、重量、价格、损耗等因素,电感器件不宜做得太大,常取几亨到几十亨。

1.4.3 复式滤波电路

为了进一步减小输出电压中的脉动成分,可以将串联电感和并联电容组成复式滤波电路。表 1-19 列出了各种滤波电路的比较,可供选用参考。

表 1-19　各种滤波电路的比较

形式	电路	优点	缺点	使用场合
电容滤波		(1) 输出电压高 (2) 在小电流时滤波效果较好	(1) 负载能力差 (2) 电源接通瞬间因充电电流很大,整流管要承受很大正向浪涌电流	负载电流较小的场合
电感滤波		(1) 负载能力较好 (2) 对变动的负载滤波效果较好 (3) 整流管不会受到浪涌电流的损害	(1) 负载电流大时扼流圈铁芯要很大才能有较好的滤波作用 (2) 输出电压较低 (3) 变动的电流在电感上的反电动势可能击穿半导体器件	适宜于负载变动大,负载电流大的场合。在晶闸管整流电源中用得较多
Γ形滤波		(1) 输出电流较大 (2) 负载能力较好,滤波效果好	电感线圈体积大,成本高	适宜于负载变动大,负载电流大的场合
Π形LC滤波		(1) 输出电压高 (2) 滤波效果好	(1) 输出电流较小 (2) 负载能力差	适宜于负载变动小,要求稳定的场合
Π形RC滤波		(1) 滤波效果好 (2) 结构简单经济 (3) 能兼起降压限流作用	(1) 输出电流较小 (2) 负载能力差	适宜于负载变动小的场合

1.4.4　倍压整流电路

倍压整流（voltage double）的目的是:不仅要将交流电转换成为直流电,而且要求在一定的变压器二次压力 U_2 之下,得到高出 U_2 若干倍的直流电压。实现倍压整流的方法,是利用二极管的整流和引导作用,将较低的直流电压分别存在多个电容器上,然后将它们按照相同的极性串联起来,从而得到较高的输出直流电压。所以倍压整流电路的主要元件是二极管和电容器。

图 1-39 是一种二倍压整流电路,下面简述它的工作原理。U_2 正半波来到时,a 端为正,b 端为负,U_2 通过正向偏置

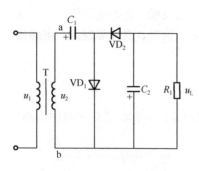

图 1-39　二倍压整流电路

的 VD_1 对 C_1 充电，VD_2 因反偏而截止。经过几个正半周期的充电后，C_1 两端的电压最终可充至接近 U_2 的峰值，极性是左端为正，右端为负。

U_2 的负半波来到时，b 端为正，a 端为负，VD_1 因反偏而截止。此时 C_1 与 U_2 同极性串联相加，使 VD_2 导通，并对 C_2 充电，由于负载 R_L 较大，可近似看成开路。

因此经过几个负半周期的充电后，C_2 两端的电压（即输出电压），为上负下正，其值为

$$u_2 = u_L \approx \sqrt{2}U_2 + u_{c1} = 2\sqrt{2}U_2$$

从而实现二倍压整流的要求。

1.5 稳压电路

电子设备中都需要稳定的直流电源，功率较小的直流电源大多数都是 50Hz 的交流电经过整流、滤波和稳压后获得的。稳压电路的作用是当输入交流电压波动、负载和温度变化时，维持输出直流电压的稳定。

1.5.1 硅稳压二极管稳压电路

硅稳压二极管稳压电路的组成如图 1-40 所示。

它是利用稳压二极管的反向击穿特性稳压的，由于反向特性陡直，较大的电流变化，只会引起较小的电压变化。

1. 当输入电压变化时

根据图 1-40 可知

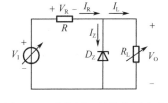

图 1-40 硅稳压二极管稳压电路

$$U_O = U_Z = U_I - U_R = U_I - I_R R$$

其中，$I_R = I_L + I_Z$。

输入电压 U_I 的增加，必然引起 U_O 的增加，即 U_Z 增加，从而使 I_Z 增加。I_Z 的增加必然导致 I_R 增加，U_R 增加，从而使输出电压 U_O 减小。这一稳压过程可概括如下：

$$U_I\uparrow \to U_O\uparrow \to U_Z\uparrow \to I_Z\uparrow \to I_R\uparrow \to U_R\uparrow \to U_O\downarrow$$

2. 当负载电流变化时

负载电流 I_L 的增加，必然引起 I_R 的增加，即 U_R 增加，从而使 $U_Z=U_O$ 减小，I_Z 减小。I_Z 的减小必然使 I_R 减小，U_R 减小，从而使输出电压 U_O 增加。这一稳压过程可概括如下：

$$I_L\uparrow \to I_R\uparrow \to U_R\uparrow \to U_Z\downarrow\ (U_O\downarrow) \to I_Z\downarrow \to I_R\downarrow \to U_R\downarrow \to U_o\uparrow$$

1.5.2 线性串联型稳压电路

1. 线性串联型稳压电路的工作原理

稳压二极管的缺点是工作电流较小，稳定电压值不能连续调节。线性串联型稳压电源的工作电流较大，输出电压一般可连续调节，稳压性能优越。目前这种稳压电源已经制成单片集成电路，广泛应用在各种电子仪器和电子电路之中。线性串联型稳压电源的缺点是损耗较大，效率低。

1）线性串联型稳压电路的构成

线性串联稳压电路的工作原理可用图 1-41 来说明。

显然，$U_O=U_I-U_R$，当 U_I 增加时，R 受控制而增加，使 U_R 增加，从而在一定程度上抵消了 U_I 增加对输出电压的影响。若负载电流 I_L 增加，R 受控制而减小，使 U_R 减小，从而在一定程度上抵消了因 I_L 增加，使 U_I 减小对输出电压减小的影响。

在实际电路中，可变电阻 R 用一个三极管来替代，控制基极电位，从而就控制了三极管的管压降 U_{CE}，U_{CE} 相当于 U_R。要想输出电压稳定，必须按电压负反馈电路的模式来构成串联型稳压电路。典型的串联型稳压电路如图 1-42 所示。

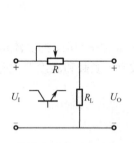

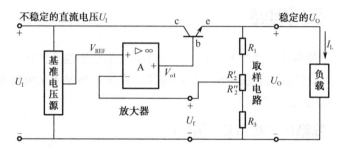

图 1-41 线性串联稳压电路的工作原理　　　　图 1-42 串联型稳压电路

它由调整管、放大环节、比较环节、基准电压源几个部分组成。

2）线性串联型稳压电源的工作原理

（1）输入电压变化，负载电流保持不变

输入电压 U_I 的增加，必然会使输出电压 U_O 有所增加，输出电压经过取样电路取出一部分信号 U_f 与基准源电压 U_{REF} 比较，获得差压信号 ΔU，差压信号经放大后，用 U_{O1} 去控制调整管，使调整管的管压降 U_{CE} 增加，从而抵消输入电压增加的影响。

$$U_I\uparrow \to U_O\uparrow \to U_f\uparrow \to U_{O1}\downarrow \to U_{CE}\uparrow \to U_O\downarrow$$

（2）负载电流变化，输入电压保持不变

负载电流 I_L 的增加，必然会使输入电压 U_I 有所减小，输出电压 U_O 必然有所下降，经过取样电路取出一部分信号 U_f 与基准源电压 U_{REF} 比较，获得的偏差信号使 U_{O1} 增加，从而使调整管的管压降 U_{CE} 下降，从而抵消因 I_L 增加，使输入电压减小的影响。

$$I_L\uparrow \to U_I\downarrow \to U_O\downarrow \to U_f\downarrow \to U_{O1}\uparrow \to U_{CE}\downarrow \to U_O\uparrow$$

（3）输出电压调节范围的计算

根据图 1-41 可知 $U_f\approx U_{REF}$，调节 R_2 显然可以改变输出电压。

$$U_O\approx U_{O1}=\left(1+\frac{R_1+R_2'}{R_3+R_2''}\right)U_{REF}$$

2. 稳压电路的保护环节

串联型稳压电源的内阻很小，如果输出端短路，则输出短路电流很大。同时输入电压将全部降落在调整管上，使调整管的功耗大大增加，调整管将因过损耗发热而损坏，另外过载也会造成损坏。为此必须对稳压电源的短路进行保护。保护的方法主要有反馈保护型和温度保护型两种。其中反馈保护型又分为截流型和限流型两类。

1）截流型

当发生短路时,通过保护电路使调整管截止,从而限制了短路电流,使之接近为零。截流特性如图 1-43 所示。

2）限流型

当发生短路时,通过电路中取样电阻的反馈作用,输出电流得以限制。限流特性如图 1-44 所示。

温度保护型是利用集成电路制造工艺,在调整管旁制作 PN 结温度传感器。当温度超标时,启动保护电路工作,工作原理与反馈保护型相同。

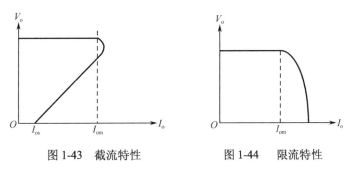

图 1-43　截流特性　　　　图 1-44　限流特性

1.5.3　集成稳压器

集成稳压器是模拟集成电路中的重要部件,它将调整、基准电压、比较放大、启动和保护等环节都做在芯片上,具有稳定性高、体积小、成本低、使用方便等优点,已得到越来越广泛的应用。

集成稳压器的种类很多,常见的有三端固定式、三端可调式、多端可调式及单片开关式。

1. 三端固定式集成稳压器

三端固定式集成稳压器是一种串联调整式稳压器,其输出电压固定不变,不用调节。通用产品有 CW78×× 正电压系列、CW79×× 负电压系列。三端固定式集成稳压器的外形和引脚排列如图 1-45 所示。

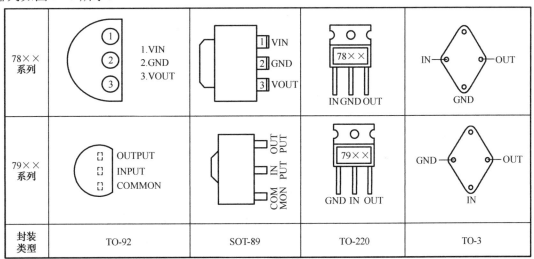

图 1-45　三端固定式集成稳压器的封装和引脚

国产的三端固定式集成稳压器有 CW78×× 系列和 CW79×× 系列,其输出电压有±5V、±6V、±8V、±9V、±12V、±15V、±18V、±24V,最大输出电流有 0.1A、0.5A、1A、1.5A、2.0A 等。

如将三端固定式集成稳压器与适当的外接元器件配合,可组成多种应用电路。图 1-46(a) 为 CW78×× 的应用电路原理图,为保证稳压器正常工作,其最小输入、输出电压差应为 2V,该电路输出为正电压。图 1-46(b) 为 CW79×× 的应用电路原理图,该电路输出为负电压。

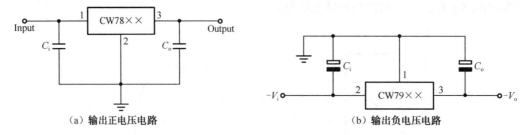

(a) 输出正电压电路　　　　　　　　(b) 输出负电压电路

图 1-46　三端固定式集成稳压器的应用

其中,电容 C_i 为输入滤波电容,可以减小输入电压的纹波,也可以抵消输入端产生的电感效应,以防止自激振荡。输出端电容 C_o 用以改善负载的瞬态响应和消除电路的高频噪声。

CW78×× 和 CW79×× 稳压器合并使用,可同时输出正、负两组电压,如图 1-47 所示为用 7815 和 7915 组成±15V 电压输出电路。由图可见,电源变压器带有中心抽头并接地,两块稳压器的公共端连接在一起,具有公共接地端,即可输出大小相等、极性相反的电压。

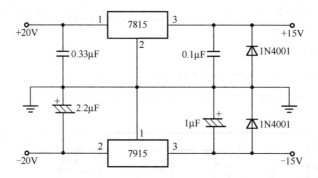

图 1-47　输出正负对称电压的稳压电路

2. 三端可调式集成稳压器

三端可调式集成稳压器是在三端固定式稳压器基础上发展起来的第二代新产品,它除了具备三端固定式集成稳压器的优点外,还可用少量的外接元件,实现大范围输出电压的连续调节(调节范围为 1.2~37V),应用更为灵活。

三端可调式集成稳压器是一种悬浮式串联调整稳压器,其典型产品有输出正电压的 CW117/CW127/CW317 系列,输出负电压的 CW137/CW237/CW337 系列。按输出电流的大小,每个系列又分为 L 型、M 型。命名方法由五部分组成,其意义如下所示。

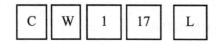

第一位：C—国标。
第二位：W—稳压器。
第三位：产品级别，1—军品，2—工业级，3—民用。
第四位：产品序号，17—输出正电压，37—输出负电压。
第五位：输出电流，L—0.1A，M—0.5A，无字母—1.5A。

图 1-48 为塑料封装与金属封装三端可调式集成稳压器的外形及引脚排列图。同一系列的内部电路和工作原理基本相同，只是工作温度不同。

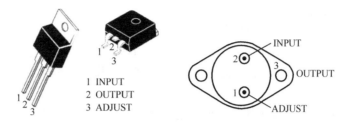

图 1-48 CW317 的外形及引脚排列图

三端可调式集成稳压器的典型应用电路如图 1-49 所示。图 1-49（a）输出正电压，图 1-49（b）输出负电压。其中 R_1 和 RP 组成输出电压的调整电路，调节 RP，即可调整输出电压的大小。

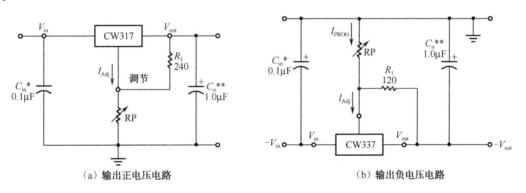

(a) 输出正电压电路　　　　　　　　　(b) 输出负电压电路

图 1-49 CW317 和 CW337 的应用电路

电路正常工作，三端可调式集成稳压器输出端与调整端之间的电压为基准电压 U_{REF}，其典型值为 $U_{REF}=1.25V$。流过调整端的输出电流非常小且恒定，故可将其忽略，则输出电压可用下式表示：

$$U_O = \left(1+\frac{R_2}{R_1}\right) \times 1.25V$$

式中 R_2 为电位器 RP 串在电路中的电阻。其中 R_1 一般取值 120～240Ω（此值保证稳压器在空载时也能正常工作)，调节 RP（R_2 的取值视 R_L 和输出电压的大小而定）可改变输出电压的大小。

1.6 习题

1. 填空题

1) 最大整流电流 I_f 定义为二极管_____电流。
2) 最高反向工作电压 U_{RM} 是允许施加在二极管两端的_____。通常规定为反向击穿电压 U_{BR} 的_____。
3) 二极管正向电阻越____，反向电阻越_____，表明_____好。若正反向电阻均趋于 0，表明二极管_____。若正反向电阻均趋于无穷大，表明二极管_____。
4) 稳压管的反向击穿特性很_____，反向击穿时，电流虽然在很大范围内变化，但稳压管的_____变化却很小。
5) 稳压管处于稳压工作时电压极性应_____偏，并应有合适的工作_____。
6) 稳压管是通过自身的_____调节作用，并通过限流电阻 R，转化为_____调节作用，从而达到稳定电压的目的。

2. 选择题

1) 在常温下，硅二极管的开启电压约_____，导通后在较大电流时正向降压为_____；锗二极管的开启电压约_____，导通后在较大电流时正向压降为_____。
（A. 0.2V B. 0.3V C. 0.5V D. 0.7V）
2) 反映二极管质量的参数是_____。
（A. 最大整流电流 B. 最高反向工作电压 U_{rm} C. 反向饱和电流 I_s D. 最高工作频率 f_m）
3) 温度升高后，二极管正向降压将_____，反向电流将_____。
（A. 增大 B. 减小 C. 不变 D. 不定）
4) 硅二极管与锗二极管相比，一般反向电流较_____。正向降压较_____。
（A. 大 B. 小 C. 不变 D. 相等）
5) 稳压管通常工作在_____状态下。
（A. 正向导通 B 反向截止 C 正向截止 D 反向击穿）
6) 特殊二极管中，通常工作在正向状态下的是_____。
（A. 稳压管 B. 发光二极管 C. 光敏二极管 D. 变容二极管）

3. 综合题

1) 写出 LED 的全称、中文名称、电气符号与引脚名称。
2) 画出下列元件所对应的电气符号并标识出引脚名称（表1-20）。
3) 列出 AND180HYP 的主要技术参数，如果电源电压为 5V，计算其正常工作的限流电阻，并画出电路原理图。
4) 利用 LED 设计一简易直流电流方向指示器。
5) 简述用数字式万用表检测整流二极管的方法。
6) 画出电阻 R_1 两端电压波形（图1-50）。

表 1-20

名称	1N4007	1N4007	1N4148	1N4148	LED
外形					
电气符号与引脚名称					
名称	LED	B40	W005	RS206	KBPC3501
外形					
电气符号与引脚名称					

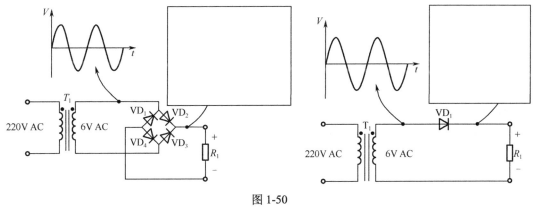

图 1-50

7）画出输出信号波形（图 1-51）。

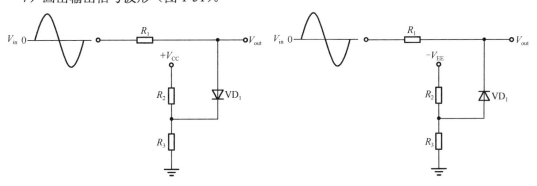

图 1-51

8) 如图1-52所示，稳压二极管 VD$_1$（ZPD5.1），V_Z=5.1V，P_D=0.5W，计算限流电阻及该电路向负载能够提供的电流。

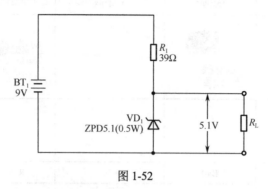

图1-52

9) 稳压电路如图1-53所示，已知稳压管 D$_Z$ 的稳压值 U_Z=6V，I_{Zmin}=5mA，I_{Zmax}=40mA，变压器二次电压有效值 U_2=20V，电阻 R=240Ω，电容 C=200μF。求：

（1）整流滤波后的直流电压 $U_{I(AV)}$ 约为多少伏？

（2）当电网电压在±10%的范围内波动时，负载电阻允许的变化范围有多大？

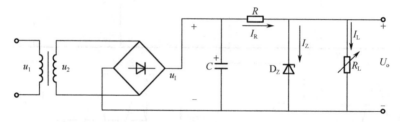

图1-53

10) 如图1-54所示电路，U_I 足够大且极性为正，R 能使稳压管中电流工作于稳压状态，U_{Z1}=5V，U_{Z2}=8V，正向导通时 U_{on}=0.7V，试求输出电压 U_O。

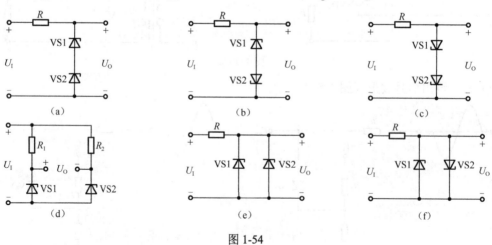

图1-54

便携式扩音器的制作

便携式扩音器在工作生活的各个方面都要用到,例如超市卖场的导购人员,景区景点的导游,在阶梯教室授课的教师等。便携式扩音器在输入端通过传感器将语音信号转换为电信号,然后通过三极管组成两级共发射极放大电路将电信号的电压量进行放大,接着通过由复合管所组成的甲乙类互补功率放大器实现信号的功率放大,最终在输出端驱动扬声器工作,再将电信号转换为语音信号。

 项目学习目标

- 能认识项目中元器件的符号。
- 能认识、检测及选用元器件。
- 能查阅元器件手册并根据手册进行元器件的选择和应用。
- 能分析电路的原理和工作过程。
- 能对扩音器的放大电路进行仿真分析和验证。
- 能制作和调试扩音器的放大电路。
- 能文明操作、遵守实验实训室管理规定。
- 能与其他学生团结协作完成技术文档并进行项目汇报。

 项目任务分析

- 通过学习和查阅相关元器件的技术手册进行元器件的检测,完成项目元器件检测报告。
- 通过对相关专业知识的学习,分析项目电路工作原理,完成项目任务书。
- 在 Multisim 中进行项目的仿真分析和验证。
- 按照安装工艺的要求并结合项目任务报告进行项目装配,装配完成对本项目进行调试,并完成调试报告。
- 撰写制作调试报告。
- 对项目完成进行展示汇报,并对其他组学生的作品进行互评,完成项目评价表。

 项目总电路图

项目电路图如图 2-10 所示。

任务分配表（表2-1）

表2-1 任务分配表

项 目 任 务	子 任 务	课 时
任务1 便携式扩音器放大电路工作原理分析	子任务1 认知电路中的元器件	1
	子任务2 电路原理认知学习	4
	子任务3 便携式扩音器电路原理的仿真分析与验证	1
任务2 便携式扩音器放大电路的元器件检测	子任务1 电阻类元件、电容、二极管的识别与检测	0.5
	子任务2 大功率管的识别与检测	
	子任务3 驻极式话筒的识别与检测	0.5
	子任务4 扬声器的识别与检测	
任务3 便携式扩音器放大电路的装配与调试	子任务1 电路元器件的装配与布局	1
	子任务2 制作便携式扩音器放大电路模块	1
	子任务3 调试便携式扩音器放大电路	1
任务4 项目汇报与评价	子任务1 汇报制作调试过程	1
	子任务2 对其他人作品进行客观评价	1
	子任务3 撰写技术文档	1

任务1 便携式扩音器放大电路工作原理分析

 学习目标

（1）能认识常用的元器件符号。
（2）能分析便携式话筒放大电路的组成及工作过程。
（3）能对便携式话筒放大电路进行仿真。

 工作内容

（1）认识达林顿管等元器件的符号。
（2）对组成模块的电路进行分析和参数计算。
（3）对便携式话筒放大电路进行仿真分析。

子任务1 认知电路中的元器件

【元器件知识】

1. 达林顿管

在三极管的应用过程中，有时需要同时用到结构不同的NPN管和PNP管，但是又需要它们的参数基本一致，为了满足这种要求，因此将两只三极管适当地连接在一起，以组成一只等效的新的三极管，这种复合管就称为达林顿管。这种等效三极管的放大倍数是二者之积。在电子学电路设计中，达林顿接法常用于功率放大器和稳压电源中。

1）达林顿管的四种接法

达林顿电路有四种接法：NPN+NPN，PNP+PNP，NPN+PNP，PNP+NPN。

前两种是同极性接法，后两种是异极性接法。NPN+NPN 的同极性接法：B1 为 B，C1C2 为 C，E1B2 接在一起，那么 E2 为 E。

后两种为异极性接法。以 NPN+PNP 为例。设前一三极管 VT1 的三极为 C1B1E1，后一三极管 VT2 的三极为 C2B2E2。达林顿管的接法应为：C1B2 接一起，E1C2 接一起。等效三极管 CBE 的引脚，C=E2，B=B1，E=E1（即 C2）。等效三极管极性，和前一三极管相同。即为 NPN 型。PNP+NPN 的接法和此类似。电路连接如图 2-1 和图 2-2 所示。

不管是同极性接法还是异极性接法，得到的达林顿管的电流放大倍数 $\beta=\beta_1\times\beta_2$。

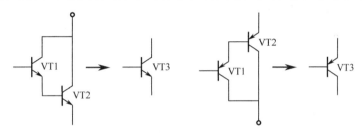

图 2-1　同极型达林顿管

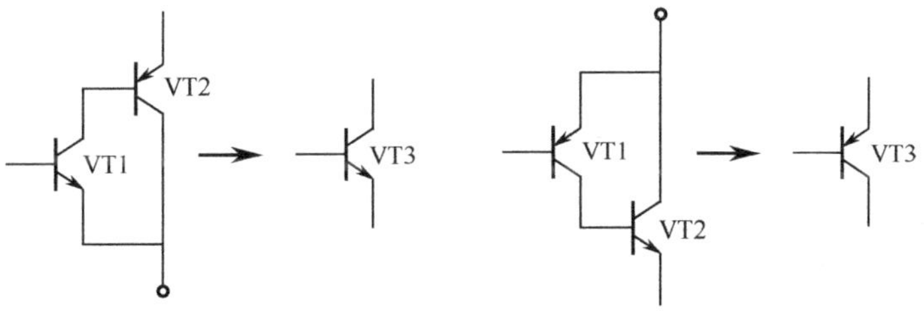

图 2-2　异极型达林顿管

2）达林顿管的分类检测

（1）普通达林顿管的检测

普通达林顿管内部由两只或多只三极管的集电极连接在一起复合而成，其基极 B 和发射极 E 之间包含多个发射结。检测时可使用万用表的 $R\times1k$ 或 $R\times10k$ 挡来测量。

测量达林顿管各电极之间的正、反向电阻值。正常时，集电极 C 和基极 B 之间的正向电阻值（测 NPN 管时，黑表笔接基极 B；测 PNP 管时，黑表笔接集电极 C）和普通硅三极管集电结的正向电阻值相近，为 3~10kΩ，反向电阻值为无穷大。而发射极 E 和基极 B 之间的正向电阻值（测 NPN 管时，黑表笔接基极 B；测 PNP 管时，黑表笔接发射极 E）是集电极 C 和基极 B 之间的正、反向电阻值的 2~3 倍，反向电阻值为无穷大。集电极 C 和发射极 E 之间的正、反向电阻值均应接近无穷大。若测得达林顿管的 C、E 极间的正、反向电阻值或 BE 极、BC 极之间的正、反向电阻值均接近 0，则说明该管已击穿损坏。若测得达林顿管的 BE 极或 BC 极之间的反向电阻值为无穷大，则说明该管已开路损坏。

（2）大功率达林顿管的检测

大功率达林顿管在普通达林顿管的基础上增加了由续流二极管和泄放电阻组成的保护电路，在测量时应注意这些元器件对测量数据的影响。

用万用表 $R\times 1k$ 或 $R\times 10k$ 挡测量达林顿管集电结（集电极 C 和基极 B 之间）的正、反向电阻值。正常时，正向电阻值（NPN 管的基极接黑表笔时）应较小，为 $1\sim 10k\Omega$，反向电阻值应接近无穷大。若测得集电结的正、反向电阻值均很小或均为无穷大，则说明该管已击穿短路或开路损坏。

用万用表 $R\times 100$ 挡测量达林顿管发射极 E 和基极 B 之间的正、反向电阻值，正常值均为几百欧姆至几千欧姆（具体数据根据 B、E 极之间两只电阻器的阻值不同而有所差异。例如，BU932R、MJ10025 等型号大功率达林顿管 B、E 极之间的正、反向电阻值均为 600Ω 左右），若测得阻值为 0 或无穷大，则说明被测管已损坏。

用万用表 $R\times 1k$ 或 $R\times 10k$ 挡测量达林顿管发射极 E 和集电极 C 之间的正、反向电阻值。正常时，正向电阻值（测 NPN 管时，黑表笔接发射极 E，红表笔接集电极 C；测 PNP 管时，黑表笔接集电极 C，红表笔接发射极 E）应为 $5\sim 15k\Omega$（BU932R 为 $7k\Omega$），反向电阻值应为无穷大，否则是该管的 C、E 极（或二极管）击穿或开路损坏。

3）常用的达林顿管参数

达林顿管的参数与三极管的基本相似，表 2-2 是达林顿管 2N6035 的基本参数。

表 2-2　达林顿管 2N6035 参数

ELECTRICAL CHARACTERISTICS（$T_{case}=25℃$ unless otherwise specified）

Symbol	Parameter	Test Conditions	Min.	Typ.	Max.	Unit
I_{CEX}	Collector Cut-off Current ($V_{BE}=-1.5V$)	V_{CE} = rated V_{CEO}			0.1	mA
		V_{CE} = rated V_{CEO} $T_C=125℃$			0.5	mA
I_{CBO}	Collector Cut-off Current ($I_E = 0$)	V_{CE} = rated V_{CEO}			0.1	mA
I_{CEO}	Collector Cut-off Current ($I_B = 0$)	V_{CE} = rated V_{CEO}			0.1	mA
I_{EBO}	Emitter Cut-off Current ($I_C = o$)	$V_{EB} = 5V$			2	mA
$V_{CEO(sus)}$*	Collector-Emitter Sustaining Voltage	$I_C = 100mA$	80			V
$V_{CE(sat)}$*	Collector-Emitter Saturation Voltage	$I_C = 2A$ $I_B = 8mA$			2	V
		$I_C = 4A$ $I_B = 40mA$			3	V
$V_{BE(sat)}$*	Base-Emitter Saturation Voltage	$I_C = 4A$ $I_B = 40mA$			4	V
V_{BE}*	Base-Emitter Voltage	$I_C = 2A$ $V_{CE} = 3V$			2.8	V
h_{FE}*	DC Current Gain	$I_C = 0.5A$ $V_{CE} = 3V$	500			
		$I_C = 2A$ $V_{CE} = 3V$	750		15000	
		$I_C = 4A$ $VCE = 3V$	100			

续表

Symbol	Parameter	Test Conditions	Min.	Typ.	Max.	Unit
h_{re}	Small Signal Current Gain	$I_C=0.75A$ $V_{CE}=10V$ f=IKHz	25			
C_{CBO}	Collector Base Capacitance	$I_E = 0$ $V_{CB} = 10\,V$ f= 1MHz for NPN types for PNP types			100 200	pF pF

4）达林顿管的典型应用

（1）用于大功率开关电路、电动机调速、逆变电路。

（2）驱动小型继电器。利用 CMOS 电路经过达林顿管驱动高灵敏度继电器。

（3）驱动 LED 智能显示屏。

应注意的是，达林顿管由于内部由多只管子及电阻组成，用万用表测试时，BE 结的正反向阻值与普通三极管不同。对于高速达林顿管，有些管子的前级 BE 结还反并联一只输入二极管，这时测出 BE 结正反向电阻阻值很接近，容易误判断为坏管，这点要注意。

2．驻极体话筒

驻极体话筒具有体积小、结构简单、电声性能好、价格低的特点，广泛用于盒式录音机、无线话筒及声控等电路中，属于最常用的电容话筒。由于输入和输出阻抗很高，所以要在这种话筒外壳内设置一个场效应管作为阻抗转换器，为此驻极体电容式话筒在工作时需要直流工作电压。其外形和电气符号如图 2-3 所示。

图 2-3　驻极体话筒外形和电气符号

1）驻极体话筒的结构与工作原理

驻极体话筒的工作原理可以用图 2-4 来表示。

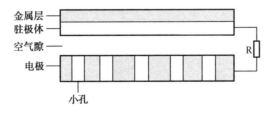

图 2-4　驻极体话筒的工作原理

话筒的基本结构由一片单面涂有金属的驻极体薄膜与一个上面有若干小孔的金属电极（称为背电极）构成。驻极体面与背电极相对，中间有一个极小的空气隙，形成一个以空气隙和驻极体作为绝缘介质,以背电极和驻极体上的金属层作为两个电极的平板电容器。电容的两极之间有输出电极。由于驻极体薄膜上分布有自由电荷,当声波引起驻极体薄膜振动而产生位移时,改变了电容两极板之间的距离,从而引起电容的容量发生变化,由于驻极体上的电荷数始终保持恒定,所以根据公式 $Q=CU$ 当 C 变化时必然引起电容器两端电压 U 的变化,从而输出电信号,实现声—电的变换。实际上驻极体话筒的内部结构如图2-5所示。

由于实际电容器的电容量很小,输出的电信号极为微弱,输出阻抗极高,可达数百兆欧以上。因此,它不能直接与放大电路相连接,必须连接阻抗变换器。通常用一个专用的场效应管和一个二极管复合组成阻抗变换器。内部电气原理如图2-6所示。

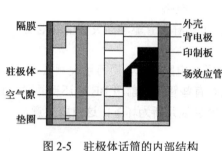

图2-5 驻极体话筒的内部结构

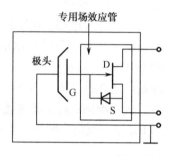

图2-6 内部电气原理图

电容器的两个电极接在栅源极之间,电容两端电压为栅源极偏置电压 U_{GS}, U_{GS} 变化时,引起场效应管的源漏极之间 I_{dc} 的电流变化,实现了阻抗变换。一般话筒经变换后输出电阻小于2千欧。

2)驻极体话筒的使用

机内型驻极体话筒有四种连接方式,如图2-7所示。

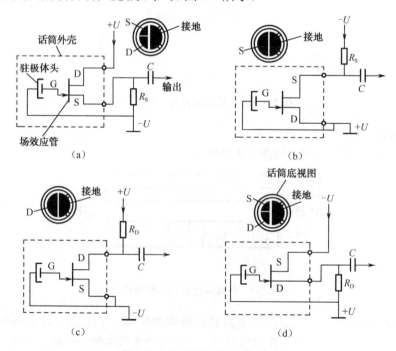

图2-7 驻极体话筒的连接方式

对应的话筒引出端分为两端式和三端式两种，图中 R_S 是场效应管的负载电阻，它的取值直接关系到话筒的直流偏置，对话筒的灵敏度等工作参数有较大的影响。

二端输出方式是将场效应管接成漏极输出电路，类似三极管的共发射极放大电路。只需两根引出线，漏极 D 与电源正极之间接一漏极电阻 R_S，信号由漏极输出，有一定的电压增益，因而话筒的灵敏度比较高，但动态范围比较小。市售的驻极体话筒大多以这种方式连接。

三端输出方式是将场效应管接成源极输出方式，类似三极管的射极输出电路，需要用三根引线。漏极 D 接电源正极，源极 S 与地之间接一电阻 R_D 来提供源极电压，信号由源极经电容 C 输出。源极输出的输出阻抗小于 2kΩ，电路比较稳定，动态范围大，但输出信号比漏极输出小。三端输出式话筒市场上比较少见。

无论何种接法，驻极体话筒必须满足一定的偏置条件才能正常工作，实际上就是保证内置场效应管始终处于放大状态。

3）驻极体话筒的主要参数

表征驻极体话筒各项性能指标的参数主要有以下几项。

（1）工作电压（U_{DS}）。这是指驻极体话筒正常工作时，所必须施加在话筒两端的最小直流工作电压。该参数视型号不同而有所不同，即使是同一种型号也有较大的离散性，通常厂家给出的典型值有 1.5V、3V 和 4.5V 这 3 种。

（2）工作电流（I_{DS}）。这是指驻极体话筒静态时所通过的直流电流，它实际上就是内部场效应管的静态电流。和工作电压类似，工作电流的离散性也较大，通常在 0.1～1mA。

（3）最大工作电压（U_{MDS}）。这是指驻极体话筒内部场效应管漏、源极两端所能够承受的最大直流电压。超过该极限电压时，场效应管就会击穿损坏。

（4）灵敏度。这是指话筒在一定的外部声压作用下所能产生音频信号电压的大小，其单位通常用 mV/Pa（毫伏/帕）或 dB(0dB=1000mV/Pa)。一般驻极体话筒的灵敏度多在 0.5～10mV/Pa 或-66～-40dB。话筒灵敏度越高，在相同大小的声音下所输出的音频信号幅度也越大。

（5）频率响应。也称频率特性，是指话筒的灵敏度随声音频率变化而变化的特性，常用曲线来表示。一般来说，当声音频率超出厂家给出的上、下限频率时，话筒的灵敏度会明显下降。驻极体话筒的频率响应一般较为平坦，其普通产品频率响应较好（即灵敏度比较均衡）的范围在 100Hz～10kHz，质量较好的话筒为 40Hz～15kHz，优质话筒可达 20Hz～20kHz。

（6）输出阻抗。这是指话筒在一定的频率（1kHz）下输出端所具有的交流阻抗。驻极体话筒经过内部场效应管的阻抗变换，其输出阻抗一般小于 3kΩ。

（7）固有噪声。这是指在没有外界声音时话筒所输出的噪声信号电压。话筒的固有噪声越大，工作时输出信号中混有的噪声就越大。一般驻极体话筒的固有噪声都很小，为微伏级电压。

（8）指向性。也叫方向性，是指话筒灵敏度随声波入射方向变化而变化的特性。话筒的指向性分单向性、双向性和全向性 3 种。单向性话筒的正面对声波的灵敏度明显高于其他方向，并且根据指向特性曲线形状，可细分为心形、超心形和超指向形 3 种；双向性话筒在前、后方向的灵敏度均高于其他方向，全向性话筒对来自四面八方的声波都有基本相同的灵敏度。常用的机装型驻极体话筒绝大多数是全向性话筒。

常用的驻极体话筒的主要参数见表 2-3。

表 2-3 常用的驻极体话筒的主要参数表

型 号	工作电压范围（V）	输出阻抗（Ω）	频率响应（Hz）	固有噪声（μV）	灵敏度（dB）	尺 寸	方向性
CRZ2-9	3~12	≤2000	50~10000	≤3	-54~-66	φ11.5mm×19mm	
CRZ2-15	3~12	≤3000	50~10000	≤5	-36~-46	φ10.5mm×7.8mm	
CRZ2-15E	1.5~12	≤2000					
ZCH-12	4.5~10	1000	20~10000	≤3	-70	φ13mm×23.5mm	
CZⅡ-60	4.5~10	1500~2200	40~12000	≤3	-40~-60	φ9.7mm×6.7mm	全向
DG09767CD	4.5~10	≤2200	20~16000		-48~-66	φ9.7mm×6.7mm	
DG06050CD	4.5~10	≤2200	20~16000		-42~-58	φ6mm×5mm	
WM-60A	2~10	2200	20~12000		-42~-46	φ6mm×5mm	
XCM6050	1~10	680~3000	50~16000		-38~-44	φ6mm×5mm	
CM-18W	1.5~10	1000	20~18000		-52~-66	φ9.7mm×6.5mm	
CM-27B	2~10	2200	20~18000		-58~-64	φ6mm×2.7mm	

4）驻极体话筒的检测

（1）极性判别

关于驻极体电容式话筒的检测方法是：首先检查引脚有无断线情况，然后检测驻极体电容式话筒。它由声电转换系统和场效应管两部分组成。它的电路的接法有两种：源极输出和漏极输出。源极输出有三根引出线，漏极 D 接电源正极，源极 S 经电阻接地，再经一电容作为信号输出；漏极输出有两根引出线，漏极 D 经一电阻接至电源正极，再经一电容作为信号输出，源极 S 直接接地。所以，在使用驻极体话筒之前首先要对其进行极性的判别。

在场效应管的栅极与源极之间接有一只二极管，因而可利用二极管的正反向电阻特性来判别驻极体话筒的漏极 D 和源极 S。

将万用表拨至 $R \times 1 k\Omega$ 挡，黑表笔接任一极，红表笔接另一极。再对调两表笔，比较两次测量结果，阻值较小时，黑表笔接的是源极，红表笔接的是漏极。

（2）灵敏度检测

在收录机、电话机等电器中广泛应用的驻极体话筒，其灵敏度直接影响送话和录放效果。这类话筒灵敏度的高低可用万用表进行简单测试。

将模拟式万用表拨至 $R \times 100$ 挡，两表笔分别接话筒两电极（注意不能错接到话筒的接地极），待万用表显示一定读数后，用嘴对准话筒轻轻吹气（吹气速度慢而均匀），边吹气边观察表针的摆动幅度。吹气瞬间表针摆动幅度越大，话筒灵敏度就越高，送话、录音效果就越好。若摆动幅度不大（微动）或根本不摆动，说明此话筒性能差，不宜应用。对于三根引脚驻极体电容式话筒检测方法同上，只是黑表笔接输出引脚 2 脚，红表笔接 3 脚。

3．扬声器

1）术语

扬声器（speaker, loudspeaker），俗称喇叭，其形状和电气符号如图 2-8 所示。1993 年出版的《电声辞典》指出：扬声器是能将电信号转换成声信号并辐射到空气中去的电声换能器。

项目二 便携式扩音器的制作

图 2-8 扬声器外形图和电气符号

据有关资料记载,最早发明扬声器是在 1877 年,德国人西门子(E.W.Siemens)提出了扬声器雏型专利,他首先提出了由一个圆形线圈放置在径向磁场组成的电动结构。

1924 年,美国的赖斯(C.W.Rice)和凯洛格(E.W.Kollogg)发明了电动式扬声器。

2)扬声器原理

扬声器应用了电磁铁来把电流转化为声音。原来,电流与磁力有很密切的关系。试试把铜线绕在长铁钉上,然后再接上小电池,你会发现铁钉可以把万字夹吸起。当电流通过线圈时会产生磁场,磁场的方向就由右手法则来决定。

扬声器同时运用了电磁铁和永久磁铁,如图2-9所示。假设现在要播放 C 调(频率为 256Hz,即每秒振动 256 次),唱机就会输出256Hz 的交流电,换句话说,在一秒内电流的方向会改变 256 次。每一次电流改变方向时,电磁铁上的线圈所产生的磁场方向也会随着改变。我们都知道,磁力是"同极相拒,异极相吸"的,线圈的磁极不停地改变,与永久磁铁一时相吸,一时相斥,产生了每秒 256 次的振动。线圈与一个薄膜相连,当薄膜与线圈一起振动时,便会推动周围的空气。振动的空气,不就是声音吗?这就是扬声器的运作原理了。

3)扬声器的主要参数

(1)额定功率(W)

扬声器的额定功率是指扬声器能长时间工作的输出功率,又称不失真功率,它一般都标在扬声器后端的铭牌上。当扬声器工作于额定功率时,音圈不会产生过热或机械动过载等现象,发出的声音没有显示失真。额定功率是

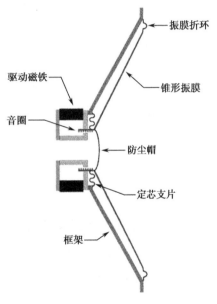

图 2-9 扬声器机构图

一种平均功率,而实际上扬声器工作在变功率状态,它随输入音频信号强弱而变化,在弱音乐及声音信号中,峰值脉冲信号会超过额定功率很多倍,由于持续时间较短而不会损坏扬声器,但有可能出现失真。因此,为保证在峰值脉冲出现时仍能很好获得的音质,扬声器须留足够的功率余量。一般扬声器的最大功率是额定功率的 2~4 倍。

(2)频率特性(Hz)

频率特性是衡量扬声器放音频带宽度的指标。高保真放音系统要求扬声器系统应能重放 20~2000Hz 的人耳可听音域。由于用单只扬声器不易实现该音域,故目前高保真音箱系统采用高、中、低三种扬声器来实现全频带重放覆盖。此外,高保真扬声器的频率特性应尽量趋于平坦,否则会引入重放的频率失真。高保真放音系统要求扬声器在放音频率范围内频率特性不

平坦度小于 10dB。

（3）额定阻抗（W）

扬声器的额定阻抗是指扬声器在额定状态下，施加在扬声器输入端的电压与流过扬声器的电流的比值。现在，扬声器的额定阻抗一般有 2、4、8、16、32Ω 等几种。

扬声器额定阻抗是在输入 400Hz 信号电压情况下测得的，而扬声器音圈的直流电阻 $R_{直} \approx 0.9R$。

（4）谐波失真（TMD%）

扬声器的失真有很多种，常见的有谐波失真（多由扬声器磁场不均匀以及振动系统的畸变而引起，常在低频时产生）、互调失真（因两种不同频率的信号同时加入扬声器，互相调制引起的音质劣化）和瞬态失真（因振动系统的惯性不能紧跟信号的变化而变化，从而引起信号失真）等。谐波失真是指重放时，增加了原信号中没有的谐波成分。扬声器的谐波失真来源于磁体磁场不均匀、振动膜的特性、音圈位移等非线性失真。目前，较好的扬声器的谐波失真指标不大于 5%。

（5）灵敏度（dB/W）

扬声器的灵敏度通常是指输入功率为 1W 的噪声电压时，在扬声器轴向正面 1m 处所测得的声压大小。灵敏度是衡量扬声器对音频信号中的细节能否巨细无遗地重放的指标。灵敏度越高，则扬声器对音频信号中细节越能做出响应。作为 Hi-Fi 扬声器的灵敏度应大于 86dB/W。

（6）指向性

扬声器对不同方向上的辐射，其声压频率特性是不同的，这种特性称为扬声器的指向性。它与扬声器的口径有关，口径大时指向性尖，口径小时指向性宽。指向性还与频率有关，一般而言，对 250Hz 以下的低频信号，没有明显的指向性，对 1.5kHz 以下的高频信号则有明显的指向性。

练一练：请根据对元器件知识的学习并查阅相关手册和资料，完成项目任务书 1。

项目任务书 1　便携式扩音器放大电路元器件认知

（1）请在表 2-4 中写出元件符号名称、电气特性、参数和主要作用，并在元件符号上标出元件的引脚名称或极性。

表 2-4　元器件认知表

元件符号	元件名称	编号与参数	主要作用	电气特性
─▭─				
─╎╎─				
─╎╎─				
─▭─				
▷│				
─▷│─				

续表

元件符号	元件名称	编号与参数	主要作用	电气特性
(NPN晶体管符号)				
(PNP晶体管符号)				
(扬声器符号)				

（2）请画出驻极体话筒的内部结构图。

子任务 2　电路原理认知学习

1. 便携式扩音器放大电路组成

便携式扩音器的原理图如图 2-10 所示，分析便携式扩音器放大电路的原理图可以看出整个电路模块包含几个部分：驻极体话筒、两极共发射极放大器、复合管构成的甲乙类功率放大器、自举电路等。下面对几部分电路工作原理进行分析。

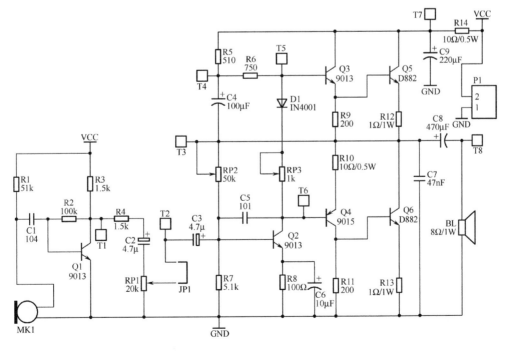

图 2-10　便携式扩音器放大电路原理图

驻极体话筒 MK1 的作用是将声音转换为相应的电信号，R1 是驻极体话筒的偏置电阻，即给话筒提供正常的偏置电压。电信号通过耦合电容 C1 送至前级放大电路进行放大，前级放大电路实际是一个基本共射极放大电路，由 Q1、R2、R3 等元件组成，9013 是核心放大元件。放大的音频信号经 C2 加到电位器 RP1 上面，改变 RP1 大小可以调整音量，再经过 C3 加到第二级放大电路上。

1）第一级共射极放大电路

第一级共射极放大电路是驻极体扩音器的后续电路。驻极体扩音器将语音信号转换为电信号后，这个微弱的电信号就首先被送入共射极放大电路进行电压放大。共射极放大电路如图 2-11 所示，其中三极管 Q1 是构成共基极放大电路的核心元件，电阻 R2、R3 为三极管 Q1 的直流偏置电阻，同时 R2 为负反馈电阻，提高电路的输入电阻。

第一级共射极放大电路的电压放大倍数的计算公式为

$$A_{u1} = -\frac{\beta R_3 \| R_L}{r_{be1}}$$

其中 R_L=1.5k～21.5kΩ，本级放大电路的放大倍数约为-25～50 倍。

2）第二级共发射极放大电路

第二级共发射极放大电路，通过耦合电容 C3 连接在第一级放大电路后面，用来对信号的电压和电流进行进一步的放大。同时，这一部分电路还承担对自举电压的设置和交越失真克服的调节作用。共发射极放大电路如图 2-12 所示，其中三极管 Q2 是构成共发射极放大电路的核心元件，R7、RP2、R8、RP3 为三极管 Q2 的偏置电阻，电容 C3 为耦合电容，C6 为旁路电容，RP2、RP3 为电位器，通过调节 RP2 的大小，可以改变电路中点电压，通过调节 RP3 的大小，可以改变电路对交越失真克服的偏置电压。

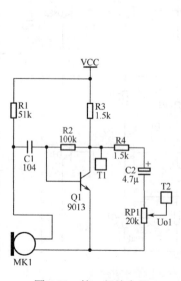

图 2-11 第一级放大器

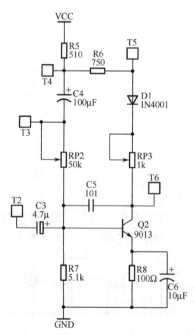

图 2-12 第二级放大器

共射极放大电路的电压放大倍数：

$$A_{u2} \approx \frac{-\beta_2 (\mathrm{RP}_3 \| R_{i3})}{r_{be2} + (1+\beta_2) R_8}$$

3）复合管甲乙类功率放大电路（OTL）

功率放大电路如图 2-13 所示，经过前面两级的电压放大之后，再将信号送进最后一级的单电源甲乙类功率对称互补放大电路中，对信号的电流进行放大，来实现信号总功率的提高，用以驱动负载扬声器工作。三极管 Q3 和 Q5 组成 NPN 型复合管，Q4 和 Q6 组成 PNP 型复合管，用来放大信号的正负半周，二极管 D1 和电位器 RP3 为前置电路，为了避免在放大的过程中出现交越失真。整个电路由 +12V 直流电源提供电源，C8 则为功率放大电路提供额外的直流电源，同时电阻 R5 和电容 C4 组成自举电路，保证复合管在饱和导通的时候电路中点电压仍然能够维持在 $1/2 V_{CC}$，通过调整 RP2 可以改变电路中点电压。

由于功率放大电路中的两个达林顿管是以共集电极方式连接的，因此放大倍数近似为 1。单电源功率放大电路的输出功率的计算公式为

$$P_o = \frac{1}{2} \cdot \frac{U_{om}^2}{R_L}$$

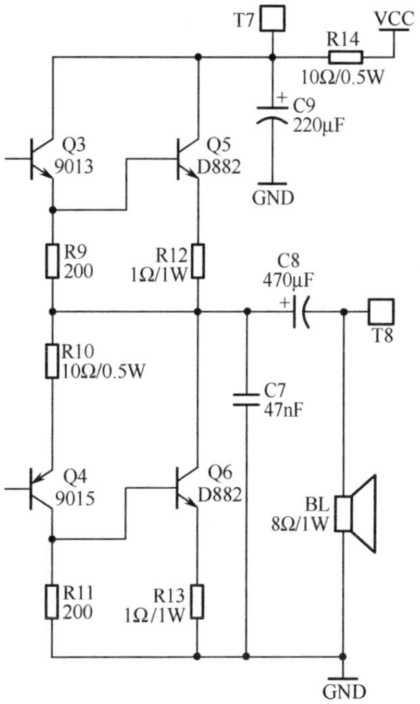

图 2-13 功率放大器

2. 便携式扩音器放大电路的工作过程

通过上面的分析可以得到便携式扩音器放大电路的框图如图 2-14 所示。

输入端 → 第一级共发射极放大 → 第二级共发射极放大 → 第三级功率放大 → 输出端

图 2-14 便携式扩音器的放大电路组成框图

驻极体话筒将语音信号转化为电信号，然后经过两极共射极放大器电压放大之后，再将信号送进最后一级的单电源甲乙类互补对称功率放大电路中，对信号的电流进行放大，来实现信号总功率的提高，然后用来驱动负载扬声器工作。

子任务 3　便携式扩音器电路原理的仿真分析及验证

1. 电路图绘制

在 Multisim 中完成如图 2-15 所示的便携式扩音器放大电路的仿真电路，输入电路中的驻极体话筒用信号发生器代替。

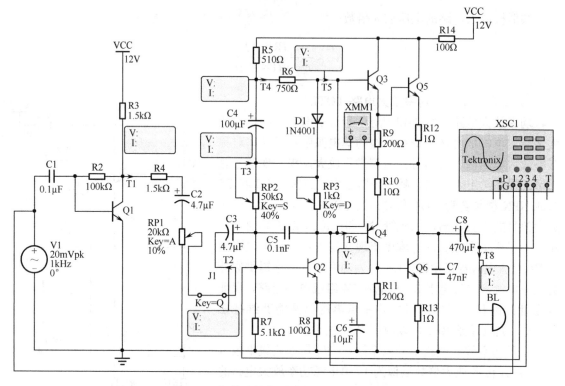

图 2-15 便携式扩音器放大电路仿真电路图

2. 仿真记录

（1）将开关 J1 断开（无输入信号），打开仿真开关，观察记录 T1、T2、T3、T4、T5、T6 点电压并记录在表 2-5 中，调整电位器 RP2，使 T3 点电压等于 $1/2V_{CC}$，记录此时 RP2 接入电阻的百分比和阻值。

（2）调整 RP3 使 T5 与 T6 间的电压为 1.8±0.2V，记录此时 RP2 接入电阻的百分比和阻值。

（3）闭合开关 J1，调整各电位器是信号不失真，记录各点波形在表 2-6（a）中。

（4）将 RP3 的值调至最小，记录 BL 两端电压在表 2-6（b）中，分析此波形的产生原因和解决方法。

表 2-5 便携式扩音器放大电路仿真记录表

序号	测量值 RP2 ×%	RP2 阻值	T1(V)	T2(V)	T3(V)	T4(V)	T5(V)-T6(V)
1							
序号	测量值 RP3 ×%	RP3 阻值	T1(V)	T2(V)	T3(V)	T4(V)	T5(V)-T6(V)
2							
3							
4							

表 2-6　便携式扩音器放大电路仿真波记录表

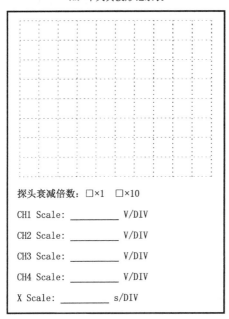

任务 2　便携式扩音器放大电路的元器件检测

学习目标

（1）能对电阻、电位器、电容、二极管进行识别和检测。
（2）能检测三极管的好坏与性能。
（3）能识别三极管的引脚及型号。
（4）能识别大功率管的引脚及型号。
（5）能识别和检测驻极体话筒。
（6）能识别和检测喇叭。

工作内容

（1）通过对色环或元器件上的表示识别电阻、电位器、电容的参数，并用万用表进行检测。
（2）用万用表检测二极管的好坏与性能。
（3）识别三极管的引脚及型号。
（4）识别大功率管的引脚及型号。
（5）识别和检测驻极体话筒。
（6）识别和检测喇叭。
（7）填写识别检测报告。

模拟电子技术项目仿真与工程实践

子任务 1 电阻类元件、电容、二极管的识别与检测

根据以前所学知识，识别本项目所用到的的电阻、电位器、电容、二极管与光敏电阻等元器件，用万用表测量这些器件的参数并判断其好坏，完成检测表。

1. 电阻的检测

检测步骤：

（1）从电阻外观特征识别电阻。
（2）用万用表测量电阻的阻值，并与理论值比较并判断其好坏。
（3）完成表2-7。

表2-7 电阻识别与检测报告表

外观特征	识读电阻的标志		实测阻值	好坏判别
识别电阻	色环	标称阻值		

2. 电位器的检测

读出排阻和电位器上的数字标识，计算出排阻和电位器的阻值，用万用表检测、识别引脚和参数，完成表2-8。

表2-8 排阻和电位器检测表

电位器检测	电气原理图与引脚分布图	封装	标示值	标称阻值	实测阻值	好坏判别
RP1						
RP2						
RP3						

思考：该电路中的电位器RP1、RP2、RP3各起到什么作用？

3. 识别并检测电容

根据以前所学知识，识别本项目所用电容，用万用表测量电容的好坏。

检测步骤：
（1）从外观特征识别电容。

(2) 从极性、容量、性能方面判断电容的好坏,并按要求填入表 2-9 中。

表 2-9　电容识别与检测报告表

电容编号	外表标注	判断结果				电容性能好坏
		电容类别	标称容量	耐压值	允许误差	

4. 识别并检测二极管

根据以前所学知识,识别本项目所用的二极管,用万用表测量其质量并判断其好坏。
检测步骤:
(1) 从外观特征识别二极管。
(2) 用万用表测量二极管的正反向阻值,并将测量结果填入表 2-10。

表 2-10　二极管检测表

名称	型号	测量极间电阻				性能好坏判断
		正向电阻		反向电阻		
		万用表挡	测量值	万用表挡	测量值	

想一想:

(1) 本电路中二极管的作用是什么?
(2) 本项目中二极管的选取主要关注它的什么参数?

5. 识别并检测三极管

根据以前所学知识,识别本项目所用的三极管,用万用表测量其质量并判断其好坏。
检测步骤:
(1) 从外观型号识别三极管,并判断三极管的类型及其功能。
(2) 用万用表测量三极管的引脚。
(3) 用万用表估测量三极管的放大倍数,并将上述测量结果填入表 2-11 中。

表 2-11　三极管检测报告

型号	测量极间电阻				引脚判断			管型判断	放大能力
	红表笔接 2 脚		黑表笔接 2 脚						
	黑表笔接 1 脚	黑表笔接 3 脚	红表笔接 1 脚	红表笔接 3 脚	e	b	c		

子任务 2　大功率管的识别与检测

1. 三极管的检测方法

1) 用万用表判别类型与电极

三极管内部有两个 PN 结，可用万用表电阻挡分辨 e、b、c 三个极。在型号标注模糊的情况下，也可用此法判别管型。

（1）基极的判别

判别管极时应首先确认基极。对于 NPN 管，用指针表黑表笔接假定的基极，用红表笔分别接触另外两个极，若测得电阻都小，约为几百欧～几千欧；将黑、红两表笔对调，测得电阻均较大，在几百千欧以上，此时黑表笔接的就是基极。对于 PNP 管，情况正相反，测量时两个 PN 结都正偏的情况下，红表笔接的是基极。

实际上，小功率管的基极一般排列在三个引脚的中间，可用上述方法，分别将黑、红表笔接基极，即可测定三极管的两个 PN 结是否完好（与二极管 PN 结的测量方法一样），又可确认管型。

（2）集电极和发射极的判别

确定基极后，假设余下引脚之一为集电极 c，另一为发射极 e，用手指分别捏住 c 极与 b 极（即用手指代替基极电阻 R_b）。同时，将万用表两表笔分别与 c、e 接触，若被测管为 NPN 管，则用黑表笔接 c 极、用红表笔接 e 极（PNP 管相反），观察指针偏转角度；然后再设另一引脚为 c 极，重复以上过程，比较两次测量指针的偏转角度大的一次表明 I_C 大，管子处于放大状态，相应假设的 c、e 极正确。

2) 三极管性能的简易测量

（1）用万用表电阻挡测 I_{CEO} 和 β

基极开路，万用表黑表笔接 NPN 管的集电极 c，红表笔接发射极 e（PNP 管相反），此时 c、e 间电阻值大则表明 I_{CEO} 小，电阻值小则表明 I_{CEO} 大。

用手指代替基极电阻 R_b，用上法测 c、e 间电阻，若阻值比基极开路时小得多则表明 β 值大。

（2）用万用表 h_{FE} 挡测 β

有的万用表有 h_{FE} 挡，按表上规定的极型插入三极管即可测得电流放大系数 β，若 β 很小或为零，表明三极管已损坏，可用电阻挡分别测两个 PN 结，确认是否有击穿或断路。

2. 大功率三极管 D882 的检测

根据以前所学知识，判断本项目所用的大功率管 D882，用万用表检测其好坏，将测量结果记录在表 2-12 中。

检测步骤：

（1）判断 D882 的引脚，画出其对应的电气符号。

（2）不通电情况下，用万用表测量 D882 各引脚的电阻值。

（3）根据测量结果判断 D882 的好坏。

表 2-12　D882 测量结果记录表

电阻值 \ 引脚	1-2	2-3	1-3
正向			
反向			
引脚判别	1	2	3
对应电极			

想一想：

（1）大功率三极管 D882 的主要参数有哪几个？

（2）如何用万用表检测 D882 的好坏？

（3）D882 后缀字母分别代表什么？

子任务 3　驻极式话筒的识别与检测

1. 用万用表检测驻极式话筒的方法

驻极式话筒的检测方法如下：将驻极体话筒加上正常的偏置电压（负表笔接 D，正表笔接 S 或接地端），将万用表拨到 $R \times 100$ 挡，用两表笔分别接两芯线，相当于给内部源极、漏极间加电压，此时，万用表指针应在一定的刻度上。然后对话筒吹气，如果指针有一定幅度的摆动，说明驻极式话筒完好，如果无反应，则该话筒漏电。如果直接测试话筒引线无电阻，说明话筒内部可能开路；如果阻值为零，则话筒内部短路。

2. 驻极式话筒的检测

根据以前所学知识，判断本项目所用的驻极式话筒，用万用表检测其好坏，将测量结果记录在表 2-13 中。

检测步骤：

（1）判断驻极式话筒的引脚极性并画出其电气符号。

（2）不通电情况下，用万用表测量驻极式话筒的好坏。

表 2-13　驻极式话筒测量结果记录表

驻极式话筒引脚号	1	2 3
测量电阻值/Ω		
引脚极性		
驻极式话筒好坏判断		

想一想：

（1）驻极式话筒的工作原理是什么？

(2) 如何用万用表检测驻极式话筒的好坏？
(3) 驻极式话筒内为何要加入场效应管？

子任务 4　扬声器的识别与检测

1. 用万用表检测扬声器的方法

扬声器的检测方法如下：

（1）用欧姆挡点试测量，扬声器里有响声的为好的。没有响声或无阻值的为坏的。扬声器阻值小，一般为几欧姆，可以忽略。如果点试测量扬声器里有响声，但不是一次声音的为不合格。

（2）用万用表的电阻挡检测其阻值是否与标称阻值相等，如果相等则好，如果阻值为 0 或 ∞ 则扬声器已损坏。

2. 扬声器的检测

根据以前所学知识，判断本项目所用的扬声器，用万用表检测其好坏，将测量结果记录在表 2-14 中。

检测步骤：

（1）判断扬声器的外观好坏。
（2）不通电情况下，用万用表测量扬声器的好坏。

表 2-14　扬声器测量结果记录表

检测内容	点试测声音有无	阻值	扬声器好坏判断
检测值			

想一想：

（1）喇叭的工作原理是什么？
（2）如何用万用表检测扬声器的好坏？
（3）扬声器还有哪些类型？

任务 3　便携式扩音器放大电路的装配与调试

工作目标

（1）能够对便携式话筒放大电路按工艺要求进行装配。
（2）能够调试便携式话筒放大电路使其正常工作。
（3）能够写出制作调试报告。

工作任务

（1）装配便携式话筒放大电路。

（2）调试便携式话筒放大电路。
（3）撰写制作调试报告。

子任务 1　电路元器件的装配与布局

实施前准备：
（1）常用电子装配工具。
（2）万用表、直流稳压源。
（3）配套元器件与 PCB 板，元器件清单见表 2-15。

表 2-15　便携式扩音器放大电路元器件清单

标　号	参　数	封　装	数　量	标　号	参　数	封　装	数　量
BL	8Ω/1W	3.96V	1	Q5, Q6	D882	TO-225A	2
C1	104	RAD0.1	1	R1	51kΩ	AXIAL0.3	1
C2, C3	4.7μ	RB.1/.2-5	2	R2	100kΩ	AXIAL0.3	1
C4	100μF	RB.1/.2-5	1	R3, R4	1.5kΩ	AXIAL0.3	2
C5	101	RAD0.1	1	R5	510Ω	AXIAL0.3	1
C6	10μF	RB.1/.2-5	1	R6	750Ω	AXIAL0.3	1
C7	47nF	RAD0.1	1	R7	5.1kΩ	AXIAL0.3	1
C8	470μF	RB.2/.4-8	1	R8	100Ω	AXIAL0.3	1
C9	220μF	RB.1/.2-6.5	1	R9, R11	200Ω	AXIAL0.3	2
D1	IN4001	DIODE0.4	1	R10, R14	10Ω/0.5W	AXIAL0.5	2
JP1	JUMPER	SIP2	1	R12, R13	1Ω/1W	AXIAL0.5	2
MK1	MICROPHONE2	MIC	1	RP1	20kΩ	3318F	1
P1	DC 12V	3.96V	1	RP2	50kΩ	3318F	1
Q1, Q2, Q3	9013	TO92A-4	3	RP3	1kΩ	3318F	1
Q4	9015	TO92A-4	1				

1. 元器件的布局

便携式扩音器元器件布局如图 2-16 所示。

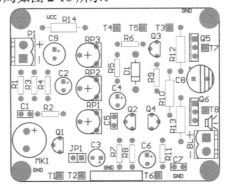

图 2-16　便携式扩音器放大电路元器件的布局图

2. 元器件的装配工艺要求

（1）电阻采用水平安装方式，电阻体紧贴 PCB 板，色环电阻的色环标志顺序一致（水平方向左边为第一环，垂直方向上边为第一环。

（2）电位器插到底，不能倾斜，三只脚均焊接。

（3）二级管应水平安装，底面紧贴 PCB 板，注意极性不能装反，银色线段与封装的白色粗线对齐，为二级管阴极。

（4）电容采用垂直安装方式，底面紧贴 PCB 板，电解电容安装时注意正负极性。

（5）三极管的底面距离 PCB 板 5mm，注意极性不能装错。

（6）接线端子与电源端子底面紧贴 PCB 板安装。

（7）驻极体话筒的底面距离 PCB 板 5mm，注意极性不能装反。

（8）扬声器由接线端子引出安装连接。

3. 操作步骤

（1）按工艺要求安装色环电阻。

（2）按工艺要求安装二极管。

（3）按工艺要求安装瓷片电容。

（4）按工艺要求安装接线端子与电源端子。

（5）按工艺要求安装三极管和电位器。

（6）按工艺要求安装电解电容。

（7）按工艺要求安装大功率三极管。

（8）按工艺要求安装驻极体话筒。

子任务 2　制作便携式扩音器放大电路模块

要求：按制作要求制作便携式扩音器放大电路，并撰写制作报告。

方法步骤：

（1）对安装好的元件进行手工焊接。

（2）检查焊点质量。

子任务 3　调试便携式扩音器放大电路

1. 断电检测

将装配好的模块安装上电池，用万用表的短路挡检测+12V 电源和 GND 之间是否短路，并记录检测值到表 2-16 中。

表 2-16　断电检测表

检测内容	+12V 与 GND
检测值	

2. 上电检测

(1) 将电路的 JP1 断开,电路板接上 12V 直流电源,输出端接上 8Ω/1W 负载电阻代替扬声器,用万用表直流 10V 电压挡测量推挽互补对管中点(即 T3 点)对地电压,调节 RP2,使该点电压为 6V。

(2) 用万用表直流 2.5V 电压挡测量三极管 V3 基极(T5)(接红表笔)与 V4 基极(T6)(接黑表笔)之间的偏置电压 V_{56},并调节电阻 RP3,使测量的电压值为 1.8V±0.2V。该电压值如果太大,功放管的集电极电流就越大,易使功放管发热损坏;该电压值太小,输出功率不足且有交越失真。RP3 的阻值一定要合适,以保证功率放大器有合适的静态工作点。

(3) 断开电源,串入万用表直流 50mA 电流挡,测量功放电路的整机静态电流 I,并记录在表 2-17 中。

(4) 用万用表直流电压挡测量功率放大电路中各三极管的静态工作电压(对地)并记录于表 2-17 中。

(5) 短接 JP1,拆去输出端的假负载电阻,接上扬声器。对着话筒说话,检测效果,同时调整 RP1 检测其对电路的调整作用。

表 2-17 便携式扩音器电路参数记录表

电源电压 V_{CC}= 12 V 中点电压=_____V						
偏置电压 V_{56}=____V 整机电流 I= _____mA						
电极电位	V1	V3	V4	V5	V6	
V_C						
V_B						
V_E						

任务 4 项目汇报与评价

  学习目标

(1) 会对项目的整体制作与调试进行汇报。
(2) 能对别人的作品与制作过程做出客观的评价。
(3) 能够撰写制作调试报告。

工作内容

(1) 对自己完成的项目进行汇报。
(2) 客观地评价别人的作品与制作过程。
(3) 撰写技术文档。

子任务1 汇报制作调试过程

1. 汇报内容

（1）演示制作的项目作品。
（2）讲解项目电路的组成及工作原理。
（3）讲解项目方案制定及选择的依据。
（4）与大家分享制作、调试中遇到的问题及解决方法。

2. 汇报要求

（1）演示作品时要边演示边讲解主要性能指标。
（2）讲解时要制作PPT。
（3）要重点讲解制作、调试中遇到的问题及解决方法。

子任务2 对其他人作品进行客观评价

1. 评价内容

（1）演示的结果。
（2）性能指标。
（3）是否文明操作、遵守实训室的管理规定。
（4）项目制作调试过程中是否有独到的方法或见解。
（5）是否能与其他学员团结协作。
具体评价参考项目评价表（表2-18）。

2. 评价要求

（1）评价要客观公正。
（2）评价要全面细致。
（3）评价要认真负责。

表2-18 项目评价表

评价要素	评价标准	评价依据	评价方式（各部分所占比重）			权重
			个人	小组	教师	
职业素养	（1）能文明操作、遵守实训室的管理规定 （2）能与其他学员团结协作 （3）自主学习，按时完成工作任务 （4）工作积极主动，勤学好问 （5）能遵守纪律，服从管理	（1）工具的摆放是否规范 （2）仪器仪表的使用是否规范 （3）工作台的整理情况 （4）项目任务书的填写是否规范 （5）平时表现 （6）学生制作的作品	0.3	0.3	0.4	0.3

续表

评价要素	评价标准	评价依据	评价方式（各部分所占比重）			权重
			个人	小组	教师	
专业能力	（1）清楚规范的作业流程 （2）熟悉便携式扩音器放大电路的组成及工作原理 （3）能独立完成电路的制作与调试 （4）能够选择合适的仪器、仪表进行调试 （5）能对制作与调试工作进行评价与总结	（1）操作规范 （2）专业理论知识：课后题、项目技术总结报告及答辩 （3）专业技能：完成的作品、完成的制作调试报告	0.1	0.2	0.6	0.7
创新能力	（1）在项目分析中提出自己的见解 （2）对项目教学提出建议或意见具有创新性 （3）独立完成检修方案的指导，并设计合理	（1）提出创新的观念 （2）提出意见和建议被认可 （3）好的方法被采用 （4）在设计报告中有独特见解	0.2	0.2	0.6	0.1

子任务3 撰写技术文档

1. 技术文档内容

（1）项目方案的选择与制订。

① 方案的制订。

② 元器件的选择。

（2）项目电路的组成及工作原理。

① 分析电路的组成及工作原理。

② 元件清单与布局图。

（3）元器件的识别与检测。

（4）项目收获。

（5）项目制作与调试过程中所遇到的问题。

（6）所用到的仪器仪表。

2. 报告要求

（1）内容全面详实。

（2）填写相应的元器件检测报告表。

（3）填写相应的调试报告表。

【知识链接】

三极管是最早出现的具有放大功能的三端半导体器件。自 1848 年诞生以来，双极型晶体管促进并带来了"固态革命"，进而推动了全球范围内的半导体电子工业。由于晶体管一直在高速电路、模拟电路和功率电路中占据着主要地位，因此了解它的原理和特性十分重要。通常缩写词 BJT（Bipolar Junction Transistor）代表三极管。在项目一中我们已经了解了三极管的结构、符号和检测方法等基础知识。本项目中需要大家进一步掌握三极管的放大原理，以及各种用三极管组成的放大电路。

2.1 三极管

2.1.1 三极管的结构、分类和符号

1. 三极管的基本结构

三极管的结构，最常见的有平面型和合金型，硅管主要是平面型，锗管都是合金型。不论是平面型还是合金型，都分为 NPN 或 PNP 三个区，因此，又把三极管分为 NPN 型和 PNP 型，其结构和电气符号如图 2-17 所示。

三个区分别称发射区、基区、集电区；引出三个极，称为发射极（e）、基极（b）、集电极（c）；有两个 PN 结，发射区和基区之间的称为发射结，集电区和基区之间的称为集电结。

其结构特点是：发射区掺杂浓度高，即多子浓度高；基区很薄且杂质浓度低；集电区体积大，掺杂浓度较低。

使用时，两种三极管的电源极性是相反的。

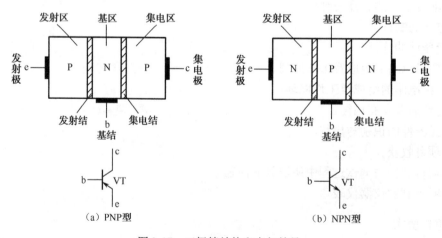

图 2-17 三极管结构和电气符号

2. 三极管的分类

（1）按材质分：硅管、锗管。
（2）按结构分：NPN、PNP。
（3）按功能分：开关管、功率管、达林顿管、光敏管等。
（4）按功率分：小功率管、中功率管、大功率管。
（5）按工作频率分：低频管、高频管、超频管。
（6）按结构工艺分：合金管、平面管。
（7）按安装方式：插件三极管、贴片三极管。

2.1.2 三极管的伏安特性

1. 三极管电流分配关系

先看一个实验，把三极管接成两个电路，基极电路和集电极电路，发射极是公共端，这种接法称为三极管的共发射极接法，实验电路如图 2-18 所示。

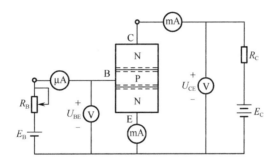

图 2-18　实验电路图

表 2-19　实验结果

I_B (mA)	0	0.02	0.04	0.06	0.08	0.10
I_C (mA)	<0.001	0.70	1.50	2.30	3.10	3.95
I_E (mA)	<0.001	0.72	1.54	2.36	3.18	4.05

连接条件及实验结果见表 2-19，由实验结果可得出如下结论。

（1）三极管放大的外部条件为发射结正偏、集电结反偏，从电位的角度看：

NPN，发射结正偏 $V_B>V_E$，集电结反偏 $V_C>V_B$。

PNP，发射结正偏 $V_B<V_E$，集电结反偏 $V_C<V_B$。

（2）各电极电流关系及电流放大作用，三电极电流关系如下：

① $I_E=I_B+I_C$。

② $I_C \gg I_B$，$I_C \approx I_E$。

③ $I_C=\beta I_B$，基极电流的微小变化能够引起集电极电流较大变化的特性称为三极管的电流放大作用。

实质：用一个微小电流的变化去控制一个较大电流的变化，是 CCCS 器件。

（3）三极管内部载流子的运动规律。

由于发射结正偏，发射区的自由电子进入基区，基区的空穴浓度低，只有少部分电子与基区的空穴复合，形成电流 I_{BE}，多数自由电子扩散到集电结，从基区扩散来的电子作为集电结的少子，漂移进入集电结而被收集，形成 I_{CE}。同时，集电区的少子空穴向基区漂移，形成电流 I_{CBO}，这个电流很小，但受温度影响大（图 2-19）。

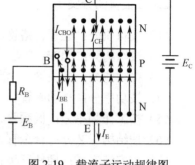

图 2-19 载流子运动规律图

总结：三极管内部载流子的运动规律。

$$I_C = I_{CE} + I_{CBO} \approx I_{CE}$$
$$I_B = I_{BE} - I_{CBO} \approx I_{BE}$$

I_{CE} 与 I_{BE} 之比称为共发射极电流放大倍数：

$$\bar{\beta} = \frac{I_{CE}}{I_{BE}} = \frac{I_C - I_{CBO}}{I_B + I_{CBO}} \approx \frac{I_C}{I_B}$$

$$I_C = \bar{\beta} I_B + (1 + \bar{\beta}) I_{CBO} = \bar{\beta} I_B + I_{CEO}$$

若 $I_B = 0$，则 $I_C \approx I_{CEO}$，称集－射极穿透电流，当温度升高时，I_{CEO} 增大。忽略 I_{CEO}，有 $I_C \approx \bar{\beta} I_B$。

2. 三极管三种连接方式

由上面的分析我们得知，三极管如果能够对电流进行放大必须保证其发射结正偏、集电结反偏，这样的电路有三种连接方式，分别为共发射极接法、共基极接法和共集电极接法，如图 2-20 所示。

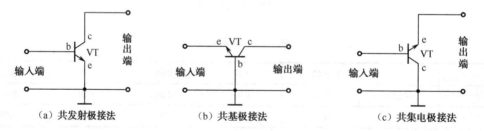

（a）共发射极接法　　（b）共基极接法　　（c）共集电极接法

图 2-20 三极管放大电路的连接方式

3. 三极管的伏安特性曲线

三极管的特性曲线即管子各电极电压与电流的关系曲线，是管子内部载流子运动的外部表现，反映了三极管的性能，是分析放大电路的依据。

为什么要研究特性曲线：

（1）直观地分析管子的工作状态。

（2）合理地选择偏置电路的参数，设计性能良好的电路。

我们重点讨论应用最广泛的共发射极接法的特性曲线，来看测量三极管特性的实验线路

(图 2-21):

发射极是输入回路、输出回路的公共端。

4. 输入特性曲线

输入特性曲线是指当集-射极电压 U_{CE} 为常数时,输入电路中基极电流 I_B 与基-射极电压 U_{BE} 之间的关系曲线。$I_B = f(U_{BE})|_{U_{CE}=常数}$,特点是非线性。三极管输入特性曲线如图 2-22 所示。

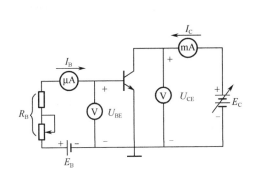
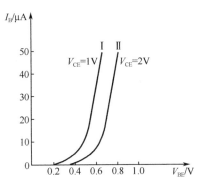

图 2-21 三极管特性曲线实验电路　　　　图 2-22 三极管输出特性曲线

对硅管而言,当 V_{CE} 增大时,曲线应右移,当 $U_{CE} \geqslant 1V$ 时,集电结已反向偏置,而基区又薄,可以把从发射区扩散到基区的电子几乎全部拉入集电区,此后,U_{CE} 对 I_B 就不再有影响了,就是说,$U_{CE} > 1V$ 后的特性曲线是重合的。

与二极管特性曲线一样,三极管输入特性曲线也有一段死区,只有当发射结外加电压大于死区电压时,才有电流 I_B。

正常工作时发射结电压:NPN 型硅管 $U_{BE} \approx 0.6 \sim 0.7V$,PNP 型锗管 $U_{BE} \approx -0.2 \sim -0.3V$。

5. 输出特性曲线

输出特性曲线是指当基极电流 I_B 为常数时,输出电路(集电极电路)中集电极电流 I_C 与集-射极电压 U_{CE} 之间的关系曲线,$I_C = f(U_{CE})$,如图 2-23 所示。

输出特性曲线通常分为三个工作区。

(1)放大区:在放大区有 $I_C = \beta I_B$,也称线性区,具有恒流特性。在放大区,发射结处于正向偏置,集电结处于反向偏置,三极管工作于放大状态。

(2)截止区:$I_B < 0$ 以下区域为截止区,有 $I_C \approx 0$。在截止区发射结处于反向偏置,集电结处于反向偏置,三极管工作于截止状态。

(3)饱和区:当 $U_{CE} \leqslant U_{BE}$ 时,三极管工作于饱和状态(输出特性曲线上升段附近)。在饱和区,$\beta I_B \geqslant I_C$,发射结处于正向偏置,集电结也

图 2-23 三极管输入特性曲线

处于正偏。此时，$U_{CE}\approx0$，$I_C=\dfrac{U_{CC}}{R_C}$。深度饱和时，硅管 $U_{CES}\approx0.3V$，锗管 $U_{CES}\approx0.1V$。

总结：三极管工作状态由偏置情况决定（表 2-20）。

表 2-20 三极管工作状态

	放 大	截 止	饱 和
PN 结状态	发射结正偏 集电结反偏	发射结反偏 或零偏	发射结正偏 集电结正偏
NPN	$V_C>V_B>V_E$	$V_B\leqslant V_E$	$V_B>V_E$，$V_C<V_E$
PNP	$V_C<V_B<V_E$	$V_B\geqslant V_E$	$V_B<V_E$，$V_C>V_E$

2.1.3 三极管的主要参数

三极管的特性除用特性曲线表示外，还可用一些数据表示，表示三极管特性的数据称为三极管的参数，三极管的参数也是设计电路、选用三极管的依据。

1. 共发射极电流放大系数

1) 共发射极直流放大系数 $\bar{\beta}$

当三极管接成共发射极电路时，在静态时集电极电流 I_C 与基极电流 I_B 的比值称为直流电流放大系数，$\bar{\beta}=\dfrac{I_C}{I_B}$。

2) 共发射极交流放大系数 β

当三极管工作在动态时，集电极电流变化量与基极电流变化量的比值称为交流电流放大系数，$\beta=\dfrac{\Delta I_C}{\Delta I_B}$。

$\bar{\beta}$ 和 β 的含义不同，但在特性曲线近于平行等距并且 I_{CEO} 较小的情况下，两者数值接近。常用三极管的 β 值在 20～200。

【例】 如图 2-24 所示，在 $U_{CE}=6V$ 时，在 Q_1 点 $I_B=40mA$，$I_C=1.5mA$；在 Q_2 点 $I_B=60mA$，$I_C=2.3mA$，请计算 $\bar{\beta}$ 和 β。

解：在 Q_1 点，有 $\bar{\beta}=\dfrac{I_C}{I_B}=\dfrac{1.5}{0.04}=37.5$

由 Q_1 和 Q_2 点，得

$$\beta=\dfrac{\Delta I_C}{\Delta I_B}=\dfrac{2.3-1.5}{0.06-0.04}=40$$

在以后的计算中，一般作近似处理：$\beta=\bar{\beta}$。

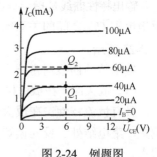

图 2-24 例题图

2. 极间反向饱和电流

1) 集电极-基极反向饱和电流 I_{CBO}

I_{CBO} 是当发射极开路时由于集电极反向偏置，集电区和基区的少数载流子的漂移运动所形成的电流，受温度的影响大。I_{CBO} 越小越好。温度升高，I_{CBO} 增大。

2）集电极-发射极反向电流（穿透电流）I_{CEO}

当 $I_B=0$ 时，将基极开路，集电结处于反向偏置和发射结处于正向偏置时的集电极电流为 I_{CEO}，I_{CEO} 受温度的影响大。温度升高，I_{CEO} 增大，所以 I_C 也相应增加。三极管的温度特性较差。

3. 极限参数

其指三极管正常工作时，允许的最大电流、电压和功率等极限数值。

1）集电极最大允许电流 I_{CM}

集电极电流 I_C 上升会导致三极管的 β 值下降，当 β 值下降到正常值的三分之二时的集电极电流即为 I_{CM}。若 I_C 过大，β 将下降很多。

2）集电极最大允许耗散功率 P_{CM}

P_{CM} 最大允许平均功率是 I_C 和 V_{CB} 乘积允许最大值。

3）集电极—发射极反向击穿电压 V_{CEO}

其指基极开路时，加在集电极和发射极之间的最大允许电压，电压超过此值后，会电击穿导致热击穿，损坏管子。手册上给出的数值是 25℃ 基极开路时的击穿电压 $U_{(BR)CEO}$。

4. 三极管参数与温度的关系

（1）温度每增加 10℃，I_{CBO} 增大一倍。硅管优于锗管。

（2）温度每升高 1℃，U_{BE} 将减小 2～2.5mV，即三极管具有负温度系数。

（3）温度每升高 1℃，β 增加 0.5%～1.0%。

2.1.4 三极管的工作状态

由于三极管有三种不同的工作状态，所以在使用三极管时，根据电路要求合理地设置三极管的静态工作点就显得尤为重要。根据三极管的基本放大电路，我们可以得到三极管输入输出回路的电压电流方程：

$$V_{BE} \approx 0.7\text{V}, I_B = \frac{V_{CC} - V_{BE}}{R_B}$$

$$I_C = \beta I_B, V_{CE} = V_{CC} - I_C R_C$$

根据电压电流方程，可以分别在三极管的输入输出特性曲线上得到直流负载线，如图 2-25 和图 2-26 所示。直流负载线和特性曲线的交点即为三极管的静态工作点。通过调节电路中的电阻的阻值，可以在三极管的特性曲线上得到不同的静态工作点。

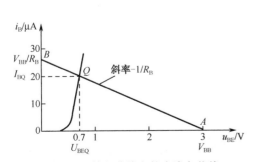

图 2-25 输入曲线上的直流负载线

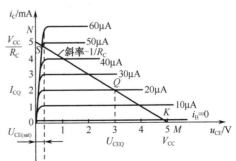

图 2-26 输出曲线上的直流负载线

从图 2-26 可以看出，输出特性曲线和直流负载线有很多交点，每一点都可以作为三极管的静态工作点，但是工作点选取得不好，就可能影响电路的工作效果，从而引起信号波形的失真。

1. 开关状态

三极管以基极电流 I_B 作为输入，操控整个三极管的工作状态。若三极管在截止区，I_B 趋近于 0（V_{BE} 亦趋近于 0），C 极与 E 极间约呈断路状态，$I_C=0$，$V_{CE}=V_{CC}$。若三极管在放大区，发射结为正偏，集电结为反偏，I_B 的值适中（$V_{BE}=0.7V$），I_C（$=\beta I_B$）呈比例放大，$V_{CE}=V_{CC}-R_C\times\beta I_B$ 可被 I_B 操控。若三极管在饱和区，I_B 很大，$V_{BE}=0.8V$，$V_{CE}=0.2V$，$V_{BC}=0.6V$，集电结和发射结均为正偏，集电极和发射极之间等同于一个带有 0.2V 电位落差的通路，可得 $I_C=(V_{CC}-0.2)/R_C$，I_C 与 I_B 无关了，因此时的 I_B 大过线性放大区的 I_B 值，$I_C<\beta I_B$ 是必然的。三极管在截止态时 C-E 间如同断路，在饱和态时 C-E 间如同通路（带有 0.2V 电位降），因此可以作为开关。控制此开关的是 I_B，也可以用 V_{BB} 作为控制的输入信号。

如果三极管作为电子开关工作在电路中的话，静态工作点则在饱和区和截止区之间跳转。当静态工作点处于饱和区时，三极管工作在开启状态，电路输出高电平；当静态工作点处于截止区时，三极管工作在关闭状态，电路输出低电平。三极管在开关状态的工作过程如图 2-27 所示。

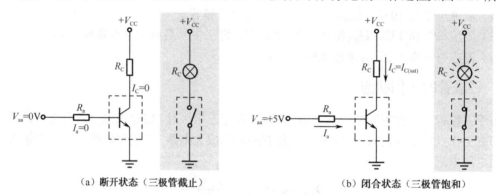

（a）断开状态（三极管截止）　　　　　　（b）闭合状态（三极管饱和）

图 2-27　三极管的开关状态

下面介绍几个三极管开关电路的应用电路。

1）三极管开关电路在电动玩具中的应用

图 2-28 所示的控制电路由开关三极管 VT，玩具电动机 M，控制开关 S，基极限流电阻器 R 和电源 GB 组成。VT 采用 NPN 型小功率硅管 8050，其集电极最大允许电流 I_{CM} 可达 1.5A，以满足电动机启动电流的要求。M 选用工作电压为 3V 的小型直流电动机，对应电源 GB 亦为 3V。当开关 S 被按下以后，三极管 VT 的基极得到一个开启电流，三极管 VT 随即进入饱和区工作，此时的三极管输出电压非常低，使电动机 M 得到足够的启动电压进行运转。

电路中 VT 基极限流电阻器 R 又该如何确定呢？根据三极管的电流分配作用，在基极输入一个较弱的电流 I_B，

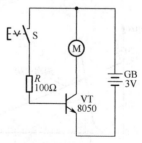

图 2-28　电动玩具的开关控制电路

就可以控制集电极电流 I_C 有较强的变化。假设 VT 电流放大系数 $h_{fe}≈250$，电动机启动时的集电极电流 $I_C=1.5A$，经过计算，为使三极管饱和导通所需的基极电流 $I_B≥$ (1500mA/250)×2= 12mA。在图 2-28 所示电路中，电动机空载时运转电流约为 500mA，此时电源（用两节 5 号电池供电）电压降至 2.4V，VT 基极-发射极之间电压 $V_{BE}≈0.9V$。根据欧姆定律，VT 基极限流电阻器的电阻值 $R=(2.4-0.9)V/12mA≈0.13kΩ$。考虑到 VT 在 I_C 较大时，h_{fe} 要减小，电阻值 R 还要小一些，实取 100Ω。为使电动机更可靠地启动，R 甚至可减少到 51Ω。在调试电路时，接通控制开关 S，电动机应能自行启动，测量 VT 集电极—发射极之间电压 $V_{CE}≤0.35V$，说明三极管已饱和导通，三极管开关电路工作正常，否则会使 VT 过热而损坏。

2）三极管开关电路在自动停车的磁力自动控制电路中的应用

电路如图 2-29 所示，开启电源开关 S，玩具车启动，行驶到接近磁铁时，安装在 VT 基极与发射极之间的干簧管 SQ 闭合，将基极偏置电流短路，VT 截止，电动机停止转动，保护了电动机及避免大电流放电。

3）三极管开关电路在光电自动控制电路中的应用

电路如图 2-30 所示，VT1 和 VT2 接成类似复合管电路形式，VT1 的发射极电流也是 VT2 的基极电流，R_2 既是 VT1 的负载电阻器又是 VT2 的基极限流电阻器。因此，当 VT1 基极输入微弱的电流（0.1mA），可以控制末级 VT2 较强电流——驱动电动机运转电流（500mA）的变化。VT1 选用小功率 NPN 型硅管 9013，$h_{fe}≈200$。同前计算方法，维持两管同时饱和导通时 VT1 基极偏置电阻器 R_1 约为 3.3kΩ，减去光敏电阻器 R_G 亮阻 2kΩ，限流电阻器 R_1 实取 1kΩ。光敏传感器也可以采用光敏二极管，使用时要注意极性，光敏二极管的负极接供电电源正极。光敏二极管对控制光线有方向性选择，且灵敏度较高，也不会产生强光照射后的疲劳现象。

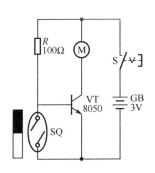
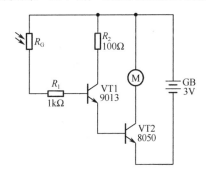

图 2-29　磁力自动控制电路　　　　　图 2-30　光电控制电路

2. 放大状态

如果需要三极管对于电信号进行放大的话，静态工作点应选在放大区的中心位置。如果静态工作点选得太高，那么信号的正半周峰顶部分就超出了三极管的放大区，使这一部分信号不能被有效放大，那么输出信号表现为底部削波，称之为饱和失真；如果静态工作点选得太低，那么信号的负半周峰顶部分就进入了三极管的截止区，这一部分信号也不能被有效放大，那么输出信号表现为顶部削波，称之为截止失真，如图 2-31 所示。不管哪种非线性失真，都会使得信号的波形不能被完整放大。在三极管工作在放大状态时，静态工作点的选择一定要合理，避免出现这两种非线性失真。

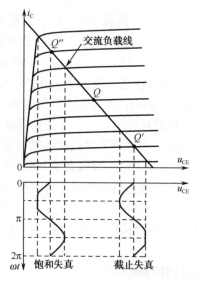

图 2-31 三极管的非线性失真

2.2 放大电路基础

2.2.1 组成框图

放大电路一般都由信号源、放大网络和负载构成，另外为了实现信号的放大，放大电路还需要加入直流电源用来提供功率。放大电路的框图如图 2-32 所示。

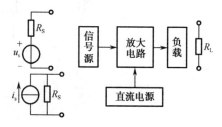

图 2-32 放大电路组成框图

2.2.2 四端口网络

为了方便研究放大电路特性，一般来说都以四端口网络的形式来分析放大电路。放大电路的四端口网络如图 2-33 所示。

图中 u_s 为信号源，R_s 为信号源内阻，R_L 为负载；R_i 为放大电路的输入电阻，R_o 为放大电路的输出电阻；u_i 为输入电压，u_o 为输出电压，i_i 为输入流，i_o 为输出电流。

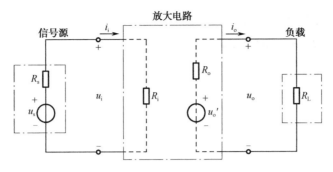

图 2-33 放大电路的四端口网络图

2.2.3 放大电路的性能指标

放大电路的性能指标可以衡量放大电路特性的好坏。放大电路的性能指标主要如下。

1. 放大倍数

（1）电压放大倍数：

$$A_u = \frac{u_o}{u_i} = \frac{U_o}{U_i}$$

源电压放大倍数：

$$A_{us} = \frac{u_o}{u_s} = \frac{u_o}{u_i} \cdot \frac{u_i}{u_s} = \frac{A_u R_i}{R_s + R_i}$$

电压增益：

$$A_u (\text{dB}) = 20\lg|A_u|$$

（2）电流放大倍数：

$$A_i = \frac{i_o}{i_i} = \frac{I_o}{I_i}$$

电流增益：

$$A_i(\text{dB}) = 20\lg|A_i|$$

（3）功率放大倍数：

$$A_p = \frac{P_o}{P_i}$$

功率增益：

$$A_p (\text{dB}) = 10\lg|A_p|$$

2. 输入电阻

输入电阻：

$$R_i = \frac{u_i}{i_i} = \frac{U_i}{I_i}$$

研究放大电路输入电阻的主要原因：
（1）R_i 大，取用信号源电流小，对信号源的影响小。

（2）R_i 越大，源电压放大倍数越大。

（3）前后级放大器阻抗匹配问题。

3. 输出电阻

输出电阻：

$$R_o = \frac{u}{i} | u_s = 0, R_L = \infty$$

研究放大电路输出电阻的主要原因：
（1）R_o 的大小表明了放大电路带负载能力的强弱。R_o 越小，带负载能力越强。
（2）阻抗匹配，得到最大功率传输。

4. 其他特性指标

（1）通频带 BW。通频带越宽，放大电路的频率应用范围就越广。
（2）最大输出功率 P_{om}。输出功率越大，放大电路带负载能力越强。
（3）效率 η。效率衡量了放大电路功率转换的能力。

2.3 三极管放大电路

2.3.1 共发射极放大电路

根据输入输出端口的不同，三极管放大电路有三种连接方式。其中共发射极放大电路是最常见的一种电压放大电路。共发射极放大电路的一般形式如图 2-34 所示，对这个电路图进行分析可分为直流通路和交流通路两种情况。

1. 静态分析

静态分析首先需要画出共发射极放大电路的直流通路，在画直流通路时，将交流信号源短路，电容断路。根据电路中直流信号的流经回路，可得到如图 2-35 所示的直流通路。

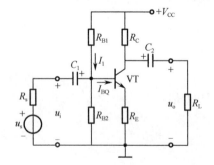

图 2-34 分压偏置式共发射极放大电路

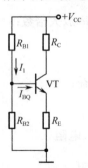

图 2-35 直流通路

根据图 2-35 所示的直流通路可以得到如下的电压电流方程。根据下列方程，就可以求解出三极管的输入输出电压和电流，从而确定三极管的静态工作点。

$$V_{BQ} \approx \frac{R_{B2}}{R_{B1}+R_{B2}} V_{CC}$$

$$I_{BQ} = \frac{V_{BQ}-V_{BEQ}}{(1+\beta)R_E}$$

$$I_{CQ} = \beta I_{BQ}$$

$$V_{CEQ} = V_{CC} - I_C(R_C+R_E)$$

2. 动态分析

要想对共发射极放大电路进行动态分析，也需要能够画出共发射极放大电路的交流小信号等效图。在画三极管共发射极放大电路的交流小信号等效图时，需要注意此时直流信号源要对地短路，电路中的电容均做短路处理。

对于三极管而言，根据三极管发射结和集电结的特点，将三极管看成四端口网络，则可以用 H 参数模型来等效三极管。三极管的 H 参数等效模型如图 2-36 所示。

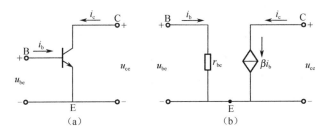

图 2-36　三极管的 H 参数等效模型

图中的 r_{be} 为三极管的发射结等效电阻，它的阻值大小和三极管工作时的静态工作点有关，计算公式为

$$r_{be} = r_{bb'} + \frac{V_T}{I_{BQ}} = 200\Omega + (1+\beta)\frac{26\text{mV}}{I_{EQ}}$$

将三极管的 H 参数模型带入共射极放大电路的交流通路中，可以得到共发射极放大电路的交流小信号等效电路，如图 2-37 所示。通过分析三极管共发射极放大电路的交流小信号等效电路图，可以得到三极管放大电路的性能指标参数。

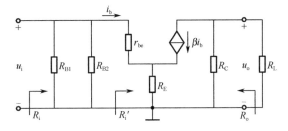

图 2-37　共发射极放大电路的交流小信号等效电路

电压放大倍数：

$$A_u = \frac{U_o}{U_i} = \frac{-\beta i_b R'_L}{i_b r_{be} + (1+\beta) i_b R_E} = \frac{-\beta R'_L}{r_{be} + (1+\beta) R_E}$$

输入电阻：

$$R_i = R_{B1} \| R_{B2} \| R'_i = R_{B1} \| R_{B2} \| [r_{be} + (1+\beta) R_E]$$

输出电阻：

$$R_o = R_C$$

3. 旁路电容的作用

图 2-37 展示的是在发射极电阻 R_E 旁没有并联旁路电容的共发射极放大电路,这种电路可以有效地避免静态工作点被温度所影响,如图 2-38 所示。

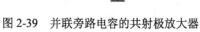

图 2-38 射极电阻稳定静态工作点过程

但是这种电路的缺点就是会使电压放大倍数变小,为了改进电路,我们在射极电阻 R_E 旁并联了旁路电容 C_E。这样在直流通路中, C_E 断路, R_E 依然可以起到稳定静态工作点的作用。而在交流通路中 C_E 短路,交流小信号等效电路图如图 2-39 所示。

分析图 2-40,可以得到含有旁路电容的共射极电路的电压放大倍数为

$$A_u = \frac{U_o}{U_i} = \frac{-\beta i_b R'_L}{i_b r_{be}} = \frac{-\beta R'_L}{r_{be}}$$

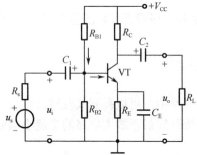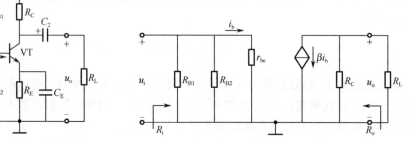

图 2-39 并联旁路电容的共射极放大器　　图 2-40 并联旁路电容的微变等效电路

从计算公式可以看出电压放大倍数明显降低了,因此也可以得到结论,调节射极电阻 R_E 的大小可以改变共射极放大电路的电压放大倍数。

4. 电路特点

（1）电流放大倍数大于 1。

（2）输入输出电压反相。

（3）输入电阻大。

（4）输出电阻小。

（5）具有电压放大和功率放大作用。

【例】 放大电路如图 2-39 所示。已知图中 R_{B1}=10kΩ，R_{B2}=2.5kΩ，R_C=2kΩ，R_E=750Ω，R_L=1.5kΩ，R_s=10kΩ，V_{CC}=15V，β=150。设 C_1、C_2、C_E 都可视为交流短路，试用小信号分析法计算电路的电压增益 A_u，源电压放大倍数 A_{us}，输入电阻 R_i，输出电阻 R_o。

解：由于三极管的小信号模型参数与静态工作点有关，所以，在进行小信号模型分析以前，首先进行静态分析并求三极管的 H 参数。

（1）静态分析，确定 r_{be}。

$$V_B = \frac{V_{CC}R_{b2}}{R_{b1}+R_{b2}} = \left[\frac{15 \times 2.5}{10+2.5}\right]V = 3V$$

$$I_E = \frac{V_B - V_{BE}}{R_e} = \frac{3-0.7}{0.75 \times 10^3}A \approx 3mA$$

$$r_{be} = 200 + (1+\beta)\frac{26}{I_E} = 200 + (1+150)\frac{26}{3} = 1.5k\Omega$$

（2）画出 H 参数小信号等效电路。

先画出放大电路的交流通路，即将直流电源 V_{CC} 和所有的耦合电容、旁路电容都视为短路，画出交流通路，然后根据交流通路画出 H 参数小信号等效电路，如图 2-40 所示。

（3）求动态指标。

根据 H 参数小信号等效电路得

$$A_u = \frac{U_o}{U_i} = -\frac{\beta(R_c // R_L)}{r_{be}} = -\left(\frac{150 \times \frac{2 \times 1.5}{2+1.5}}{1.5}\right) \approx -85.7$$

$$R_i = \frac{U_i}{I_i} = R_{b1} // R_{b2} // r_{be} = 1/\left[\frac{1}{10}+\frac{1}{2.5}+\frac{1}{1.5}\right]k\Omega = 0.85k\Omega$$

$$R_o \approx R_C = 2k\Omega$$

$$A_{us} = \frac{U_o}{U_s} = \frac{U_o}{U_i} \times \frac{U_i}{U_s} = A_u \times \frac{R_i}{R_i+R_s} = -85.7 \times \frac{0.85}{0.85+10} = -6.71$$

由以上分析结果可看出，由于 R_s 的存在而且较大，使 A_{us} 比 A_u 小得多。

2.3.2 共基极放大电路

共基极放大电路电路图如图 2-41 所示。

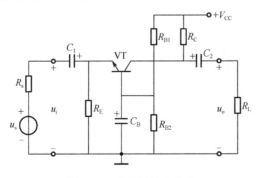

图 2-41 共基极放大电路

1. 静态分析

共基极放大电路的直流通路和共发射极放大电路相同，都是分压偏置式电路，所以分析方法一样，可以参考共发射极放大电路的静态分析。

2. 动态分析

三级管的共基极放大电路的交流小信号等效电路图如图 2-42 所示。

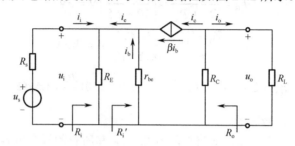

图 2-42　共基极放大电路的交流小信号等效电路图

电压放大倍数：

$$A_u = \frac{U_o}{U_i} = \frac{-\beta I_b R'_L}{-I_b r_{be}} = \frac{\beta R'_L}{r_{be}}$$

电流放大倍数：

$$A_i = \frac{I_o}{I_i} \approx \frac{-I_c}{-I_e} = \alpha$$

输入电阻：

$$R_i = R_E \mathbin{/\mkern-6mu/} R'_E = R_E \mathbin{/\mkern-6mu/} \frac{r_{be}}{1+\beta} \approx \frac{r_{be}}{1+\beta}$$

输出电阻：

$$R_o = R_C$$

3. 电路特点

（1）电流放大倍数小于 1，接近于 1。
（2）输入输出电压同相。
（3）输入电阻小。
（4）输出电阻大。
（5）具有电压放大和功率放大作用。

【例】　已知图 2-43 所示共基放大电路的三极管为硅管，$\beta=100$，试求该电路的静态工作点 Q，电压放大倍数 A_u，输入电阻 R_i 和输出电阻 R_o。

解：（1）求静态工作点。

画出图 2-43（a）所示的直流通路，如图 2-43（b）所示，由直流通路得

$$V_B = \frac{V_{CC}R_{b2}}{R_{b1}+R_{b2}} = \left[\frac{15\times 60}{60+60}\right]V = 7.5V$$

$$I_{CQ} \approx I_{EQ} = \frac{V_B - V_{BEQ}}{R_e} = \frac{7.5-0.7}{2.9} \approx 2.35\text{mA}$$

$$I_{BQ} = \frac{I_{CQ}}{\beta} = \frac{2.35}{100} = 0.0235\text{mA} = 23.5\mu A$$

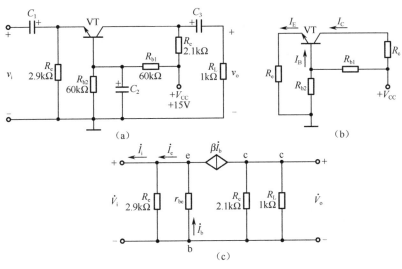

图 2-43 例题图

（2）求 A_u、R_i 和 R_o。

根据交流通路画出图 2-43（a）的小信号模型等效电路，如图 2-43（c）所示。

$$r_{be} = 200 + (1+\beta)\frac{26}{I_E} = 200 + (1+100)\frac{26\text{mV}}{2.35\text{mA}} = 1.32\text{k}\Omega$$

由图 2-43（c）可知放大倍数：

$$A_u = \frac{V_o}{V_i} = \frac{-\beta I_b(R_c /\!/ R_L)}{-I_b r_{be}} = \left(\frac{100\times\frac{2.1\times 1}{2.1+1}}{1.32}\right) \approx 51$$

$$R_i = R_e /\!/ \frac{r_{be}}{1+\beta} = 13\Omega$$

$$R_o \approx R_C = 2.1\text{k}\Omega$$

2.3.3 共集电极放大电路

共集电极放大电路电路图如图 2-44 所示。

1. 静态分析

共集电极放大电路的直流通路如图 2-45 所示，分析电路的输入输出回路，可以得到放大电路的电压电流方程：

$$I_{BQ} = \frac{V_{CC} - U_{BEQ}}{R_B + (1+\beta)R_E}$$

$$I_{CQ} = \beta I_{BQ}$$

$$U_{CEQ} = V_{CC} - I_{EQ}R_E \approx V_{CC} - I_{CQ}R_E$$

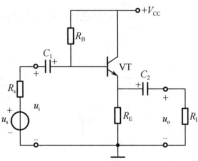

图 2-44 共集电极放大电路

2. 动态分析

三级管的共集电极放大电路的交流小信号等效电路图如图 2-46 所示。

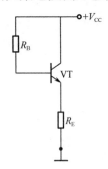 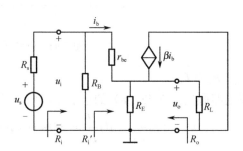

图 2-45 直流通路　　图 2-46 共集电极放大电路交流小信号等效电路图

电压放大倍数：

$$A_u = \frac{U_o}{U_i} = \frac{(1+\beta)I_b R'_L}{I_b r_{be} + (1+\beta)I_b R'_L} = \frac{(1+\beta)R'_L}{r_{be} + (1+\beta)R'_L}$$

输入电阻：

$$R_i = R_B \parallel R'_i = R_B \parallel [r_{be} + (1+\beta)R'_L]$$

输出电阻：

$$R_o = R_E \parallel \left(\frac{r_{be} + R'_S}{1+\beta}\right)$$

3. 电路特点

（1）电压放大倍数小于 1，接近于 1。
（2）输入输出电压同相。

(3) 输入电阻大。
(4) 输出电阻小。
(5) 具有电流放大和功率放大作用。

【例】 放大电路如图 2-47 所示，已知图中 V_{CC}=+12V，R_{b1}=15kΩ，R_{b2}=30kΩ，R_e=3kΩ，R_c=3.3kΩ，β=100，V_{BE}=0.7V，电容 C_1、C_2 足够大。

(1) 计算电路的静态工作点 I_{BQ}、I_{CQ} 和 V_{CEQ}

(2) 分别计算电路的电压放大倍数 $A_{u1}=\dfrac{U_{O1}}{U_i}$ 和 $A_{u2}=\dfrac{U_{O2}}{U_i}$。

(3) 求电路的输入电阻 R_i。

(4) 分别计算电路的输出电阻 R_{o1} 和 R_{o2}。

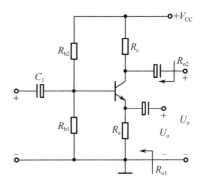

图 2-47 例题图

解：(1) 确定静态工作点（放大电路的直流等效电路略）：

$$V_B = \dfrac{V_{b1}}{V_{b1}+V_{b2}}V_{CC} = \dfrac{15}{15+30}\times 12 = 4V$$

$$I_{CQ} = \dfrac{V_B - V_{BEQ}}{R_e} = \dfrac{4-0.7}{3} \approx 1.1 mA$$

$$I_{BQ} = \dfrac{I_{CQ}}{\beta} = \dfrac{1.1}{100} \approx 11\mu A$$

$$V_{CEQ} = V_{CC} - I_{CQ}(R_c + R_e) = 12 - 1.1\times(3.3+3) \approx 5V$$

(2) 估算放大电路的电压放大倍数：

$$r_{be} = r_{bb'} + (1+\beta)\dfrac{26}{I_E} = 200 + (1+\beta)\dfrac{26}{1.1} \approx 2.6k\Omega$$

由 U_{O1} 端输出时，电路为射极跟随器：

$$A_{u1} = \dfrac{U_{O1}}{U_i} = \dfrac{(1+\beta)R_e}{r_{be}+(1+\beta)R_e} = \dfrac{101\times 3}{2.6+101\times 3} \approx 0.99$$

由 U_{O2} 端输出时，电路为共射放大电路：

$$A_{u2} = \dfrac{U_{O2}}{U_i} = \dfrac{-\beta R_c}{r_{be}+(1+\beta)R_e} = -\dfrac{100\times 3}{2.6+101\times 3} \approx -1.08$$

(3) $R_i = R_{b1}//R_{b2}//[r_{be}+(1+\beta)R_e] = 15//30//[2.6+(100+1)\times 3] \approx 9.7k\Omega$

(4) $R_{o1} = R_e // \dfrac{R_s'+r_{be}}{1+\beta} \approx \dfrac{R_s'+r_{be}}{1+\beta} = \dfrac{r_{be}}{1+\beta} = \dfrac{2.6}{101} \approx 26\Omega$

上式中，由于信号源内阻 R_s=0，所以 $R_s' = R_s // R_b = 0$。

$$R_{o2} \approx R_c = 3.3k\Omega$$

2.4 多级放大电路

2.4.1 多级放大电路基本概念

多级放大器的组成框图如图 2-48 所示。多级放大器就是将多个放大电路按照一定的方式连接在一起所组成的放大器。多级放大电路的第一级称为输入级,最后一级称为输出级,中间的放大电路统称中间级。

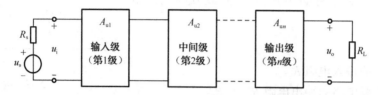

图 2-48 多级放大器的组成框图

(1) 输入级要求输入电阻高,以减小对信号源的影响,一般由共集电极电路或场效应管放大电路担任。

(2) 中间级要求有足够的电压放大倍数,多级放大器的增益大部分由中间级承担,一般由共射电路组成。

(3) 输出级要求首先输出电阻要小,即带负载能力要强,其次要有一定的输出功率,一般也由共集电路担任。

2.4.2 多级放大电路的耦合方式

多级放大电路之间的连接方式称为耦合,一般有以下几种。

1. 直接耦合

直接耦合方式是将前一级放大电路的输出与后一级放大电路的输入直接相连的方式,直接耦合方式如图 2-49 所示,其主要特点为:

- 能放大直流信号(稳恒直流和变化缓慢的信号),也能放大交流信号;
- 前后级静态工作点不能独立,相互影响;
- 便于集成,集成电路内部均为直接耦合;
- 存在零点漂移问题。

2. 阻容耦合

利用电容连接信号源与放大电路、放大电路的前后级、放大电路与负载称为阻容耦合,阻容耦合方式如图 2-50 所示,其主要特点为:

- 前后级放大电路的静态工作点相互独立,互不影响;
- 信号耦合过程中的损失可忽略不计;
- 不能传输直流信号和变化缓慢的信号;
- 在集成电路中无法采用阻容耦合方式。

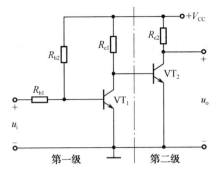

图 2-49 直接耦合放大器

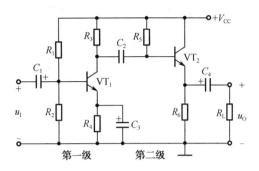

图 2-50 阻容耦合放大器

3. 变压器耦合

变压器耦合方式如图 2-51 所示，其主要特点为：
- 前后级放大电路静态工作点相互独立；
- 具有阻抗变换作用，可调节前后级阻抗匹配，达到最大功率传输；
- 变压器体积大、价格贵、有电磁干扰，高频和低频特性均差，且不能集成。

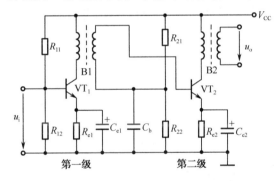

图 2-51 变压器耦合的多级放大电路

4. 光电耦合

光电耦合是以光信号为媒介来实现电信号的耦合和传递的，由于抗干扰能力强而得到越来越广泛的应用，光电耦合方式如图 2-52 所示。

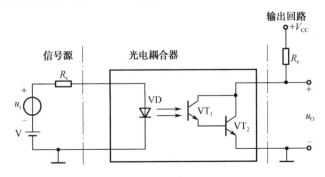

图 2-52 光电耦合的多级放大电路

2.4.3 多级放大电路性能指标的计算

多级放大电路的性能指标和单管放大电路相同,主要包含电压放大倍数、输入电阻和输出电阻。在这里,以阻容耦合方式的放大电路为例分析多级放大电路的性能指标的计算方法。

1. 电压放大倍数

多级放大电路的电压放大倍数就等于每一级放大电路电压放大倍数的乘积:

$$A_u = \frac{u_o}{u_i} = \frac{u_{o1}}{u_i} \cdot \frac{u_{o2}}{u_{i2}} \cdot \frac{u_{o3}}{u_{i3}} \cdots \frac{u_o}{u_{in}} = A_{u1} \cdot A_{u2} \cdots A_{un}$$

需要注意的是考虑级与级之间的相互影响,计算各级电压放大倍数时,应把后级的输入电阻作为前级的负载处理。

2. 输入电阻

多级放大器的输入电阻就是第一级放大器的输入电阻,即 $R_i = R_{i1}$。

3. 输出电阻

多级放大器的输出电阻就是最后一级放大器的输出电阻,即 $R_o = R_{on}$。

2.4.4 多级放大电路的频率特性

多级放大电路中由于存在多个半导体器件和电容,因此多级放大电路的频率特性受到每一级放大电路中的元器件的影响。多级放大电路的频率特性主要分为两个方面:

(1) 在低频段,主要是耦合电容和旁路电容的影响。
(2) 在高频段,主要是三极管 PN 结结电容和线路分布电容的影响。

2.5 互补对称功率放大电路

2.5.1 功率放大电路基础

1. 放大电路的三种放大状态

放大电路按三极管在一个信号周期内导通时间的不同,可分为甲类、乙类以及甲乙类放大。在整个输入信号周期内,管子都有电流流通的,称为甲类放大,见表 2-21,此时三极管的静态工作点电流 I_{CQ} 比较大;在一个周期内,管子只有半周期有电流流通的,称为乙类放大;若一周期内有半个多周期有电流流通,则称为甲乙类放大。工作状态见表 2-21。

2. 功率放大的特性

对于功率放大电路而言,一般要求是:信号的输出功率大、效率高和非线性失真要小。因此放大电路工作在乙类和甲乙类的状态下能得到更高的效率。又为了要放大整个周期的信号同时避免失真,所以将两个三极管对称地连接在一起构成互补对称放大电路。

表 2-21 三极管三种放大状态比较

状 态	一个信号周期内导通时间	工作特点	图 示
甲类	整个周期内导通	失真小，静态电流大，管耗大，效率低	
乙类	半个周期内导通	失真大，静态电流为零，管耗小，效率高	
甲乙类	半个多周期内导通	失真大，静态电流小，管耗小，效率较高	

2.5.2 乙类互补对称功率放大电路

1. 电路构成

采用正、负电源构成的乙类互补对称功率放大电路如图 2-53 所示，VT_1 和 VT_2 分别为 NPN 型管和 PNP 型管，两管的基极和发射极分别连接在一起，信号从基极输入，从发射极输出，R_L 为负载。要求两管特性相同，且 $V_{CC}=V_{EE}$。

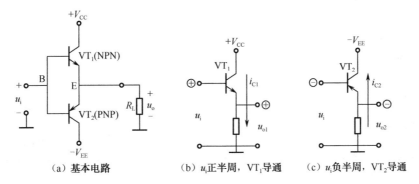

图 2-53 乙类互补对称功率放大电路

2. 电路工作过程

乙类互补对称功率放大电路的工作过程如下。

（1）静态即 $u_i=0$ 时，VT_1、VT_2 均零偏置，两管的 I_{BQ}、I_{CQ} 均为零，$u_o=0$，电路不消耗功率。

（2）$u_i>0$ 时，VT_1 正偏导通，VT_2 反偏截止，$i_o=i_{E1}=i_{C1}$，$u_O=i_{C1}R_L$。

（3）$u_i<0$ 时，VT_1 反偏截止，VT_2 正偏导通，$i_o=i_{E2}=i_{C2}$，$u_O=i_{C2}R_L$。

3. 电路的功率和效率

（1）输出功率：输出电流和输出电压有效值的乘积，就是功率放大电路的输出功率。

$$P_\text{o}=\frac{1}{2}U_\text{om}I_\text{cm}=\frac{1}{2}\cdot\frac{U_\text{om}^2}{R_\text{L}}=\frac{1}{2}I_\text{cm}^2R_\text{L}$$

（2）最大输出功率：

$$P_\text{oM}=\frac{1}{2}\cdot\frac{V_\text{CC}^2}{R_\text{L}}$$

（3）电源功率：两个管子轮流工作半个周期，每个电源只提供半周期的电流。
最大输出功率时

$$P_\text{DC}=2V_\text{CC}^2/\pi R_\text{L}$$

（4）效率：效率是负载获得的信号功率 P_o 与直流电源供给功率 P_DC 之比。实用中，放大电路很难达到最大效率，由于饱和压降及元件损耗等因素，乙类推挽放大电路的效率仅能达到 60%左右。

$$\eta=\frac{P_\text{o}}{P_\text{E}}=\frac{U_\text{om}I_\text{cm}/2}{2V_\text{CC}I_\text{cm}/\pi}=\frac{\pi}{4}\cdot\frac{U_\text{om}}{V_\text{CC}}, \quad \eta_\text{max}=\frac{\pi}{4}\approx78.5\%$$

（5）管耗。

直流电源提供的功率除了负载获得的功率外便为 VT$_1$、VT$_2$ 管消耗的功率，即管耗。通过计算得到每只管子最大管耗为 $0.2P_\text{om}$。因此，在选择功率管时最大管耗不应超过三极管的最大允许管耗，即 $P_\text{C1m}=0.2P_\text{om}<P_\text{CM}$。

4. 功率管的选管原则

一般来说，功率管的选择需要满足下列三个条件：

（1）$P_\text{CM}>0.2P_\text{om}$

（2）$U_\text{(BR)CEO}>2V_\text{CC}$

（3）$I_\text{CM}>V_\text{CC}/R_\text{L}$

5. 交越失真

乙类互补对称功率放大电路在工作过程中有一个问题：当两管交替导电，输入电压小于死区电压时，三极管截止，在输入信号的一个周期内，VT$_1$、VT$_2$ 轮流导通时，基极电流波形在过零点附近一个区域内出现失真，称为交越失真，如图2-54所示。且输入信号幅度越小失真越明显。

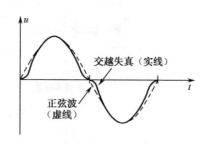

图 2-54 交越失真

2.5.3 甲乙类互补对称功率放大电路

1. 电路的结构与原理

利用图 2-55 所示的偏置电路是克服交越失真的一种方法。

由图 2-55 可见，VT_3 组成前置放大级（注意，图中未画出 VT_3 的偏置电路），VT_1 和 VT_2 组成互补输出级。静态时，在 VD_1、VD_2 上产生的压降为 VT_1、VT_2 提供了一个适当的偏压，使之处于微导通状态。由于电路对称，静态时 $i_{C1}=i_{C2}$，$I_L=0$，$v_o=0$。有信号时，由于电路工作在甲乙类，即使 v_i 很小（VD_1 和 VD_2 的交流电阻也小），基本上可线性地进行放大。

2. 电路的功率和效率

前置电路和功率放大电路为并联关系，因此前置电路基本不影响功率管 VT_1 和 VT_2 的管耗。所以甲乙类互补对称功率放大电路的功率和效率的分析方法及计算公式与乙类互补对称功率放大电路完全相同。

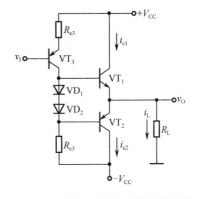

图 2-55　甲乙类互补对称功率放大电路图

2.5.4　甲乙类单电源互补对称放大电路（OTL）

1. 电路组成

OTL 电路（Output TransformerLess）是单电源无输出变压器的互补对称功率放大电路，其电路图如图 2-56 所示。

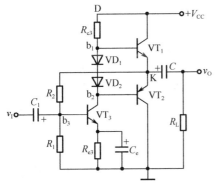

图 2-56　OTL 电路

2. 电路原理和工作过程

图 2-56 是采用一个电源的互补对称原理电路，图中的 VT_3 组成前置放大级，VT_2 和 VT_1 组成互补对称电路输出级。在输入信号 $v_i=0$ 时，一般只要 R_1、R_2 有适当的数值，就可使 I_{C3}、V_{B2} 和 V_{B1} 达到所需大小，给 VT_2 和 VT_1 提供一个合适的偏置，从而使 K 点电位 $V_K=V_C=V_{CC}/2$。

当加入信号 v_i 时，在信号的负半周，VT_1 导电，有电流通过负载 R_L，同时向 C 充电；在信号的正半周，VT_2 导电，则已充电的电容 C 起着双电源互补对称电路中电源 $-V_{CC}$ 的作用，通过负载 R_L 放电。只要选择时间常数 R_LC 足够大（比信号的最长周期还大得多），就可以认为用电容 C 和一个电源 V_{CC} 可代替原来的 $+V_{CC}$ 和 $-V_{CC}$ 两个电源的作用。

值得指出的是，采用一个电源的互补对称电路，由于每个管子的工作电压不是原来的 V_{CC}，而是 $V_{CC}/2$，即输出电压幅值 V_{om} 最大也只能达到约 $V_{CC}/2$，所以前面导出的计算 P_O、P_T 和 P_V 的最大值公式，必须加以修正才能使用。修正的方法也很简单，只要以 $V_{CC}/2$ 代替原来的公式中的 V_{CC} 即可。

【例】 图 2-55 所示电路中，输入信号是正弦电压，VT_1，VT_2 管的饱和压降为 2V，且静态电流很小，$V_{CC}=-V_{CC}=15V$，$R_L=8\Omega$。

求：（1）负载上可能得到的最大输出功率；

(2) 每个管子的最大管耗 P_{CM};

(3) 电路的最大效率。

解：(1) $P_{omax} = \frac{1}{2}\frac{V_{CC}^2}{R_L} = 14.06W$

(2) $P_{CM} = 0.2 P_{Omax} = 2.8W$

(3) $\eta_{max} = 78.5\%$

2.5.5 BTL 电路

1. 电路组成

BTL（Bridge-Tied-Load）意为桥接式负载。负载的两端分别接在两个放大器的输出端。其中一个放大器的输出是另外一个放大器的镜像输出，也就是说加在负载两端的信号仅在相位上相差 180°。负载上将得到原来单端输出的 2 倍电压。BTL 电路图如图 2-57 所示。

2. 电路原理和工作过程

OCL 和 OTL 电路负载上获得的最大电压分别是 V_{CC} 和 $V_{CC}/2$，而它们的电源电压则分别是 $\pm V_{CC}$ 和 $V_{CC}/2$。虽然它们的效率都不低，但电源的利用率却不高。其原因是在输入正弦信号的每半个周期中，电路只有一个三极管和一半的电源在工作，若用两组对称和互补电路组成 BTL 电路，则输出功率可增大好几倍。

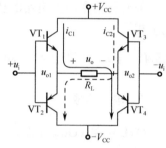

图 2-57 BTL 电路图

静态时由于四个三极管对称，$U_{o1}=U_{o2}=V_{CC}/2$，因此 $u_o=0$。当输入正弦信号 u_i 为正半周时，在两路反相输入信号 u_i、$-u_i$ 的作用下，VT_1 和 VT_4 同时导通，R_L 上获得正半周信号；u_i 为负半周时，VT_2 和 VT_3 同时导通，R_L 上获得负半周信号。理想情况下，设管子的 $U_{CES}=0$，则 u_o 的峰值为 V_{CC}，输出的最大功率为 OCL 电路的 4 倍。

BTL 电路综合了 OTL 和 OCL 接法的优点，汲取了 OCL 无输出电容的优点，避免了电容对信号频率特性的影响，BTL 电路可以使用单电源，也可以使用双电源。这些改进的措施使它逐渐成为当代功放电路的主流，并为功率放大电路的集成化创造了条件。

2.5.6 集成音频功率放大器

世界上自 1967 年研制成功第一块音频功率放大器集成电路以来，在短短的几十年的时间内，其发展速度和应用是惊人的。目前约 95%以上的音响设备上的音频功率放大器都采用了集成电路。

据统计，音频功率放大器集成电路的产品品种已超过 300 种；从输出功率容量来看，已从不到 1W 的小功率放大器，发展到 10W 以上的中功率放大器，直到 25W 的厚膜集成功率放大器。从电路的结构来看，已从单声道的单路输出集成功率放大器发展到双声道立体声的二重双路输出集成功率放大器。从电路的功能来看，已从一般的 OTL 功率放大器集成电路发展到具有过压保护电路、过热保护电路、负载短路保护电路、电源浪涌过冲电压保护电路、静噪声抑制电路、电子滤波电路等功能更强的集成功率放大器。下面介绍几款常用的集成功率放大器。

1. LM386 集成功率放大器

LM386 是美国国家半导体公司生产的音频功率放大器，主要应用于低电压消费类产品。为使外围元件最少，电压增益内置为 20。但在 1 脚和 8 脚之间增加一只外接电阻和电容，便可将电压增益调为任意值，直至 200。输入端以地为参考，同时输出端被自动偏置到电源电压的一半，在 6V 电源电压下，它的静态功耗仅为 24mW，使得 LM386 特别适用于电池供电的场合。

LM386 的封装形式有塑封 8 引线双列直插式和贴片式。

1）LM386 的引脚排列和特性

LM386 的引脚排列如图 2-58 所示。它是 8 脚 DIP 封装，消耗的静态电流约为 4mA，是应用电池供电的理想器件。该集成功率放大器同时还提供电压增益放大，其电压增益通过外部连接的变化可在 20～200 范围内调节。其供电电源电压范围为 4～15V，在 8Ω 负载下，最大输出功率为 325mW，内部没有过载保护电路。功率放大器的输入阻抗为 50kΩ，频带宽度为 300kHz。

2）LM386 的典型应用

LM386 的典型应用如图 2-59 所示。图中的 1 号和 8 号均为连接附加电路，此时的电路增益为 20dB，是精简的连接方式。如果想扩大电路的增益，则需要在 1、8 号引脚之间加入调节增益的元器件，如图 2-60 所示。

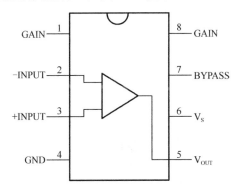

图 2-58 LM386 引脚排列

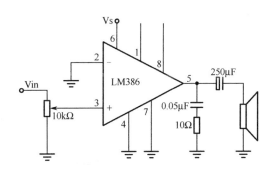

图 2-59 LM386 的典型应用

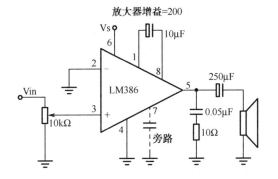
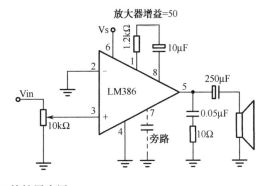

图 2-60 LM386 的扩展应用

2. TDA1521

TDA1521 是荷兰飞利浦公司专门为数字音响在播放时的低失真度及高稳度而设计推出的芯片。这种芯片接驳 CD 机直接输出的音质特别好。其中的参数为：TDA1521 在电压为±16V、阻抗为8Ω时，输出功率为 2×15W，此时的失真仅为 0.5%。输入阻抗为20kΩ，输入灵敏度为 600mV，信噪比达到 85dB。其电路设有等待、静噪状态，具有过热保护、低失调电压高纹波抑制，而且热阻极低，具有极佳的高频解析力和低频力度。其外形如图 2-61 所示。

图 2-61　TDA1521 外形图

TDA1521 的典型应用电路如图 2-62 所示。引脚的定义如下。

- 1 脚：反向输入 1（L 声道信号输入）。
- 2 脚：正向输入 1。
- 3 脚：参考 1（OCL 接法时为 0V，OTL 接法时为 $1/2 V_{CC}$）。
- 4 脚：输出 1（L 声道信号输出）。
- 5 脚：负电源输入（OTL 接法时接地）。
- 6 脚：输出 2（R 声道信号输出）。
- 7 脚：正电源输入。
- 8 脚：正向输入 2。
- 9 脚：反向输入 2（R 声道信号输入）。

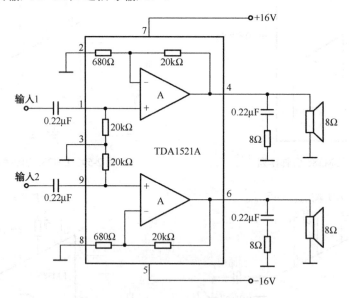

图 2-62　TDA1521 的典型应用电路

这款功放的外围零件比较少，只要按照电路图制作就可获得很好的效果。由于该芯片的输入电平比较低，在制作时不用前置放大器，故只要直接接到电脑声卡、光驱、随身听上即可。著名的电脑多媒体音箱漫步者就采用这种芯片。

2.6 习题

2.6.1 概念题部分

1. 填空题

1) 三极管电流 I_E、I_B、I_C 之间的关系是 $I_C=$_____；I_C、I_B 之间的关系是 $I_C=$_____；I_E 与 I_B 之间的关系是 $I_E=$_____。

2) 三极管在处于_____工作状态时，i_c 与 i_b 成正比关系。

3) 三极管有三个电极，当组成放大电路时，有三种基本组态：_____电路、_____电路和_____电路。无论哪一种状态，要起到放大作用，都必须满足_____的外部条件。

4) 三极管输入特性是_____之间的函数关系。输出特性是_____之间的函数关系。

5) 三极管三项极限参数：I_{CM} 称为_____，P_{CM} 称为_____，$U_{(BR)CEO}$ 是_____开路时，加在_____之间的最大允许电压。三极管安全工作区域，即由_____、_____、_____与两坐标轴包围的区域。

6) 共射基本放大电路中集电极电阻 R_C 的作用是提供集电极电流通路，是三极管直流_____电阻，将三极管放大的集电极电流信号转换为_____信号。

7) 三极管放大电路产生非线性失真的根本原因是三极管属于_____元件，它有_____失真和_____失真两种极端情况。为避免这两种失真，应将静态工作点设置在交流负载线的_____。

8) 放大电路中的三极管有部分时间工作在_____而引起的失真，称为截至失真。放大电路中的三极管有部分时间工作在_____而引起的失真，称为饱和失真。

9) 多级放大器级间耦合的方式主要_____耦合、_____耦合、_____耦合和_____耦合。前后级静态工作点相互独立的有_____耦合、_____耦合和_____耦合。

10) 计算多级放大器的电压放大倍数时，后级放大器的_____电阻应看成前级放大器的_____电阻。计算后级放大器的电压放大倍数时，前级放大器的_____电阻应看成后级放大器的_____。

11) 多级放大器总的电压放大倍数等于_____。多级放大器总的输入电阻等于_____。多级放大器总的输出电阻等于_____。

12) 功率放大电路可分为_____、_____、_____和_____。

13) 乙类互补对称功率放大电路产生的特有的失真现象叫_____失真。

14) 甲乙类功率放大电路可以抑制_____。乙类互补对称功率放大电路理想的最大效率为 $\eta=$_____。

15) OCL 电路在选用功放管时，必须满足：最大管压降 $|U_{CEmax}|$_____，集电极最大电流 I_{CEmax}_____，集电极最大功耗 P_{CM}_____。

16) OTL 电路与 OCL 相比，OTL 电路采用_____供电。因此 OTL 电路每个功放管上的压降为_____。

17）在甲类、乙类和甲乙类功率放大电路中，效率最低的电路为_____，乙类功放的主要优点是_____，但会出现交越失真，克服交越失真的方法是_____。

18）双电源互补对称功率放大电路（OCL）中 V_{CC}=8V，R_L=8Ω，电路的最大输出功率为4W，此时应选用最大功耗大于_____功率管。

2. 选择题

1）三极管工作在饱和区时，PN 结偏置为____；工作在放大区时，PN 结偏置为____，工作在截止区，PN 结偏置为____。

（A．发射结正偏，集电结正偏　B．发射结正偏，集电结反偏　C．发射结反偏，集电结正偏　D．发射结反偏，集电结反偏）

2）NPN 型与 PNP 型三极管的区别是____。

（A．由两种不同的半导体材料硅或锗构成　B．掺入杂质不同　C．P 区或 N 区位置不同　D．死区电压不同）

3）测得三极管在放大工作状态时，I_B=30μA 时，I_C=1.4mA，I_B=40μA 时，I_C=3mA。则该三极管交流电流放大系数 β 为____。

（A．80　B．160　C．75　D．90）

4）有甲乙两个放大电路，电路形式相同，输入输出电阻不同，对相同信号源的相同电压信号进行放大，在负载开路条件下，测得甲的输出电压小，这说明甲的____。

（A．输入电阻大　B．输入电阻小　C．输出电阻大　D．输出电阻小）

5）某放大电路在负载开路时的输出电压为 4V，接入 3kΩ 负载电阻后，输出电压降至 3.1V，表明该放大电路的输出电阻为____。

（A．10kΩ　B．2kΩ　C．1kΩ　D．0.5kΩ）

6）共射基本放大电路中集电极电阻 R_C 的作用是____。

（A．放大电流　B．调节 I_{BQ}　C．将放大后的电流信号转换为电压信号　D．调节 I_{CQ}）

7）已知共射基本放大电路如图 2-63 所示，假设输出端开路（$R_L \to \infty$），R_B=470kΩ，R_C=2kΩ，并已知 I_C=1mA，U_{CE}=7V，U_{BE}=0.7V，r_{be}=1.6kΩ，β=50，则其电压增益正确的计算公式为____。

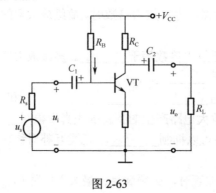

图 2-63

（A．$A_u = \dfrac{U_o}{U_i} = \dfrac{U_{CE}}{U_{BE}} = \dfrac{7}{0.7} = 10$　B．$A_u = \dfrac{U_o}{U_i} = \dfrac{-I_c R_c}{I_b R_i} = \dfrac{-\beta R_c}{R_B \| r_{be}} = \dfrac{-50 \times 2}{470 \| 1.6} = -62.7$

C. $A_u = \dfrac{U_o}{U_i} = \dfrac{-I_c R_c}{U_{BE}} = \dfrac{-1 \times 2}{0.7} = -2.86$ D. $A_u = \dfrac{U_o}{U_i} = \dfrac{-\beta R_c}{r_{be}} = \dfrac{-50 \times 2}{1.6} = -62.5$ ）

8）如图 2-63 所示共射基本放大电路，若 R_B 增大，则 $|A_u|$____，R_i____，R_o____；若 R_c 增大，则 $|A_u|$____，R_i____，R_o____；若 R_L 增大，则 $|A_u|$____，R_i____，R_o____；若 β 增大，则 $|A_u|$____，R_i____，R_o____。

（A．增大   B．减小   C．不变或基本不变   D．不定）

9）有关三种组态放大电路放大作用的正确说法是____。

（A．都有电压放大作用   B．都有电流放大作用   C．都有功率放大作用   D．只有共射电路有功率放大作用）

10）既能放大电压，又能放大电流的是____组态电路。

（A．共射   B．共基   C．共集   D．不定）

11）单级放大电路，输入电压为正弦波，观察输出电压波形。若电路为共射电路，则 U_o、U_i 相位____；若电路为共基电路，则 U_o、U_i 相位____；若电路为共集电路，则 U_o、U_i 相位____。

（A．相同   B．反相   C．正交   D．不定）

12）与甲类功率放大方式相比，乙类互补对称功放的主要优点是____。

（A．效率高   B．不用输出端大电容   C．不用输出变压器   D．无交越失真）

13）功率放大电路的转换效率是指____。

（A．最大输出功率与三极管所消耗的功率之比   B．最大输出功率与电源提供的平均功率之比   C．三极管所消耗的功率与最大输出功率之比   D．三极管所消耗的功率与电源提供的平均功率之比）

14）在甲类放大电路中，放大管的导通角等于____。

（A．90°   B．180°   C．270°   D．360°）

15）乙类双电源互补对称功率放大电路中，出现交越失真的原因是____。

（A．两个 BJT 不对称   B．输入信号过大   C．输出信号过大   D．两个 BJT 的发射结偏置为零）

16）甲类功放效率低是因为____。

（A．只有一个功放管   B．静态电流过大   C．管压降过大   D．电流放大倍数过大）

17）在 OCL 乙类功率放大电路中，若最大输出功率为 1W，则电路中功放管的集电极最大功耗约为____。

（A．1W   B．0.5W   C．0.2W   D．0.1W）

18）三极管的甲乙类工作状态，就是三极管的导通角为____。

（A．等于 180°   B．小于 180°   C．小于 360°，大于 180°   D．等于 360°）

19）要使功率放大电路输出功率大，效率高，还要不产生交越失真，三极管应工作在____状态。

（A．甲类   B．乙类   C．丙类   D．甲乙类）

20）功率放大电路的最大输出功率是在输入电压为正弦波时，输出基本不失真情况下，负载上可能获得的最大____。

（A．直流功率   B．交流功率   C．平均功率   D．耗散功率）

21）集成功率放大器的特点是____。

（A．温度稳定性好，电源利用率高，功耗较低，非线性失真较小　B．温度稳定性好，电源利用率高，功耗较低，但非线性失真较大　C．温度稳定性好，功耗较低，非线性失真较小，但电源利用率低　D．温度稳定性好，非线性失真较小，电源利用率高，功耗也高）

22）图 2-64 所示电路中三极管饱和管压降的数值为 $|U_{CES}|$，则最大输出功率 $P_{OM}=$ _____。

（A．$\dfrac{(V_{CC}-U_{CES})^2}{2R_L}$　B．$\dfrac{(V_{CC}-U_{CES})^2}{R_L}$　C．$\dfrac{\left(\dfrac{1}{2}V_{CC}-U_{CES}\right)^2}{2R_L}$　D．$\dfrac{\left(\dfrac{1}{2}V_{CC}-U_{CES}\right)^2}{R_L}$）

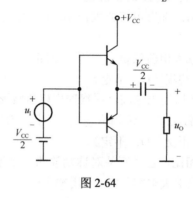

图 2-64

3. 填写下列表格

1）根据三极管工作特性填表（表 2-22）

表 2-22

	放　大	截　止	饱　和
工作条件			
电位关系（NPN）			
电位关系（PNP）			

2）根据三极管的连接方式填表（表 2-23）

表 2-23

电路名称	连接方式（e、c、b）			性能比较（大、中、小）				
	公共极	输入极	输出极	A_u	A_i	R_i	R_o	其　他
共射电路								
共集电路								
共基电路								

2.6.2 简答分析题

1. 标出引脚名称与类型（图2-65）。

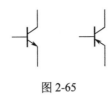

图 2-65

2. 查阅手册，画出元件符号并标明引脚名称（图2-66）。

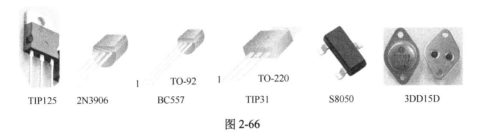

图 2-66

3. 测得放大电路中六只三极管的直流电位如图2-67所示。在圆圈中画出管子，并分别说明它们是硅管还是锗管。

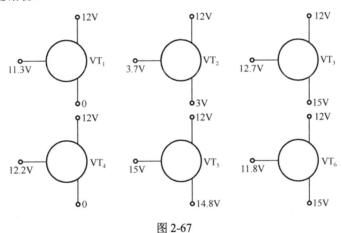

图 2-67

4. 已知两只三极管的电流放大系数 β 分别为50和100，现测得放大电路中这两只管子两个电极的电流如图2-68所示。分别求另一电极的电流，标出其实际方向，并在圆圈中画出管子。

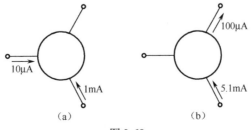

图 2-68

5. 已测得电路中三极管对地电压如图 2-69 所示，已知这些三极管中有好有坏。若好则指出其工作状态，若坏则指出损坏类型。

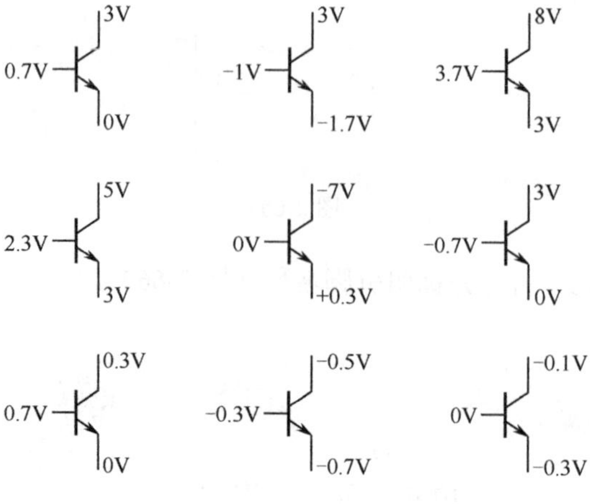

图 2-69

6. 如图 2-70 所示，判断三极管是否达到饱和状态。

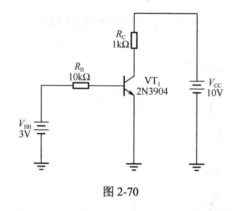

图 2-70

2.6.3 计算与仿真

1. 三极管型号为 2N3906（PNP），处于放大状态，如图 2-71 所示，当 C 极电压 $V_{CC}=-3V$ 时，计算 I_C、I_B，并确定 B 极电阻 R_B 的阻值。

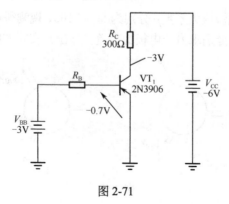

图 2-71

2. 请使用 NPN 型三极管为发光二极管设计一个三极管开关电路,已知发光二极管的正向电压 $V_F=1V$,工作电流 $I_V=10mA$,三极管开关电路的 $V_{CC}=5V$。控制三极管开关闭合的电压 $V_{IN}=5V$。

3. 电路如图 2-72 所示,已知继电器为 5V 直流继电器,线圈正常工作电流为 80mA,计算当光敏电阻 R_3 为多少时继电器动作。

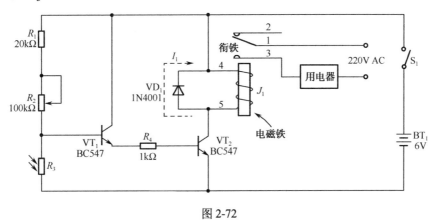

图 2-72

4. 如图 2-73 所示热敏电阻作为分压器中的一个电阻,加热器里的温度在 44~56℃变化,热敏电阻 R_2 的阻值将在 2.7~1.2kΩ 变化。计算 I_C、V_{OUT} 的变化值。

5. 电路如图 2-74 所示,三极管的 $\beta=100$,$r_{bb}=100\Omega$)。

(1) 求电路的 Q 点、A_u、R_i 和 R_o;

(2) 若电容 C_e 开路,则将引起电路的哪些动态参数发生变化?如何变化?

(3) 若输入信号为内阻 $R_S=330\Omega$ 的电压源,计算电路的源电压放大倍数 A_{us}。

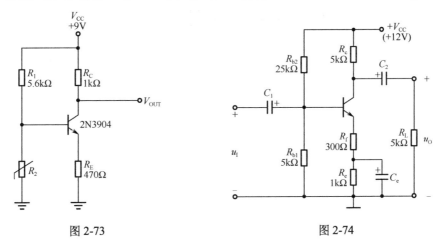

图 2-73　　　　　　　　　　图 2-74

6. 图 2-75 是一个扩音器电路,请分析电路组成结构并对各级放大电路进行分析计算。

7. 计算图 2-76 所示甲乙类放大器的输出功率及效率,图中 $V_{CC}=+24V$。

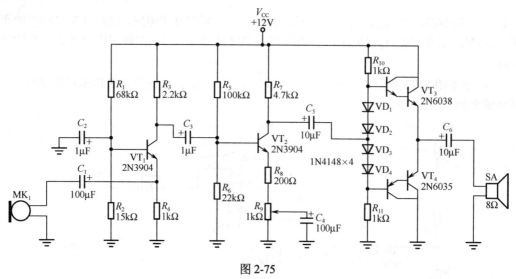

图 2-75

图 2-76

项目三

工业机器人电动机驱动模块

在一些自动化的工业现场经常需要工业机器人参与工作,机器人动作是由安装在机器人上的电动机转动来实现的。本项目电动机驱动板接受主控制板发来的 PWM 脉宽调制信号和方向信号,驱动机器人平台上的两个 24V 直流减速电动机。利用 PWM 信号占空比的不同,来控制电动机的不同转速;利用方向信号,控制直流减速电动机的正反转,从而实现机器人平台的前进、后退和转弯。

 项目学习目标

❖ 能认识项目中元器件的符号。
❖ 能认识、检测及选用元器件。
❖ 能查阅元器件手册并根据手册进行元器件的选择和应用。
❖ 能分析电路的原理和工作过程。
❖ 能对电动机驱动模块电路进行仿真分析和验证。
❖ 能制作和调试电动机驱动模块电路。
❖ 能文明操作、遵守实验实训室管理规定。
❖ 能与其他学员团结协作完成技术文档并进行项目汇报。

 项目任务分析

❖ 通过学习和查阅相关元器件的技术手册进行元器件的检测,完成项目元器件检测报告。
❖ 通过对相关专业知识的学习,分析项目电路工作原理,完成元器件识别与检测报告。
❖ 在 Multisim 中进行项目的仿真分析和验证,完成仿真调试报告。
❖ 按照安装工艺的要求进行项目装配,装配完成对本项目进行调试,完成调试报告。
❖ 对项目完成进行展示汇报,并对其他组学生的作品进行互评,完成项目评价表。

 项目总电路图

该项目原理图如图 3-1 所示。

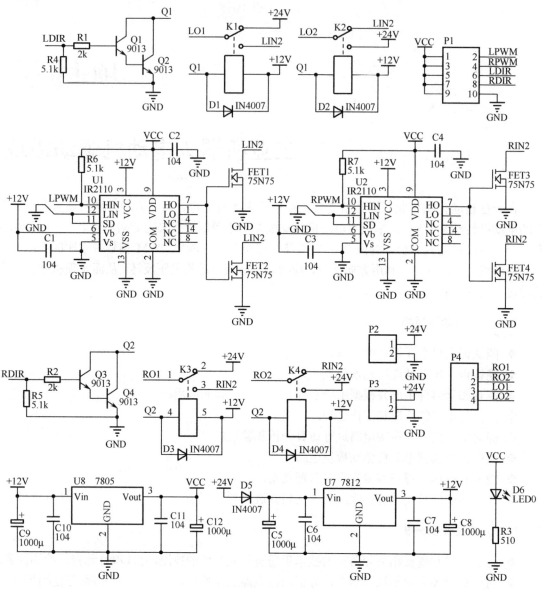

图 3-1 电动机驱动模块电路

项目任务分配表（表 3-1）

表 3-1 项目任务分配表

项目任务	子任务	课时
任务 1 电动机驱动模块工作原理分析	子任务 1 认知电路中的元器件	5
	子任务 2 电路原理认知学习	
	子任务 3 电动机驱动电路项目仿真分析与验证	

项目三 工业机器人电动机驱动模块

续表

项目任务	子任务	课时
任务2 电动机驱动模块电路元器件的识别与检测	子任务1 电阻类元件、电容、二极管、三极管的识别与检测	1
	子任务2 75N75的识别与检测	
	子任务3 IR2110的识别与检测	
	子任务4 继电器的识别与检测	
任务3 电动机驱动模块电路的装配与调试	子任务1 电路元器件的装配与布局	2
	子任务2 制作电动机驱动模块电路	
	子任务3 调试电动机驱动模块电路	
任务4 项目汇报与评价	子任务1 汇报制作调试过程	2
	子任务2 对其他人作品进行客观评价	
	子任务3 撰写技术文档	

任务1 电动机驱动模块工作原理分析

学习目标

（1）能认识常用的元器件符号。
（2）能分析电动机驱动模块电路的组成及工作过程。
（3）能对电动机驱动模块进行仿真。

工作内容

（1）认识继电器、MOSFET等元器件的符号。
（2）对组成模块的电路进行分析和参数计算。
（3）对电动机驱动模块电路进行仿真分析。

子任务1 认知电路中的元器件

【元器件知识】

1. 继电器

继电器是具有隔离功能的自动开关元件，广泛应用于遥控、遥测、通信、自动控制、机电一体化及电力电子设备中，是重要的控制元件之一。

1）继电器分类

继电器按照工作原理可以分为电磁继电器、固态继电器、时间继电器、温度继电器、风速继电器、加速度继电器、其他类型的继电器。

（1）电磁继电器：在输入电路电流的作用下，由机械部件的相对运动产生预定响应的一种继电器。它包括直流电磁继电器、交流电磁继电器、磁保持继电器、极化继电器、舌簧继电器、节能功率继电器。

直流电磁继电器：输入电路中的控制电流为直流的电磁继电器。

交流电磁继电器：输入电路中的控制电流为交流的电磁继电器。

磁保持继电器：将磁钢引入磁回路，继电器线圈断电后，继电器的衔铁仍能保持在线圈通电时的状态，具有两个稳定状态。

极化继电器：状态改变取决于输入激励量极性的一种直流继电器。

舌簧继电器：利用密封在管内，具有触点簧片和衔铁磁路双重作用的舌簧的动作来开、闭或转换线路的继电器。

节能功率继电器：输入电路中的控制电流为交流的电磁继电器，但它的电流大（一般为30~100A），体积小，具有节电功能。

（2）固态继电器：输入、输出功能由电子元件完成而无机械运动部件的一种继电器。

（3）时间继电器：当加上或除去输入信号时，输出部分须延时或限时到规定的时间才闭合或断开其被控线路的继电器。

（4）温度继电器：当外界温度达到规定值时动作的继电器。

（5）风速继电器：当风的速度达到一定值时，被控电路将接通或断开。

（6）加速度继电器：当运动物体的加速度达到规定值时，被控电路将接通或断开。

（7）其他类型的继电器：如光继电器、声继电器、热继电器等。

2）电磁继电器电气符号与形状

在电动机驱动模块电路中用的是直流电磁继电器，该继电器的电气符号、引脚结构（底视图）和外形如图3-2所示。其中触点的代号分别代表的意义为：COM（common）公共端，NC（Normal Close）常闭触点，NO（Normal Open）常开触点。

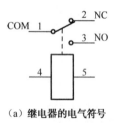
（a）继电器的电气符号

（b）继电器引脚结构　　　（c）继电器外形

图3-2　继电器

3）电磁继电器的工作原理

电磁继电器是自动控制电路中常用的一种元件。实际上它是用较小电流控制较大电流的一种自动开关。因此，广泛应用于电子设备中。电磁继电器一般由一个线圈、铁芯、一组或几组带触点的簧片组成。

电磁继电器的工作原理是这样的：当线圈通电以后，铁芯被磁化产生足够大的电磁力，吸动衔铁并带动簧片，使触点闭合或分开；当线圈断电后，电磁吸力消失，衔铁返回原来的位置，触点又恢复到原来闭合或分开的状态。应用时只要把需要控制的电路接到触点上，就可利用继电器达到控制的目的。

4）电磁继电器的主要参数

电磁继电器的主要参数有以下几个。

(1)额定工作电压或额定工作电流:这是指继电器工作时线圈需要的电压或电流。一种型号的继电器的构造大体是相同的。为了适应不同电压的电路应用,一种型号的继电器通常有多种额定工作电压或额定工作电流,并用规格型号加以区别。

(2)直流电阻:指线圈的直流电阻。有些产品说明书中给出额定工作电压和直流电阻,这时可根据欧姆定律求出额定工作电流。若已知额定工作电流和直流电阻,亦可求出额定工作电压。

(3)吸合电流:它是指继电器能够产生吸合动作的最小电流。在实际使用中,要使继电器可靠吸合,给定电压可以等于或略高于额定工作电压。一般不要大于额定工作电压的 1.5 倍,否则会烧毁线圈。

(4)释放电流:它是指继电器产生释放动作的最大电流。如果减小处于吸合状态的继电器的电流,当电流减小到一定程度时,继电器恢复到未通电时的状态,这个过程称为继电器的释放动作。释放电流比吸合电流小得多。

(5)触点负荷:它是指继电器触点允许的电压或电流。它决定了继电器能控制电压和电流的大小。应用时不能用触点负荷小的继电器去控制大电流或高电压。例如,JRX-13F 电磁继电器的触点负荷是 0.02A×12V,就不能用它去控制 220V 的电路通断。

2. 场效应管(75N75)

1)电气符号与封装

75N75 是 N 沟道增强型场效应管,具有稳定的截止特性、快速的开关速度、低导通电阻,通常应用在通信领域和计算机上。其外形和封装如图 3-3(a)所示。场效应管可以用图 3-3(b)所示的电气符号来表示,它有 3 个引出脚,"1"为门极信号,"2"为漏极信号,"3"为源极信号。

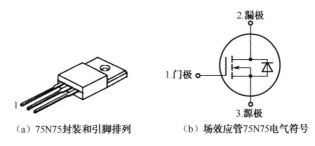

(a)75N75封装和引脚排列　　(b)场效应管75N75电气符号

图 3-3　75N75

2)75N75 的特点
- 导通电阻值为 9.5mΩ(V_{GS}=10V)。
- 快速的开关能力。
- 非常低的门极充电电量(典型值 90nC)。
- 低的反向转移电容(典型值 80pF)。
- 改善的 dV/dt 性能,经久耐用。

3)75N75 的参数
- 漏极、源极之间的击穿电压:最小 75V(V_{GS}=0V,I_D=250μA)。
- 漏极、源极之间的漏电流:最大 20μA(V_{DS}=75V,V_{GS}=0V)。

- 门极、源极正向漏电流为 100nA（V_{GS}=20V，V_{DS}=0V），反向漏电流为-100μA（V_{GS}=-20V，V_{DS}=0V）。
- 门极门槛电压：2.0～4.0V（V_{DS}=V_{GS}，I_D=250μA）。
- 静态漏源导通电阻：9.5mΩ。
- 输入电容为 3300pF，输出电容为 530pF，反向转移电容为 80pF。
- 导通延迟时间为 12ns，导通上升时间为 79ns，关断延迟时间为 80ns，关断下降时间为 52ns。

3. 场效应管驱动芯片（IR2110）

1）电气符号与封装、引脚说明

IR2110 是美国国际整流器公司（International Rectifier Company）利用自身独有的高压集成电路及无门锁 CMOS 技术，开发并投放市场的大功率 MOSFET 和 IGBT 专用栅极驱动集成电路，已在电源变换、马达调速等功率驱动领域获得了广泛的应用。其封装和引脚排列如图 3-4 所示，引脚说明见表 3-2。

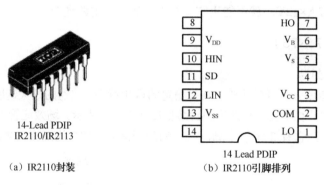

（a）IR2110封装 （b）IR2110引脚排列

图 3-4 IR2110

表 3-2 IR2110 引脚说明

Symbol	Definition	Min.	Max.	Units
V_B	High side floating supply absolute voltage	V_S+10	V_S+20	
V_S	High side floating supply offset voltage	Note 1	500	
V_{HO}	High side floating output voltage	V_S	V_B	
V_{CC}	Low side fixed supply voltage	10	20	V
V_{LO}	Low side output voltage	0	VCC	
V_{DD}	Logic supply voltage	V_{SS}+3V	V_{SS}+20	
V_{SS}	Logic supply offset voltage	−5(Note 2)	5	
V_{IN}	Logic input voltage (HIN, LIN & SD)	V_{SS}	V_{DD}	
T_A	Ambient temperature	−40	125	℃

Note 1: Logic operational for V_S of −4 to +500V. Logic state held for V_S of −4V to −V_{BS}.

Note 2: When V_{DD}<5V, the minimum V_{SS} offset is limited to −V_{DD}.

项目三 工业机器人电动机驱动模块

2）IR2110 的特点

该管驱动采用外部自举电容上电，使得驱动电源路数目较其他 IC 驱动大大减小。对于 4 管构成的全桥电路，采用两片 IR2110 驱动两个桥臂，仅需要一路 10～20V 电源，从而大大减小了控制变压器的体积和电源数目，降低了产品成本，提高了系统的可靠性。

- 电路芯片体积小（DIP-14）。
- 集成度高（可同时驱动两路）。
- 响应快。
- 偏置电压高。
- 驱动能力强。
- 内设欠压封锁，而且其成本低，易于调试，设有外部保护封锁端口。

3）IR2110 的参数

- 开通时间为 120ns，关断时间为 94ns，上升时间为 25ns，下降时间为 17ns。
- 静态电源电流 V_{BS}=125mA，V_{CC}=180mA，V_{DD}=15mA。
- 逻辑电压兼容 3.3V 供电。
- 电压偏置：最大 500V。
- IO+/-端口短路电流：最小 2A。

练一练：请根据对元器件知识的学习并查阅相关手册和资料，完成元器件认知报告。

电动机驱动模块电路元器件认知报告

（1）请在表 3-3 中写出元件符号名称、电气特性、参数和主要作用，并在元件符号上标出元件的引脚名称或极性。

表 3-3 元器件认知表

元件符号	元件名称	编号与参数	主要作用	电气特性
 ─▭─				
 ⊥⊤				
 ⊥⊤				
 ─▷├─				
 ─▷├─				
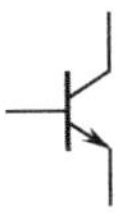 （三极管符号）				
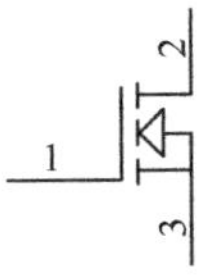 （MOS管符号）				

续表

元件符号	元件名称	编号与参数	主要作用	电气特性
(IR2110 引脚图)				
HF3FF 继电器符号				
7805 稳压器				
7812 稳压器				

（2）请画出 75N75 的引脚分布与内部结构图。

（3）请画出 IR2110 的引脚分布与内部结构图。

子任务 2　电路原理认知学习

1. 电动机驱动模块电路的组成

如图 3-5 所示为电动机驱动模块电路原理框图，从图中我们可以看出该模块包括 MOS 管驱动电路、电动机方向控制电路、继电器驱动电路，另外整个模块还包括电源模块电路和主控板输出信号电路。其中 75N75 和 9013 的控制是整个电路的核心，它们将主控板发来的 PWM 信号和方向控制信号转换成电动机的转速和方向控制信号，从而实现对电动机的控制。下面对部分电路进行分析。

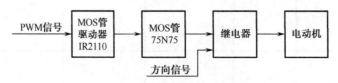

图 3-5　电动机驱动模块电路原理框图

1) MOS 管驱动电路

本电路设置了两路 MOS 管驱动电路,分别用来驱动左轮和右轮电动机,左轮电动机驱动如图 3-6 所示。本电路采用了 IR2110 功率驱动集成芯片,该芯片是一种双通道、栅极驱动、高压高速功率器件的单片式集成驱动模块,可靠性很高,具体参数可以参考 IR2110 数据手册。IR2210 输入信号为主控制器送出的 PWM 脉宽信号,其输出直接控制 75N75 MOS 管的通断。

2) 继电器驱动电路

本电路板设置了两路电动机方向控制电路,分别用来控制左轮和右轮电动机的正反转,左轮电动机方向控制电路如图 3-7 所示。本电路采用了两个 9013 三极管对继电器进行驱动,9013 接受主控板发出的控制信号,控制 Q1 端口的高低电平,Q1 端口进一步控制继电器触点的闭合和导通进行电源极性的切换,从而控制电动机实现不同方向的旋转。

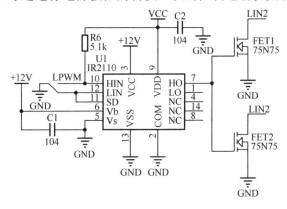

图 3-6 左轮电动机驱动电路

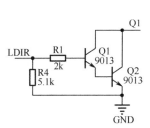

图 3-7 左轮继电器驱动电路

3) 电动机方向控制电路

图 3-8 中,LO1 和 LO2 接直流电动机,LDIR 为主控制板发出的左电动机方向控制信号,通过三极管控制继电器的常开触点是否动作,当 LDIR 为低电平时,继电器常开触点未动作,直流电动机正转;当 LDIR 为高电平时,继电器常开触点闭合,直流电动机反转;使用继电器电路而不采用一般的 MOS 管桥式电路作为电动机正反转控制电路,主要是对于频繁进行启动、停止、正反转运行、与对方发生冲撞的机器人来说,继电器电路更加安全可靠。

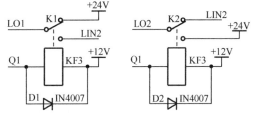

图 3-8 电动机方向控制电路原理图

2. 电动机驱动电路的工作过程

通过上面的分析得知,MOS 管输出信号给到继电器控制电动机的转速,三极管输出信号给到继电器控制电动机的方向,电路的具体工作流程如下。

1) 电动机正转

以左轮电动机为例,主控板送出方向控制信号 LDIR(为低电平),该信号在电动机驱动板上还加了 R4(5.1k)下拉电阻,LDIR 信号接到三极管 Q1 的基极,使得 Q1、Q2 都不能导通,Q1 和 Q2 的集电极对应的信号网络 Q1 维持+12V 高电平信号,该信号送到控制左轮电动机的继电器 K1 和 K2 的 3 号引脚，使得这两个继电器线圈不能够得电，两个继电器的常开触点维持在常开状态，K1 和 K2 分别将+24V 和 MOS 管输出的 LIN2 信号送给电动机的 LO1 端和 LO2 端，电动机实现正转，电动机转速的快慢由主控板送出的控制信号 LPWM 信号决定，LPWM 信号送到 MOS 管驱动器 IR2110，IR2110 再将输出驱动信号送到两个 MOS 管 FET1 和 FET2 上，两个 MOS 管将通过 LIN2 信号来驱动电动机转动。

2）电动机反转

同样以左轮电动机为例，主控板送出方向控制信号 LDIR（为高电平），LDIR 信号接到三极管 Q1 的基极，三极管 Q1、Q2 都导通，Q1 和 Q2 的集电极对应的信号网络 Q1 输出低电平信号，该信号送到控制左轮电动机的继电器 K1 和 K2 的 3 号引脚，使得这两个继电器线圈不得电（12V），两个继电器的常开触点闭合，K1 和 K2 分别将+24V 和 MOS 管输出的 LIN2 信号送给电动机的 LO2 端和 LO1 端，电动机实现反转。

子任务 3 电动机驱动电路项目仿真分析与验证

1. 电路图绘制

在 Multisim 中完成如图 3-9 所示的电动机旋转方向控制仿真电路图，主控板的输入信号 LDIR/RDIR 由开关 J1 来代替。

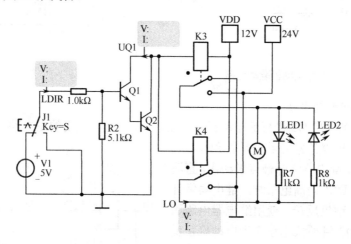

图 3-9 电动机旋转方向控制仿真电路图

2. 仿真记录

通过控制 J1 的闭合和断开对仿真结果进行记录并完成表 3-4。

表 3-4 电动机旋转方向控制仿真记录表

测量值 状态	LDIR	U_{Q1}（V）	I_{Q1}（mA）	L_O（V）	I_O（A）	K1 状态	K2 状态	电动机状态
J1 接+5V								
J1 接地								

3. 仿真分析

（1）已知所用继电器 HF3FF 的线圈电压为 12V，线圈电阻为 400Ω，请对上述电路中的各点电压和电流进行分析计算，并根据计算结果选择图中的三极管和电阻的参数。

（2）模块中所选用的直流电动机参数为 24V/10A，通过分析选择一个继电器来代替图中的 K1、K2，选择继电器的参数和型号。

（3）查阅关于 MOSFET 的资料，分析为什么 MOSFET 需要特殊的驱动电路和其驱动电路的特点。

任务 2　电动机驱动模块电路元器件的识别与检测

学习目标

（1）能对电阻、电容、二极管、发光二极管、三极管进行识别和检测。
（2）能通过检测识别 MOSFET 的好坏与性能。
（3）能识别驱动芯片 IR2110 的引脚及型号。
（4）能识别继电器的引脚及型号。

工作内容

（1）通过对色环或元器件上的标识识别电阻、电容、二极管、三极管的参数，并用万用表进行检测。
（2）识别 MOS 管的引脚和型号。
（3）识别驱动芯片 IR2110 的引脚及型号。
（4）识别继电器的引脚及型号。
（5）填写识别检测报告。

子任务 1　电阻类元件、电容、二极管、三极管的识别与检测

根据以前所学知识，识别本项目所用到的的电阻、电容、二极管、发光二极管与三极管等元器件，用万用表测量这些器件的参数并判断其好坏，完成检测表。

1. 电阻的检测

检测步骤：
（1）从电阻外观特征识别电阻。
（2）用万用表测量电阻的阻值，与理论值比较并判断其好坏。
（3）完成表 3-5。

表 3-5 电阻识别与检测报告表

外观特征	识读电阻的标志		实测阻值	好坏判别
识别电阻	色环	标称阻值		
例如，色环电阻	绿蓝黑棕金	5.6kΩ（±5%）	5.59kΩ	好

2. 识别并检测电容

根据以前所学知识，识别本项目所用电容，用万用表测量电容的好坏。
检测步骤：
（1）从外观特征识别电容。
（2）从极性、容量、性能方面判断电容的好坏，并按要求填入表 3-6 中。

表 3-6 电容识别与检测报告表

电容编号	外表标注	判断结果				电容性能好坏
		电容类别	标称容量	耐压值	允许误差	
例如 C	1000μF/25V	电解电容	1000μF	25V	±10%	正常

3. 识别并检测二极管与发光二极管（LED）

根据以前所学知识，识别本项目所用的二极管，用万用表测量其质量并判断其好坏。
检测步骤：
（1）从外观特征识别二极管。
（2）用万用表测量二极管的正反向阻值，并将测量结果填入表 3-7。

表 3-7 二极管与发光二极管检测表

名 称	型 号	测量极间电阻				性能好坏判断
		正向电阻		反向电阻		
		万用表挡	测量值	万用表挡	测量值	
二极管	2CW27	$R\times 1k$	670Ω	$R\times 1k$	∞	好
二极管						
发光二极管						

想一想：(1) 该电路中的二极管起到什么作用？是否可以不用？

(2) 该电路中的 LED 起到什么作用？

4. 识别并检测三极管

根据以前所学知识，识别本项目所用的三极管，用万用表测量三极管的好坏与性能。

检测步骤：

(1) 从外观特征识别三极管。

(2) 利用万用表的电阻挡分别测量三个极中不同两极间的电阻值并判断该三极管的好坏。

(3) 首先找出三极管的基极，可以将三个引脚编号，先选定一极接到万用表的红表笔，黑表笔分别探测另外两个极，如果两次电阻值都很小，说明红表笔所接的极为基极 b；如果两次电阻值差别很大，则把红表笔放到另外一个极，直到找出基极，再找出其他两极，用万用表的黑、红表笔颠倒测量另外两极间的正、反向电阻，虽然两次测量中万用表指针偏转角度都很小，但仔细观察，总会有一次偏转角度稍大，此时黑表笔接的是集电极 c，红表笔接的是发射极 e，所以此时黑表笔所接的一定是集电极 c，红表笔所接的一定是发射极 e，按要求填入表 3-8 中。

表 3-8 三极管识别与检测报告表

名称	型号	测量极间电阻				性能好坏判断
		正向电阻		正向电阻/反相电阻		
		万用表挡	红表笔不动，黑表笔分别探测其他两极测量值	万用表挡	选测量值大的那一次	
三极管	9013	R×1k	都非常小（红表笔接的 2#引脚为 b 极）	R×1k	黑表笔接的 3#引脚为集电极 c，红表笔接的 1#引脚为发射极 e	好
三极管						

想一想：(1) 该电路中的三极管起到什么作用？请通过计算分析是否可以不用两个 9013 进行组合？

(2) 如果用一个三极管来代替电路中的两个 9013，请通过计算和分析选择其型号。

子任务 2 75N75 的识别与检测

用万用表 $R\times 1k$ 挡或 $R\times 10k$ 挡，测量场效应管任意两脚之间的正、反向电阻值。正常时，除漏极与源极的正向电阻值较小外，其余各引脚之间（G 与 D、G 与 S）的正、反向电阻值均应为无穷大。若测得某两极之间的电阻值接近 0Ω，则说明该管已击穿损坏。测试各引脚间的电阻，判断 MOS 管的好坏。测量的电阻值填入表 3-9 中。

表 3-9 75N75 各引脚电阻值

电阻值	G（红表笔）	D（红表笔）	S（红表笔）
G（黑表笔）	不用测		
D（黑表笔）		不用测	
S（黑表笔）			不用测

想一想：（1）75N75 的主要参数有哪几个？

（2）如何用万用表检测 75N75 的好坏？

（3）该电路中的 75N75 起到什么作用？请通过电动机的参数计算需要的元器件的参数。

子任务 3 IR2110 的识别与检测

IR2110 双路功率管驱动器件，检测方法是在通电的情况下，将每个输入引脚分别接高电平和低电平，测试输出端的电压，与参考值比较。

（1）请阅读 IR2110 的数据手册，给 IR2110 接入 5V 电源，给每个输入引脚分别接 VCC 和 GND 测试输出端的电压，完成表 3-10。

表 3-10 IR2110 功能测试表

引脚号	引脚功能	输入电压	参考电压/V	测量电压	引脚号	引脚功能	输入电压	参考电压/V	测量电压
1	LO	—	—	—	14	NC	—	—	
2	COM	0V	0V		13	VSS	0V	0V	
3	VCC	+12V	+12V		12	LIN	0V	0V	
4	NC	—	—	—	11	SD	0V	0V	
5	VS	0V	0V		10	HIN	0~5V	0~5V	
6	VB	+12V	+12V		9	VDD	+5V	+5V	
7	HO	0~12V	0~12V		8	NC	—	—	

（2）画出 IR2110 的引脚分布图。

（3）根据测量结果判断 IR2110 好坏。

想一想：（1）IR2110 的主要参数有哪几个？

（2）IR2110 能驱动几路功率管？

（3）IR2110 的特点有哪些？

子任务 4 继电器的识别与检测

本项目中应用继电器和电动机接口，继电器的检测方法分为断电检测和通电检测。

1. 断电检测（电阻法）

用万用表的电阻挡测量继电器的线圈电阻并与数据手册进行比较，如果阻值为 0 说明线圈已短路，如果线圈电阻为∞，则说明线圈已经断路，继电器已损坏。用万用表电阻挡检测继电器的常开和常闭触点，检测其电阻是否分别为 0 和 ∞，通过检测完成表 3-11。

表 3-11 继电器断电检测表

检测内容	线圈电阻	常开触点	常闭触点	电气符号（底视图）
检测值				•4 •3 •1 •5 •2

2. 通电检测

+12V 通入继电器 4 号引脚，电源负极接 5 号引脚，听继电器是否有吸合的"嗒"声，用万用表测试电源接通和断开情况下触点的通断情况，并填入表 3-12 中。

表 3-12 继电器触点通断情况

测量内容	常开触点 1、3	常闭触点 1、2	"嗒"声	继电器好坏
接通+12V 电源				
断开+12V 电源				

想一想：（1）继电器的主要参数有哪几个？继电器有哪些作用？

（2）继电器的工作原理是什么？

（3）选择继电器时都要考虑哪些主要因素？

任务 3　电动机驱动模块电路的装配与调试

工作目标

（1）能够对电动机驱动模块电路按工艺要求进行装配。
（2）能够调试电动机驱动模块电路使其正常工作。
（3）能够写出制作调试报告。

工作任务

（1）装配电动机驱动模块电路。
（2）调试电动机驱动模块电路。
（3）撰写制作调试报告。

实施前准备
（1）常用电子装配工具。
（2）万用表。
（3）配套元器件与 PCB 板，元器件清单见表 3-13。
（4）已经安装好信号采集板、信号处理板、主控板和电动机等的机器人。
（5）已经铺设好白色循迹线。

表 3-13 电动机驱动模块元器件清单

标　号	型号或参数	封　装	数　量
C1，C2，C3，C4	0.1μF	RAD0.2	6
C6，C7，C10，C11	0.1μF	RAD0.1	4
C5，C8，C9，C12	1000μF	RB.2/.4	4
P1	IDC-10 底座	HDR2X5	1
P2，P3	3.96-2P 接线端子	HDR1X2	2
P4	3.96-4P 接线端子	HDR1X4	1
R1，R2	2kΩ	AXIAL0.3	2
R3	510Ω	AXIAL0.3	1
R4，R5，R6，R7	5.1kΩ	AXIAL0.3	4
D1，D2，D3，D4，D5	1N4007	DIODE0.4	5
D6	LED-ϕ3mm	LED0	1
Q1，Q2，Q3，Q4	9013	TO-92A	4
K1，K2，K3，K4	SRD-12VDC-SL-C	DIP5	4
FET1，FET2，FET3，FET4	75N75	TO220-V	4
U1，U2	IR2110	DIP-14	2
U7	MC7812K	TO-220	1
U8	MC7805	TO-220	1

子任务 1　电路元器件的装配与布局

1. 元器件的布局

电动机驱动模块元器件的布局如图 3-10 所示。

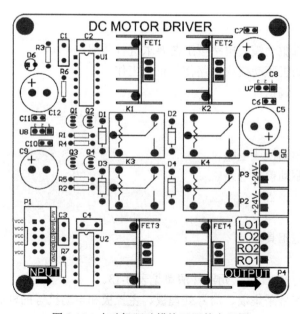

图 3-10　电动机驱动模块元器件布局图

2. 元器件的装配工艺要求

（1）安装电阻时，电阻体紧贴 PCB 板，色环电阻的色环标志顺序一致（水平方向左边为第一环，垂直方向上边为第一环）。

（2）电容采用垂直安装方式，底面紧贴 PCB 板，安装电解电容时注意正负极性。

（3）普通二极管和发光二极管底面紧贴 PCB 板安装，注意极性不能装反。

（4）三极管底面距离 PCB 板 5mm，不能倾斜，三只脚均要焊接，注意三只脚的极性。

（5）集成电路 IR2110 为了后期的维修与更换方便，安装底座时要注意方向，缺口要和封装上的缺口一致。

（6）继电器安装引脚插到底，保持继电器水平不倾斜，5 个引脚都需要焊接。

（7）MOSFET 的底面距离 PCB 板 5mm，加装散热片。

（8）电源芯片的底面距离 PCB 板 5mm。

（9）接线端子与电源端子底面紧贴 PCB 板安装。

3. 操作步骤

（1）按工艺要求安装色环电阻。

（2）按工艺要求安装普通二极管和发光二极管。

（3）按工艺要求安装三极管。

（4）按工艺要求安装集成驱动芯片。

（5）按工艺要求安装接线端子与电源端子。

（6）按工艺要求安装继电器。

（7）按工艺要求安装 MOSFET 和电源芯片。

（8）按工艺要求安装普通电容和电解电容。

子任务 2　制作电动机驱动模块电路

要求：按制作要求制作电动机驱动模块电路，并撰写制作报告。

方法步骤：

（1）对安装好的元件进行手工焊接。

（2）检查焊点质量。

子任务 3　调试电动机驱动模块电路

1. 断电检测

将装配好的模块安装到机器人上，连接电源模块和主控板模块，PWM 控制信号输出接口、24V 蓄电池电源线接到主控板相应的端子上，用万用表的短路挡分别检测+24V、+12V、+5V 电源和 GND 之间是否短路，并记录检测值到表 3-14 中。

表 3-14 断电检测表

检测内容	+24V 与 GND	+12V 与 GND	+5V 与 GND
检测值			

2. 上电检测

将机器人放到预先铺设的场地上准备进行测试,系统各模块安装完成,按下 SW1 电源开关,则系统的电源全部接入,下面对电动机驱动模块的调试过程进行分析。

1)电源检测

电源接通后用万用表直流电压挡对系统和芯片所需要的供电电压进行测量并记录在表 3-15 中。

表 3-15 供电电压检测表

测量内容	+24V 电源	U3-2 U4-1 K1~4-2 (+12V)	U1-3, U2-3 IR2110 (+12V)	U4-2 MC7805K (+5V)	U1-9, U2-9 IR2110 (+5V)	D6, R6, R7 (+5V)	J1-1, 3, 5, 7, 9 (+5V)
测量值/V							

2)电动机转动检测与调试

启动机器人,让机器人以非常慢的速度前进,用万用表测量和记录这种状态下电动机驱动板电路的 LDIR、RDIR1、Q1、Q2、LIN2、RIN2 电压值,填写在表 3-16 中。利用同样的方法测量电动机慢速后退时各信号并进行调试。

表 3-16 8 路巡线传感器信号处理电路测试表

测量值 \ 测量点	LDIR (V)	RDIR (V)	Q1 (V)	Q2 (V)	LIN2 (V)	RIN2 (V)
机器人前进						
机器人后退						

任务 4　项目汇报与评价

 学习目标

(1)会对项目的整体制作与调试进行汇报。
(2)能对别人的作品与制作过程做出客观的评价。
(3)能够撰写制作调试报告。

工作内容

(1) 对自己完成的项目进行汇报。
(2) 客观地评价别人的作品与制作过程。
(3) 撰写技术文档。

子任务1 汇报制作调试过程

1. 汇报内容

(1) 演示制作的项目作品。
(2) 讲解项目电路的组成及工作原理。
(3) 讲解项目方案制定及选择的依据。
(4) 与大家分享制作、调试中遇到的问题及解决方法。

2. 汇报要求

(1) 演示作品时要边演示边讲解主要性能指标。
(2) 讲解时要制作 PPT。
(3) 要重点讲解制作、调试中遇到的问题及解决方法。

子任务2 对其他人作品进行客观评价

1. 评价内容

(1) 演示的结果。
(2) 性能指标。
(3) 是否文明操作、遵守实训室的管理规定。
(4) 项目制作调试过程中是否有独到的方法或见解。
(5) 是否能与其他学员团结协作。
具体评价参考项目评价表（表 3-17）。

表 3-17 项目评价表

评价要素	评价标准	评价依据	评价方式（各部分所占比重）			权重
			个人	小组	教师	
职业素养	(1) 能文明操作、遵守实训室的管理规定 (2) 能与其他学员团结协作 (3) 自主学习，按时完成工作任务 (4) 工作积极主动，勤学好问 (5) 能遵守纪律，服从管理	(1) 工具的摆放是否规范 (2) 仪器仪表的使用是否规范 (3) 工作台的整理情况 (4) 项目任务书的填写是否规范 (5) 平时表现 (6) 学生制作的作品	0.3	0.3	0.4	0.3

续表

评价要素	评价标准	评价依据	评价方式（各部分所占比重）			权重
			个人	小组	教师	
专业能力	（1）清楚规范的作业流程 （2）熟悉巡线信号处理模块电路的组成及工作原理 （3）能独立完成电路的制作与调试 （4）能够选择合适的仪器、仪表进行调试 （5）能对制作与调试工作进行评价与总结	（1）操作规范 （2）专业理论知识：课后题、项目技术总结报告及答辩 （3）专业技能：完成的作品、完成的制作调试报告	0.1	0.2	0.7	0.6
创新能力	（1）在项目分析中提出自己的见解 （2）对项目教学提出建议或意见具有创新性 （3）独立完成检修方案的指导，并设计合理	（1）提出创新的观念 （2）提出意见和建议被认可 （3）好的方法被采用 （4）在设计报告中有独特见解	0.2	0.2	0.6	0.1

2. 评价要求

（1）评价要客观公正。

（2）评价要全面细致。

（3）评价要认真负责。

子任务3　撰写技术文档

1. 技术文档内容

（1）项目方案的选择与制定。

① 方案的制定。

② 元器件的选择。

（2）项目电路的组成及工作原理。

① 分析电路的组成及工作原理。

② 元件清单与布局图。

（3）元器件的识别与检测。

（4）项目收获。

（5）项目制作与调试过程中所遇到的问题。

（6）所用到的仪器仪表。

2. 报告要求

（1）内容全面详实。

（2）填写相应的元器件检测报告表。

（3）填写相应的调试报告表。

3.1 场效应管

场效应管是一种利用电场效应来控制其电流大小的半导体器件。这种器件不仅有体积小、重量轻、耗电省、寿命长等特点,而且有输入阻抗高、噪声低、热稳定性好、抗辐射能力强和制造工艺简单等优点,因而大大地扩展了它的应用范围,特别是在大规模和超大规模集成电路中得到了广泛的应用。

3.1.1 场效应管的分类

场效应管分结型、绝缘栅型两大类。结型场效应管(JFET)因有两个 PN 结而得名,绝缘栅型场效应管(JGFET)则因栅极与其他电极完全绝缘而得名。目前在绝缘栅型场效应管中,应用最为广泛的是 MOS 场效应管,简称 MOS 管(即金属-氧化物-半导体场效应管,MOSFET);此外还有 PMOS、NMOS 和 VMOS 功率场效应管,及最近刚问世的 πMOS 场效应管、VMOS 功率模块等。

按沟道半导体材料的不同,结型和绝缘栅型各分 N 沟道和 P 沟道两种。若按导电方式来划分,场效应管又可分成耗尽型与增强型。结型场效应管均为耗尽型,绝缘栅型场效应管既有耗尽型的,也有增强型的。

场效应晶体管可分为结场效应晶体管和 MOS 场效应晶体管。而 MOS 场效应晶体管又分为 N 沟道耗尽型和增强型、P 沟道耗尽型和增强型四大类。

3.1.2 结型场效应管

1. 结型场效应管(JFET)的结构与工作原理

1)JFET 的结构

N 沟道 JFET 的结构图和电气符号如图 3-11 所示。在图 3-11(a)中,在一块 N 型半导体材料的两边扩散高浓度的 P 型区(用 P⁺表示),形成两个 PN 结。两边 P 型区引出两个金属接触电极并连在一起称为栅极 G,在 N 型半导体材料的两端各引出一个金属接触电极,分别称为源极 S 和漏极 D。它们分别相当于 BJT 的基极 B、射极 E 和集电极 C。两个 PN 结中间的 N 型区域称为导电沟道。这种结构称为 N 型沟道 JFET。图 3-11(b)是它的电气符号,其中箭头的方向表示栅极正向偏置时,栅极电流的方向由 P 指向 N,故从符号上就可以识别 D、S 之间是 N 沟道。按照类似的方法,可以制成 P 沟道 JFET,如图 3-12(a)、(b)所示。

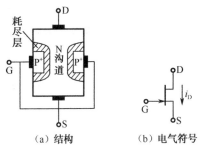

图 3-11 N-JFET

2）工作原理

从结型场效应管的结构可看出，在 D、S 间加上电压 U_{DS}，则在源极和漏极之间形成电流 I_D。我们通过改变栅极和源极的反向电压 U_{GS}，就可以改变两个 PN 结阻挡层（耗尽层）的宽度。由于栅极区是高掺杂区，所以阻挡层主要降在沟道区。故 $|U_{GS}|$ 的改变，会引起沟道宽度的变化，其沟道电阻也随之而变，从而改变了漏极电流 I_D。如 $|U_{GS}|$ 上升，则沟道变窄，电阻增加，I_D 下降，反之亦然。所以改变 U_{GS} 的大小，可以控制漏极电流。这是场效应管工作的基本原理，N 沟道结型场效应管工作原理图如图 3-13 所示，下面我们详细讨论。

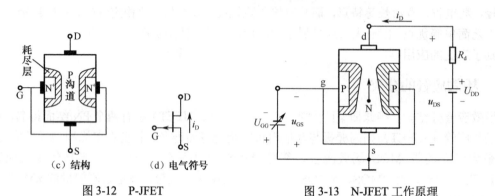

图 3-12 P-JFET

图 3-13 N-JFET 工作原理

（1）U_{GS} 对导电沟道的影响。

为了便于讨论，先假设 $U_{DS}=0$。

① $U_{GS}=0$，$I_D=I_{DSS}$。

② $U_{GS}<0$，当 U_{GS} 由零向负值增大时，PN 结的阻挡层加厚，沟道变窄，电阻增大。

③ 若 U_{GS} 的负值再进一步增大，当 $U_{GS}=-U_p$ 时，两个 PN 结的阻挡层相遇，沟道消失，我们称沟道被"夹断"了，U_p 称为夹断电压，此时 $I_D=0$。

（2）I_D 与 U_{DS}、U_{GS} 之间的关系。

假定：栅、源电压 $|U_{GS}|<|U_p|$，如 $U_{GS}=-1V$，$U_p=-4V$。

① 当 $U_{DS}=2V$ 时，沟道中将有电流 I_D 通过。此电流将沿着沟道方向产生一个电压降，这样沟道上各点的电位就不同，因而沟道内各点的电位就不同，沟道内各点与栅极的电位差也就不相等。漏极端与栅极之间的反向电压最高，如 $U_{DG}=U_{DS}-U_{GS}=2-(-1)=3V$，沿着沟道向下逐渐降低，源极端为最低，如 $U_{SG}=-U_{GS}=1V$，两个 PN 结阻挡层将出现楔形，使得靠近源极端沟道较宽，而靠近漏极端的沟道较窄。此时再增大 U_{DS}，由于沟道电阻增长较慢，所以 I_D 随之增加。

② 预夹断。

当进一步增加 U_{DS}，当栅、漏间电压 U_{GD} 等于 U_p 时，即 $U_{GD}=U_{GS}-U_{DS}=U_p$，则在 D 极附近，两个 PN 结的阻挡层相遇，我们称为预夹断。如果继续升高 U_{DS}，就会使夹断区向源极端方向发展，沟道电阻增加。由于沟道电阻的增长速率与 U_{DS} 的增加速率基本相同，故这一期间 I_D 趋于一恒定值，不随 U_{DS} 的增大而增大，此时，漏极电流的大小仅取决于 U_{GS} 的大小。U_{GS} 越负，沟道电阻越大，I_D 便越小。

③ 当 $U_{GS}=U_p$ 时，沟道被全部夹断，$I_D=0$。

注意：预夹断后还能有电流。不要认为预夹断后就没有电流。由于结型场效应管工作时，我们总是要在栅源之间加一个反向偏置电压，使得 PN 结始终处于反向接法，故 $I_D \approx 0$，所以，场效应管的输入电阻 r_{gs} 很高。

2. 结型场效应管的特性曲线

场效应管的特性曲线分为转移特性曲线和输出特性曲线。

1) 转移特性

在 u_{DS} 一定时,漏极电流 i_D 与栅源电压 u_{GS} 之间的关系称为转移特性,即

$$i_D = f(u_{gs})\big|_{u_{ds}=\text{常数}}$$

N 沟道结型场效应管转移特性曲线如图 3-14(a)所示,当栅源电压 $u_{GS}=0$ 时,漏极电流 $I_D=I_{DSS}$,I_{DSS} 称为饱和漏极电流;在 $U_{GS(off)} \leq u_{GS} \leq 0$ 的范围内,漏极电流 i_D 与栅极电压 u_{GS} 的关系为

$$i_D = I_{DSS}\left(1 - \frac{u_{Gs}}{U_{GS(off)}}\right)^2$$

当栅源电压 u_{GS} 向负值方向变化时,漏极电流 i_D 逐渐减小;当栅源电压 $u_{GS}=U_{GS(OFF)}$ 时,漏极电流 $i_D=0$,$U_{GS(OFF)}$ 称为夹断电压。

2) 输出特性

输出特性是指栅源电压 u_{GS} 一定,漏极电流 i_D 与漏极电压 u_{DS} 之间的关系,即

$$i_D = f(u_{DS})\big|_{u_{GS}=\text{常数}}$$

N 沟道结型场效应管输出特性曲线如图 3-14(b)所示。

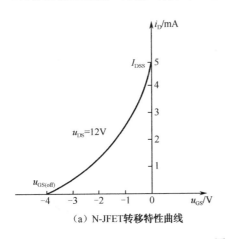
(a) N-JFET 转移特性曲线

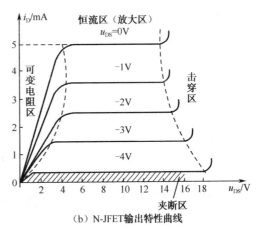
(b) N-JFET 输出特性曲线

图 3-14 特性曲线

3. 结型场效应管的工作区

根据结型场效应管的输出特性曲线将结型场效应管的工作区分为四个区。

1) 可变电阻区

u_{GS} 不变时,i_D 随 u_{DS} 作线性变化,漏源间呈现电阻性,栅源电压 u_{GS} 越负,输出特性越陡,漏源间的电阻越大。场效应管可看成一个受栅源电压控制的可变电阻。

2) 饱和区

u_{DS} 一定时,u_{GS} 的少量变化引起 i_D 较大变化,即 i_D 受 u_{GS} 控制。当 u_{GS} 不变时,i_D 不随

u_{DS} 变化，基本上维持恒定值，即 i_D 对 u_{DS} 呈饱和状态，场效应管具有线性放大作用。

3）夹断区

当栅源电压 $u_{GS}=U_{GS(off)}$ 时，漏极电流 $i_D=0$，$U_{GS(off)}$ 称为夹断电压。

4）击穿区

当 u_{DS} 增至一定数值后，i_D 剧增，出现电击穿。如果对此不加限制，将损坏管子。因此，管子不允许工作在这个区域。

3.1.3 增强型 MOSFET（E-MOSFET）

1. 增强型 MOSFET(E-MOSFET)的结构与工作原理

1）增强型 MOSFET 的结构

N 沟道增强型 MOS 场效应管的的结构图和电气符号如图 3-15 所示。把一块掺杂浓度较低的 P 型半导体作为衬底，然后在其表面上覆盖一层 SiO_2 的绝缘层，再在 SiO_2 层上刻出两个窗口，通过扩散工艺形成两个高掺杂的 N 型区（用 N+表示），并在 N+区和 SiO_2 的表面各自喷上一层金属铝，分别引出源极、漏极和控制栅极。衬底上也引出一根引线，通常情况下将它和源极在内部相连。按照类似的方法，可以制成 P 沟道增强型 MOSFET，如图 3-16 所示。

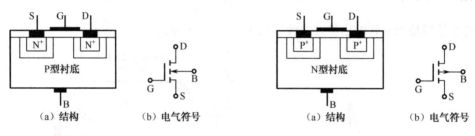

图 3-15 N-EMOS 　　　　　图 3-16 P-EMOS

2）增强型 MOSFET 的工作原理

结型场效应管是通过改变 U_{GS} 来控制 PN 结的阻挡层宽窄，从而改变导电沟道的宽度，达到控制漏极电流 I_D 的目的。而绝缘栅场效应管则是利用 U_{GS} 来控制"感应电荷"的多少，以改变由这些"感应电荷"形成的导电沟道的状况，然后达到控制漏极电流 I_D 的目的。N-DMOS 管工作原理如图 3-17 所示，对 N 沟道增强型的 MOS 场效应管，当 $U_{GS}=0$ 时，在漏极和源极的两个 N+区之间是 P 型衬底，因此漏、源之间相当于两个背靠背的 PN 结。所以无论漏、源之间加上何种极性的电压，总是不导通的，$I_D=0$。

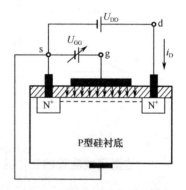

图 3-17 N-DMOS 管工作原理

当 $U_{GS}>0$ 时，为方便假定 $U_{DS}=0$，则在 SiO_2 的绝缘层中，产生了一个垂直半导体表面，由栅极指向 P 型衬底的电场。这个电场排斥空穴吸引电子，当 $U_{GS}>U_T$ 时，在绝缘栅下的 P 型区中形成了一层以电子为主的 N 型层。由于源极和漏极均为 N+型，故此 N 型层在漏、源极间形成电子导电的沟道，称为 N 型沟道。U_T 称为开启电压，此时在漏、源极间加 U_{DS}，则形成电流 I_D。显然，此时改变 U_{GS} 则可改变沟道的宽窄，即改变沟道电阻大小，从而控制了漏极电

流 I_D 的大小。由于这类场效应管在 $U_{GS}=0$ 时，$I_D=0$，只有在 $U_{GS}>U_T$ 后才出现沟道，形成电流，故称增强型。

2. 增强型 MOSFET 的特性曲线

（1）N 沟道增强型绝缘栅场效应管的转移特性曲线如图 3-18（a）所示。在 $u_{GS} \geq U_{GS(th)}$ 时，i_D 与 u_{GS} 的关系可用下式表示：

$$i_D = I_{DO}\left(\frac{u_{GS}}{U_{GS(th)}} - 1\right)^2$$

其中 I_{DO} 是 $u_{GS}=2U_{GS(th)}$ 时的 i_D 值。

（2）N 沟道增强型绝缘栅场效应管的输出特性曲线如图 3-18（b）所示。

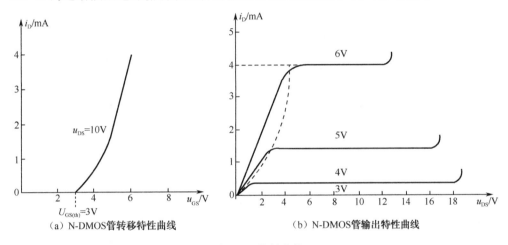

图 3-18 特性曲线

3. 增强型 MOSFET 的工作区

根据增强型 MOSFET 的输出特性曲线将结型场效应管的工作区分为四个区。

1）可变电阻区

当 $u_{DS}<u_{GS}-U_{GS(on)}$，u_{GS} 不变时，i_D 随 u_{DS} 作线性变化，漏源间呈现电阻性，栅源电压 u_{GS} 越负，输出特性越陡，漏源间的电阻越大。场效应管可看成一个受栅源电压控制的可变电阻。

2）饱和区

u_{DS} 一定时，u_{GS} 的少量变化引起 i_D 较大变化，即 i_D 受 u_{GS} 控制。当 u_{GS} 不变时，i_D 不随 u_{DS} 变化，基本上维持恒定值，即 i_D 对 u_{DS} 呈饱和状态，场效应管具有线性放大作用。

3）夹断区

当栅源电压 $u_{GS}=U_{GS(on)}$ 时，漏极电流 $i_D=0$，$U_{GS(on)}$ 称为开启电压。

4）击穿区

当 u_{DS} 增至一定数值后，i_D 剧增，出现电击穿。如果对此不加限制，将损坏管子。因此，管子不允许工作在这个区域。

3.1.4 耗尽型 MOSFET（D-MOSFET）

1. 耗尽型 MOSFET（D-MOSFET）的结构与工作原理

1）耗尽型 MOSFET（D-MOSFET）的结构

耗尽型 MOS 场效应管是在制造过程中，预先在 SiO₂ 绝缘层中掺入大量的正离子，因此，在 $U_{GS}=0$ 时，这些正离子产生的电场也能在 P 型衬底中"感应"出足够的电子，形成 N 型导电沟道，N 沟道耗尽型 MOS 场效应管的结构图和电气符号如图 3-19（a）、（b）所示。衬底通常在内部与源极相连。P-DMOS 如图 3-20 所示。

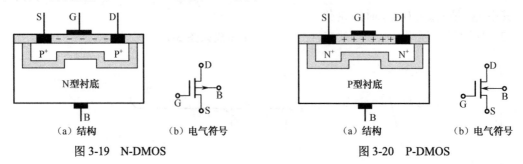

（a）结构　　（b）电气符号　　　　　（a）结构　　（b）电气符号
图 3-19　N-DMOS　　　　　　　　　图 3-20　P-DMOS

2）工作原理

当 $U_{DS}>0$ 时，将产生较大的漏极电流 I_D。如果使 $U_{GS}<0$，则它将削弱正离子所形成的电场，使 N 沟道变窄，从而使 I_D 减小。当 U_{GS} 更负，达到某一数值时沟道消失，$I_D=0$。使 $I_D=0$ 的 U_{GS} 称为夹断电压，仍用 U_P 表示。$U_{GS}<U_P$ 沟道消失，称为耗尽型。

2. 耗尽型 MOSFET 的特性曲线

（1）N 沟道增强型绝缘栅场效应管的转移特性曲线如图 3-21（a）所示。在 $u_{GS} \geq U_{GS(off)}$ 时，i_D 与 u_{GS} 的关系可用下式表示：

$$i_D = I_{DSS}\left(1-\frac{u_{GS}}{U_{GS(off)}}\right)^2$$

（2）N 沟道增强型绝缘栅场效应管的输出特性曲线如图 3-21（b）所示。

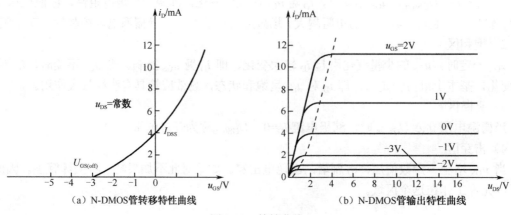

（a）N-DMOS管转移特性曲线　　　　（b）N-DMOS管输出特性曲线

图 3-21　特性曲线

3. 增强型 MOSFET 的工作区

根据增强型 MOSFET 的输出特性曲线将结型场效应管的工作区分为三个区。

1）可变电阻区

当 $u_{DS}<u_{GS}-U_{GS(off)}$，$u_{GS}$ 不变时，i_D 随 u_{DS} 作线性变化，漏源间呈现电阻性，栅源电压 u_{GS} 越负，输出特性越陡，漏源间的电阻越大。场效应管可看成一个受栅源电压控制的可变电阻。

2）饱和区

u_{DS} 一定时，u_{GS} 的少量变化引起 i_D 较大变化，即 i_D 受 u_{GS} 控制。当 u_{GS} 不变时，i_D 不随 u_{DS} 变化，基本上维持恒定值，即 i_D 对 u_{DS} 呈饱和状态，场效应管具有线性放大作用。

3）夹断区

当栅源电压 $u_{GS}=U_{GS(off)}$ 时，漏极电流 $i_D=0$，$U_{GS(off)}$ 称为夹断电压。

各类场效应管的的符号和特性曲线见表 3-18。

表 3-18 各类场效应管的符号和特性曲线

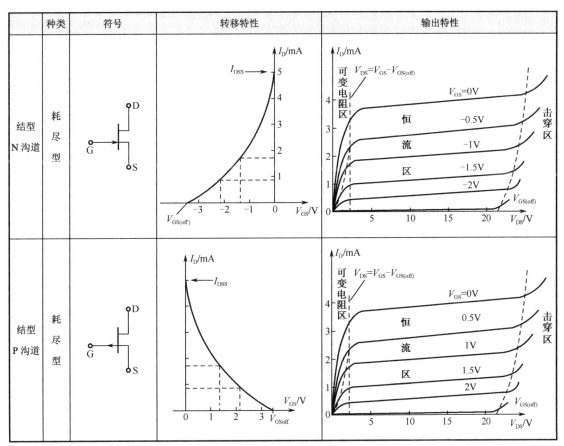

续表

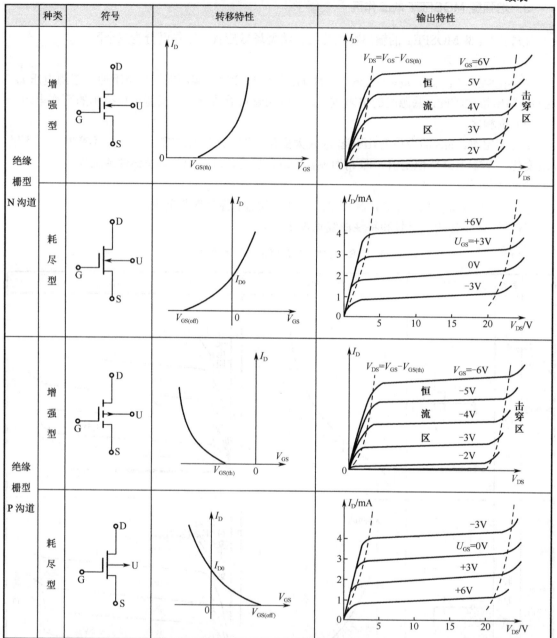

3.1.5 场效应管的主要参数

场效应管主要参数包括直流参数、交流参数、极限参数三部分。

1. 直流参数

1) 饱和漏极电流 I_{DSS}

I_{DSS} 是耗尽型和结型场效应管的一个重要参数,是当栅、源极之间的电压 $U_{GS}=0$,而漏、

源极之间的电压 U_{DS} 大于夹断电压 U_P 时对应的漏极电流。

2）夹断电压 $U_{GS(off)}$

$U_{GS(off)}$ 也是耗尽型和结型场效应管的重要参数。当 U_{DS} 一定时，使 I_D 减小到某一个微小电流（如 1μA，50μA）时所需 U_{GS} 的值。

3）开启电压 $U_{GS(on)}$

$U_{GS(on)}$ 是增强型场效应管的重要参数。当 U_{DS} 一定时，漏极电流 I_D 达到某一数值（如 10μA）时所需加的 U_{GS} 值。

4）直流输入电阻 R_{GS}

R_{GS} 是栅、源之间所加电压与产生的栅极电流之比，由于栅极几乎不索取电流，因此输入电阻很高，结型为 $10^6 \Omega$ 以上，MOS 管可达 $10^{10} \Omega$ 以上。

2. 交流参数

1）低频跨导 g_m

此参数是描述栅、源电压 U_{GS} 对漏极电流的控制作用，它的定义是当 U_{DS} 一定时，I_D 与 U_{GS} 的变化量之比，即跨导 g_m 的单位是 mA/V。它的值可由转移特性或输出特性求得。在转移特性上工作点 Q 外切线的斜率即是 g_m。或由输出特性看，在工作点处作一条垂直横坐标的直线（表示 U_{DS}=常数），在 Q 点上下取一个较小的栅、源电压变化量 ΔU_{GS}，然后从纵坐标上找到相应的漏极电流的变化量 $\Delta I_D/\Delta U_{GS}$，则 $g_m=\Delta I_D/\Delta U_{GS}$。

2）极间电容

场效应管三个极间的电容，包括 C_{GS}、C_{GD} 和 C_{DS}。这些极间电容愈小，则管子的高频性能愈好，一般为几个 pF。

3. 极限参数

1）漏极最大允许耗散功率 P_{DM}

$$P_{DM}=I_D U_{DS}$$

2）漏源间击穿电压 $U_{(BR)GDS}$

它是在场效应管输出特性曲线上，当漏极电流 I_D 急剧上升产生雪崩击穿时的 U_{DS}。工作时，外加在漏极、源极之间的电压不得超过此值。

3）栅源间击穿电压 $U_{(BR)GSS}$

结型场效应管正常工作时，栅、源之间的 PN 结处于反向偏置状态，若 U_{GS} 过高，PN 结将被击穿。对于 MOS 管，栅源极击穿后不能恢复，因为栅极与沟道间的 SiO_2 被击穿属破坏性击穿。

场效应管 2N5457 的参数见表 3-19。

表 3-19 场效应管 2N5457 的参数表

ELECTRICAL CHARACTERISTICS (T_A=25℃ unless otherwise noted)

Characteristic	Symbol	Min	Typ	Max	Unit
OFF CHARACTERISTICS					
Gate-Source Breakdown Voltage (I_G=−10μAdc, V_{DS}=0)	$V_{(BR)GSS}$	−25	—	—	Vdc

续表

Gate Reverse Current	(V_{GS}=-15 Vdc, V_{DS}=0)	I_{GSS}	—	—	-1.0	nAdc
	(V_{GS}=-15 Vdc, V_{DS}=0, T_A=100℃)		—	—	-200	
Gate-Source Cutoff Voltage	2N5457	$V_{GS(off)}$	-0.5	—	-6.0	Vdc
(V_{DS}=15 Vdc, i_D=10 nAdc)	2N5458		-1.0	—	-7.0	
Gate-Source Voltage						
(V_{DS}=15 Vdc, i_D=100 μAdc)	2N5457	V_{GS}	—	-2.5	—	Vdc
(V_{DS}=15 Vdc, i_D=200 μAdc)	2N5458		—	-3.5	—	

ON CHARACTERISTICS

Zero-Gate-Voltage Drain Current (Note 1)	2N5457	I_{DSS}	1.0	3.0	5.0	mAdc
(V_{DS}=15 Vdc, V_{GS}=0)	2N5458		2.0	6.0	9.0	

DYNAMIC CHARACTERISTICS

Forward Transfer Admittance (Note 1)	2N5457	$|Y_{fs}|$	1000	3000	5000	μmhos
(V_{DS}=15 Vdc, V_{GS}=0, f=1 kHz)	2N5458		1500	4000	5500	
Output Admittance Common Source (Note 1)	(V_{DS}=15Vdc, V_{GS}=0, f=1kHz)	$|Y_{os}|$	—	10	50	μmhos
Input Capacitance	(V_{DS}=15Vdc, V_{GS}=0, f=1kHz)	C_{iss}	—	4.5	7.0	pF
Reverse Transfer Capacitance	(V_{DS}=15Vdc, V_{GS}=0, f=1kHz)	C_{rss}	—	1.5	3.0	pF

常用场效应管的参数见表 3-20。

表 3-20 常用场效应管的参数表

型号	厂家	方式	耐压(V)	最大电流(A)	功率(W)	封装
IRF610	IR	N	200	3.3	43	TO-220AB
IRF611	IR	N	150	3.3	43	TO-220AB
IRF612	IR	N	200	2.6	43	TO-220AB
IRF613	IR	N	150	2.6	43	TO-220AB
IRF614	IR	N	250	2	20	TO-220AB
IRF615	IR	N	250	1.6	20	TO-220AB
IRF620	IR	N	200	5	40	TO-220AB
IRF621	IR	N	150	5	40	TO-220AB
IRF622	IR	N	200	4	40	TO-220AB
IRF623	IR	N	150	4	40	TO-220AB
IRF624	IR	N	250	3.8	40	TO-220AB
IRF843	IR	N	450	7	125	TO-220AB
IRF9130	IR	P	-100	-12	75	TO-3
IRF9131	IR	P	-60	-12	75	TO-3
IRF9141	IR	P	-60	-19	125	TO-3
IRF9142	IR	P	-100	-15	125	TO-3

续表

型号	厂家	方式	耐压(V)	最大电流(A)	功率(W)	封装
IRF9143	IR	P	−60	−15	125	TO-3
IRF9230	IR	P	−200	−6.5	75	TO-3
IRF9231	IR	P	−150	−6.5	75	TO-3

3.1.6 场效应管的特点及使用注意事项

1. 场效应管的特点

场效应管具有放大作用,可以组成各种放大电路,它与双极性三极管相比,具有以下几个特点。

1) 场效应管是一种电压控制器件

通过 U_{GS} 来控制 I_D。而双极性三极管是电流控制器件,通过 I_B 来控制 I_C。

2) 场效应管输入端几乎没有电流

场效应管工作时,栅、源极之间的 PN 结处于反向偏置状态,输入端几乎没有电流。所以其直流输入电阻和交流输入电阻都非常高。而双极性三极管,发射结始终处于正向偏置,总是存在输入电流,故 b、e 极间的输入电阻较小。

3) 场效应管利用多子导电

由于场效应管是利用多数载流子导电的,因此,与双极性三极管相比,具有噪声小、受幅射的影响小、热稳定性好而且存在零温度系数工作点等特性。

4) 场效应管的源漏极有时可以互换使用

由于场效应管的结构对称,有时漏极和源极可以互换使用,而各项指标基本上不受影响。因此使用时比较方便、灵活,对于有的绝缘栅场效应管,制造时源极已和衬底连在一起,则源极和漏极不能互换。

5) 场效应管的制造工艺简单,便于大规模集成

每个 MOS 场效应管在硅片上所占的面积只有双极性三极管的 5%,因此集成度更高。

6) MOS 管输入电阻高,栅源极容易被静电击穿

MOS 场效应管的输入电阻可高达 $10^{15}\Omega$,因此,由外界静电感应所产生的电荷不易泄漏。而栅极上的 SiO_2 绝缘层双很薄,这将在栅极上产生很高的电场强度,以致引起绝缘层击穿而损坏管子。

7) 场效应管的跨导较小

组成放大电路时,在相同负载电阻下,电压放大倍数比双极性三极管低。

三极管与场效应管的对比见表 3-21。

表 3-21 三极管与场效应管的对比表

比较项目	三 极 管	场效应管
载流子	两种不同极性的载流子(电子与空穴)同时参与导电,故又称双极型晶体管	只有一种极性的载流子(电子或空穴)参与导电,故又称单极型晶体管

续表

比较项目	三极管	场效应管
控制方式	电流控制	电压控制
类型	NPN 型和 PNP 型	N 沟道和 P 沟道
放大参数	$\beta=20\sim200$	$g_m=1\sim5mA/V$
输入电阻	r_{be} 较小	r_{gs} 很大
输出电阻	r_{ce} 很大	r_{ds} 很大
热稳定性	差	好
制造工艺	较复杂	简单，成本低，便于集成
对应电极	基极 B-栅极 G，发射极 E-源极 G，集电极 C-漏极 D	

2. 场效应管的使用注意事项

（1）为了安全使用场效应管，在线路的设计中不能超过管的耗散功率、最大漏源电压、最大栅源电压和最大电流等参数的极限值。

（2）各类型场效应管在使用时，都要严格按要求的偏置接入电路中，要遵守场效应管偏置的极性。如结型场效应管栅源漏之间是 PN 结，N 沟道管栅极不能加正偏压，P 沟道管栅极不能加负偏压等。

（3）MOS 场效应管由于输入阻抗极高，所以在运输、贮藏中必须将引出脚短路，要用金属屏蔽包装，以防止外来感应电势将栅极击穿。尤其要注意，不能将 MOS 场效应管放入塑料盒子内，保存时最好放在金属盒内，同时也要注意管的防潮。

（4）为了防止场效应管栅极感应击穿，要求一切测试仪器、工作台、电烙铁、线路本身都必须有良好的接地；引脚在焊接时，先焊源极；在连入电路之前，管的全部引线端保持互相短接状态，焊接完后才把短接材料去掉；从元器件架上取下管时，应以适当的方式确保人体接地，如采用接地环等；当然，如果能采用先进的气热型电烙铁，焊接场效应管是比较方便的，并且确保安全；在未关断电源时，绝对不可以把管插入电路或从电路中拔出。以上安全措施在使用场效应管时必须注意。

（5）在安装场效应管时，注意安装的位置要尽量避免靠近发热元件；为了防管件振动，有必要将管壳体紧固起来；引脚引线在弯曲时，应当在大于根部尺寸 5 毫米处进行，以防止弯断引脚和引起漏电等。

对于功率型场效应管，要有良好的散热条件。因为功率型场效应管在高负荷条件下运用，必须设计足够的散热器，确保壳体温度不超过额定值，使器件长期、稳定地工作。

3.1.7 场效应管的检测

1. 结型场效应管的引脚识别

场效应管的栅极相当于三极管的基极，源极和漏极分别对应于三极管的发射极和集电极。将万用表置于 $R\times 1k$ 挡，用两表笔分别测量每两个引脚间的正、反向电阻。当某两个引脚间的正、反向电阻相等，均为数 kΩ 时，则这两个引脚为漏极 D 和源极 S（可互换），余下的一个引脚即为栅极 G。对于有 4 个引脚的结型场效应管，另外一极是屏蔽极（使用中接地）。

2. 判定栅极

用万用表黑表笔碰触管子的一个电极，红表笔分别碰触另外两个电极。若两次测出的阻值都很小，说明均是正向电阻，该管属于 N 沟道场效应管，黑表笔接的也是栅极。

制造工艺决定了场效应管的源极和漏极是对称的，可以互换使用，并不影响电路的正常工作，所以不必加以区分。源极与漏极间的电阻约为几千欧。

注意不能用此法判定绝缘栅型场效应管的栅极。因为这种管子的输入电阻极高，栅源间的极间电容又很小，测量时只要有少量的电荷，就可在极间电容上形成很高的电压，容易将管子损坏。

3. 估测场效应管的放大能力

将万用表拨到 $R\times100$ 挡，红表笔接源极 S，黑表笔接漏极 D，相当于给场效应管加上 1.5V 的电源电压。这时表针指示出的是 D-S 极间电阻值。然后用手指捏栅极 G，将人体的感应电压作为输入信号加到栅极上。由于管子的放大作用，U_{DS} 和 I_D 都将发生变化，也相当于 D-S 极间电阻发生变化，可观察到表针有较大幅度的摆动。如果手捏栅极时表针摆动很小，说明管子的放大能力较弱；若表针不动，说明管子已经损坏。

由于人体感应的 50Hz 交流电压较高，而不同的场效应管用电阻挡测量时的工作点可能不同，因此用手捏栅极时表针可能向右摆动，也可能向左摆动。少数的管子 R_{DS} 减小，使表针向右摆动，多数管子的 R_{DS} 增大，表针向左摆动。无论表针的摆动方向如何，只要能有明显的摆动，就说明管子具有放大能力。

本方法也适用于测 MOS 管。为了保护 MOS 场效应管，必须用手握住螺钉旋具绝缘柄，用金属杆去碰栅极，以防止人体感应电荷直接加到栅极上，将管子损坏。

MOS 管每次测量完毕，G-S 结电容上会充有少量电荷，建立起电压 U_{GS}，再接着测时表针可能不动，此时将 G-S 极间短路一下即可。

3.2 场效应管放大电路

3.2.1 场效应管的微变等效分析

场效应管是非线性元件，工作在交流小信号放大状态时可以把它等效成一个线性电路，如图 3-22 所示。场效应管栅、源之间的输入电阻 r_{gs} 非常大，可把它视为开路。由于在线性放大区场相应管漏极电流 i_d 与输入电压 u_{gs} 成正比，由前所述已知 $i_d=g_m u_{gs}$，因此，输入回路用一个受输入电压 u_{gs} 控制的受控电流源 $g_m u_{gs}$ 来等效。

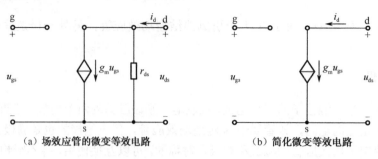

(a) 场效应管的微变等效电路　　　　(b) 简化微变等效电路

图 3-22　场效应管的电路

3.2.2　共源组态基本放大电路

对于采用场效应三极管的共源基本放大电路，可以与共射组态接法的基本放大电路相对应，只不过场效应三极管是电压控制电流源，即 VCCS。共源组态的基本放大电路如图 3-23 所示。与共源和共射放大电路比较，它们只是在偏置电路和受控源的类型上有所不同。只要将微变等效电路画出，就是一个解电路的问题了。

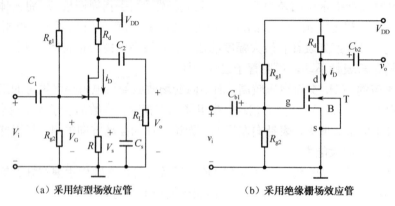

(a) 采用结型场效应管　　　　(b) 采用绝缘栅场效应管

图 3-23　共源组态接法基本放大电路

1. 直流分析

将共源基本放大电路的直流通路画出，如图 3-24 所示。图中 R_{g1}、R_{g2} 是栅极偏置电阻，R_s 是源极电阻，R_d 是漏极负载电阻。与共射基本放大电路的 R_{b1}、R_{b2}、R_e 和 R_c 分别一一对应。而且只要结型场效应管栅源 PN 结反偏工作，无栅流，那么 JFET 和 MOSFET 的直流通路和交流通路是一样的。

根据图 3-24 可写出下列方程：

$$V_G = V_{DD} R_{g2} / (R_{g1} + R_{g2})$$
$$V_{GSQ} = V_G - V_S = V_G - I_{DQ} R_s$$
$$I_{DQ} = I_{DSS} [1 - (V_{GSQ} / V_{GS(off)})]^2$$
$$V_{DSQ} = V_{DD} - I_{DQ} (R_d + R_s)$$

于是可以解出 V_{GSQ}、I_{DQ} 和 V_{DSQ}。

2. 交流分析

画出图 3-23 电路的微变等效电路,如图 3-25 所示。与双极型三极管相比,输入电阻无穷大,相当开路。VCCS 的电流源 $g_m u_{gs}$,还并联了一个输出电阻 r_{ds},在双极型三极管的简化模型中,因输出电阻很大视为开路,在此可暂时保留。其他部分与双极型三极管放大电路情况一样。

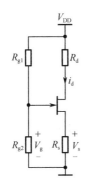

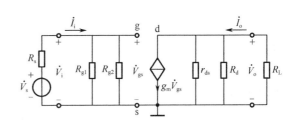

图 3-24 共源基本放大电路的直流通路   图 3-25 共源基本放大电路的微变等效电路

1) 电压放大倍数

输出电压为

$$V_O = -g_m V_{gs}(r_{ds} \| R_d \| R_L)$$

$$A_v = -g_m V_{gs}(r_{ds} \| R_d \| R_L)/V_{gs} = -g_m(r_{ds} \| R_d \| R_L) = -g_m R'_L$$

如果有信号源内阻 R_S 时,

$$A_v = -g_m R'_L \frac{R_i}{R_i + R_s}$$

式中 R_i 是放大电路的输入电阻。

2) 输入电阻

$$R_i = \dot{V}_i / \dot{I}_i = R_{g1} \| R_{g2}$$

3) 输出电阻

为计算放大电路的输出电阻,可按双口网络计算原则将负载电阻 R_L 开路,并想象在输出端加上一个电源 $\dot{V}_o$,将输入电压信号源短路,但保留内阻。然后计算 $\dot{I}_o$,于是:

$$R_o = \dot{V}_o / \dot{I}_o = R_{g1} \| R_{g2}$$

【例】 电路如图 3-26 所示,$V_{DD}=24V$,所用场效应管为 N 沟道耗尽型,其参数 $I_{DSS}=0.9mA$,$U_{GS,off}=-4V$,跨导 $g_m=1.5mA/V$。电路参数 $R_{G1}=200k\Omega$,$R_{G2}=64k\Omega$,$R_G=1M\Omega$,$R_D=R_S=R_L=10k\Omega$。试求:

(1) 静态工作点。
(2) 电压放大倍数。
(3) 输入电阻和输出电阻。

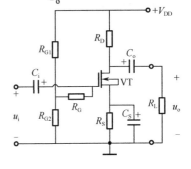

图 3-26 例题图 1

解：

（1）静态工作点的计算

$$U_{GS} = U_G - U_S \approx \frac{R_{G2}}{R_{G1} + R_{G2}} V_{DD} - I_D R_S = \frac{64}{200 + 64} \times 24 - 10 I_D = 5.8 - 10 I_D$$

在 $U_{GS,off} \leq U_{GS} \leq 0$ 时，

$$I_D = I_{DSS} \left(1 - \frac{U_{GS}}{U_{GS,off}}\right)^2 = 0.9 \left(1 - \frac{U_{GS}}{4}\right)^2$$

解上面两个联立方程组，得

$$\begin{cases} I_D = 0.64 \text{mA} \\ U_{GS} = -0.62 \text{V} \end{cases}$$

漏源电压为

$$U_{DS} = V_{DD} - I_D(R_D + R_S) = 24 - 0.64 \times (10 + 10) = 11.2 \text{V}$$

（2）电压放大倍数

$$A_U = \frac{u_o}{u_i} = -g_m(R_D \mathbin{/\mkern-6mu/} R_L) = -1.5 \times (10 \mathbin{/\mkern-6mu/} 10) = -7.5$$

（3）输入电阻和输出电阻

输入电阻

$$r_i = R_G + R_{G1} \mathbin{/\mkern-6mu/} R_{G2} = 1000 + 200 \mathbin{/\mkern-6mu/} 64 = 1.05 \text{M}\Omega$$

输出电阻

$$r_o = r_{ds} \mathbin{/\mkern-6mu/} R_D \approx R_D = 10 \text{k}\Omega$$

【例】 电路如图3-27所示，$V_{DD}=18$V，所用场效应管为N沟道耗尽型，其跨导 $g_m=2$mA/V。电路参数 $R_{G1}=2.2$MΩ，$R_{G2}=51$kΩ，$R_G=10$MΩ，$R_S=2$kΩ，$R_D=33$kΩ。试求：

（1）电压放大倍数。

（2）若接上负载电阻 $R_L=100$kΩ，求电压放大倍数。

（3）输入电阻和输出电阻。

（4）定性说明当源极电阻 R_S 增大时，电压放大倍数、输入电阻、输出电阻是否发生变化？如果有变化，如何变化？

（5）若源极电阻的旁路电容 C_S 开路，接负载时的电压增益下降到原来的百分之几？

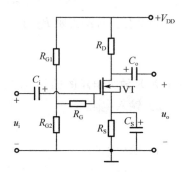

图3-27 例题图2

解：

（1）无负载时，电压放大倍数

$$A_U = \frac{u_o}{u_i} = -g_m R_D = -2 \times 33 = -66$$

（2）有负载时，电压放大倍数为

$$A_U = \frac{u_o}{u_i} = -g_m(R_D \mathbin{/\mkern-6mu/} R_L) = -2 \times (33 \mathbin{/\mkern-6mu/} 100) = -50$$

(3) 输入电阻和输出电阻

输入电阻

$$r_i = R_G + R_{G1} /\!/ R_{G2} = 10 + 2.2 /\!/ 0.051 \approx 10\text{M}\Omega$$

输出电阻

$$r_o = R_D = 33\text{k}\Omega$$

(4) N 沟道耗尽型 FET 的跨导定义为

$$g_m = \left. \frac{\Delta i_D}{\Delta u_{GS}} \right|_{u_{DS}=C}$$

$$i_D = I_{DSS}\left(1 - \frac{U_{GS}}{U_{GS,off}}\right)^2$$

$$g_m = \frac{-2I_{DSS}}{U_{GS,off}}\left(1 - \frac{U_{GS}}{U_{GS,off}}\right) = \frac{2}{U_{GS,off}}\sqrt{I_{DSS} i_D}$$

$$A_U = \frac{u_o}{u_i} = -g_m(R_D /\!/ R_L)$$

当源极电阻 R_S 增大时,有 $R_S\uparrow \Rightarrow U_{GS}\downarrow \Rightarrow I_D\downarrow \Rightarrow g_m\downarrow \Rightarrow |A_U|\downarrow$,所以当源极电阻 R_S 增大时,跨导 g_m 减小,电压增益因此而减小。输入电阻和输出电阻与源极电阻 R_S 无关,因此其变化对输入电阻和输出电阻没有影响。

(5) 若源极电阻的旁路电容 C_S 开路,接负载 R_L 时的电压增益为

$$A'_U = \frac{u_o}{u_i} = \frac{-g_m(R_D /\!/ R_L)}{1 + g_m R_S} = \frac{A_U}{1 + g_m R_S} = \frac{A_U}{1 + 2\times 2} = \frac{A_U}{5}$$

$$\frac{A'_U}{A_U} = 20\%$$

即输出增益下降到原来的 20%。

【例】 电路如图 3-28(a)所示,MOS 管的转移特性如图 3-28(b)所示。试求:

(1) 电路的静态工作点。

(2) 电压增益。

(3) 输入电阻和输出电阻。

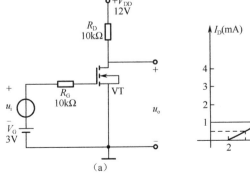
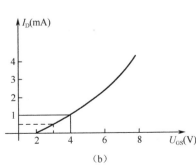

图 3-28 例题图 3

解：

（1）静态工作点的计算。

根据 MOS 管的转移特性曲线，可知当 $U_{GS}=3V$ 时，$I_{DQ}=0.5mA$。

此时 MOS 管的压降为 $U_{DSQ}=V_{DD}-I_{DQ}R_D=12-0.5\times10=7V$

（2）电压增益的计算。

根据 MOS 管的转移特性曲线，$U_{GS,off}=2V$；当 $U_{GS}=4V$ 时，$I_D=1mA$。

根据

$$I_D = I_{DSS}\left(1-\frac{U_{GS}}{U_{GS,off}}\right)^2 = \frac{-2I_{DSS}}{U_{GS,off}}\left(1-\frac{U_{GS}}{U_{GS,off}}\right) = \frac{-2}{U_{GS,off}}\sqrt{I_{DSS}i_D} = \frac{-2}{2}\sqrt{1\times0.5} = -0.707mA$$

解得：$I_{DSS}=1mA$。

由 $g_m = \left.\dfrac{\Delta i_D}{\Delta u_{GS}}\right|_{u_{DS}=C}$ 有，电压增益：

$$A_U = \frac{u_o}{u_i} = -g_m R_D = -0.707\times10 \approx -7.1$$

（3）输入电阻和输出电阻的计算

输入电阻：$r_i=\infty$

输出电阻：$r_o=R_D=10k\Omega$

【例】 电路参数如图 3-29 所示，场效应管的 $U_{GS,off}=-1V$，$I_{DSS}=0.5mA$，r_{ds} 为无穷大。试求：

（1）静态工作点。

（2）电压增益 A_U。

（3）输入电阻和输出电阻。

解：

（1）静态工作点计算。

$$\begin{cases}U_{GSQ} = \dfrac{R_{G2}}{R_{G1}+R_{G2}}U_{DD} - I_{DQ}R_S \\ I_{DQ} = I_{DSS}\left(1-\dfrac{U_{GSQ}}{U_{GS,off}}\right)^2\end{cases}$$

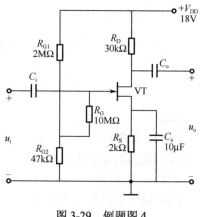

图 3-29 例题图 4

将参数代入，得

$$\begin{cases}U_{GSQ} = \dfrac{0.047}{0.047+2}\times18 - 2\times10^3 I_{DQ} = 0.41 - 2\times10^3 I_{DQ} \\ I_{DQ} = 0.5\times10^3\left(1-\dfrac{-U_{GSQ}}{-1}\right)^2\end{cases}$$

解得 $\begin{cases}I_{DQ}=0.3mA \\ U_{GSQ}=-0.2V\end{cases}$

（2）电压增益 A_U。

本题目电路中，有旁路电容，此时放大电路的电压增益为

$$A_U = \frac{-g_m u_{GS} R_D}{u_{GS}} = -g_m R_D$$

$$g_m = \left.\frac{\partial i_D}{\partial u_{GS}}\right|_{u_{DS}=常数}$$

$$i_D = I_{DSS}\left(1 - \frac{U_{GS}}{U_{GS,off}}\right)^2$$

$$g_m = \frac{-2I_{DSS}}{U_{GS,off}}\left(1 - \frac{U_{GS}}{U_{GS,off}}\right) = \frac{-2}{U_{GS,off}}\sqrt{I_{DSS} i_D} = \frac{-2}{-1}\sqrt{0.5 \times 0.3} = 0.78\text{mS}$$

$$A_U = \frac{-g_m u_{GS} R_D}{u_{GS}} = -g_m R_D = -0.78 \times 30 = -23.4$$

（3）输入电阻和输出电阻的计算

$$r_i = R_G + R_{G1} // R_{G2} = 10\text{M} + 2\text{M} // 47\text{k} \approx 10(\text{M}\Omega)$$

$$r_o = R_D = 30(\text{k}\Omega)$$

3.2.3 共漏组态基本放大电路

共漏组态基本放大电路如图 3-30 所示，其直流工作状态和动态分析如下。

1. 直流分析

将共漏组态接法基本放大电路的直流通路画于图 3-31 之中，于是有

$$V_G = V_{DD} R_{g2}/(R_{g1}+R_{g2})$$
$$V_{GSQ} = V_G - V_S = V_G - I_{DQ} R$$
$$I_{DQ} = I_{DSS}[1-(V_{GSQ}/V_{GSoff})]^2$$
$$V_{DSQ} = V_{DD} - I_{DQ} R$$

由此可以解出 V_{GSQ}、I_{DQ} 和 V_{DSQ}。

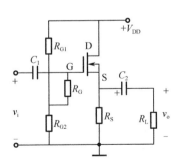

图 3-30 共漏组态放大电路

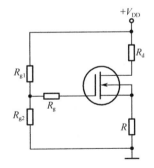

图 3-31 共漏放大电路的直流通路

2. 交流分析

将图 3-30 所示的 CD 放大电路的微变等效电路画出，如图 3-32 所示。

1) 电压放大倍数

由图 3-32 可知：

$$A_u = \frac{u_o}{u_i} = \frac{g_m u_{gs}(R_S // R_L)}{u_{gs} + g_m u_{gs}(R_S // R_L)} = \frac{g_m R'_L}{1 + g_m R'_L} < 1$$

式中 $R'_L = r_{ds} \| R \| R_L \approx R // R_L$。

A_u 为正，表示输入与输出同相，当 $g_m R'_L \gg 1$ 时，$A_u \approx 1$。

比较共源和共漏组态放大电路的电压放大倍数公式，分子都是 $g_m R'_L$，分母对共源放大电路是 1，对共漏放大电路是 $(1 + g_m R'_L)$。

2) 输入电阻

$$R_i = R_g + (R_{g1} + R_{g2})$$

3) 输出电阻

计算输出电阻的原则与其他组态相同，将图 3-32 改画为图 3-33。

$$R_o = \frac{u_o}{i_o} = \frac{u_o}{\dfrac{u_o}{R_S} - g_m u_{gs}} = \frac{u_o}{\dfrac{u_o}{R_S} - g_m u_{ds}} = \frac{u_o}{\dfrac{u_o}{R_S} + g_m u_o} = R_S // \frac{1}{g_m}$$

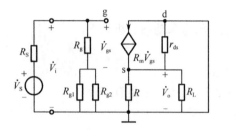

图 3-32 共漏放大电路的微变等效电路

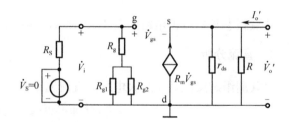

图 3-33 求输出电阻的微变等效电路

3.2.4 共栅组态基本放大电路

共栅组态放大电路如图 3-34 所示，其微变等效电路如图 3-35 所示。

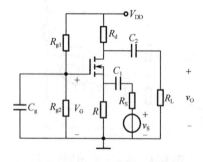

图 3-34 共栅组态放大电路

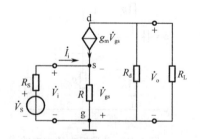

图 3-35 共栅放大电路微变等效电路

1. 直流分析

与共源组态放大电路相同。

2. 交流分析

1）电压放大倍数

$$A_u = \frac{u_o}{u_i} = \frac{-g_m u_{gs}(R_d /\!/ R_L)}{-u_{gs}} = g_m(R_d \| R_L) = g_m R'_L$$

2）输入电阻

$$R_i = \frac{u_i}{i_i} = \frac{-u_{gs}}{-\dfrac{u_{gs}}{R} - g_m u_{gs}} = \frac{1}{\dfrac{1}{R} + g_m} = R \| \frac{1}{g_m}$$

3）输出电阻

$$R_o \approx R_d$$

3.2.5 三种接法基本放大电路的比较

三种基本放大电路的比较见表 3-22。

表 3-22 基本放大电路动态参数的比较

动态参数	类型	公式	类型	公式
电压放大倍数	共发射极	$A_u = \dfrac{-\beta R'_L}{r_{be}}$	共源极	$A_v = -g_m R'_L$
	共集电极	$A_u = \dfrac{\beta R'_L}{r_{be} + (1+\beta)R'}$	共漏极	$A_v = \dfrac{g_m R'_L}{1 + g_m R'_L}$
	共基极	$A_u = \dfrac{\beta R'_L}{r_{be}}$	共栅极	$A_v = g_m R'_L$
输入电阻 R_i	共发射极	$R_b \| r_{be}$	共源极	$R_{g1} /\!/ R_{g2}$
	共集电极	$R_b \| [r_{be} + (1+\beta)R_E]$	共漏极	$R_g + (R_{g1}/\!/R_{g2})$
	共基极	$R_e \| [r_{be}/(1+\beta)]$	共栅极	$R/\!/(1/g_m)$
输出电阻 R_o	共发射极	R_c	共源极	$r_{ds}/\!/R_d$
	共集电极	$R_e \| \dfrac{r_{be} + R_b \| R_s}{1+\beta}$	共漏极	$R/\!/(1/g_m)$
	共基极	R_c	共栅极	R_d

3.3 习题

1. 填空题

1）场效应管分类从结构上可分为_____型和_____型，从半导体导电沟道类型上可分为_____沟道和_____沟道，从有无原始导电沟道上可分为_____型和_____型。

2）场效应管三个电极 D、G 和 S 分别称为_____极、_____极和_____极，相当于三极管的_____极、_____极和_____极。

3）结型场效应管输入电阻约_____Ω，MOS 型场效应管输出电阻可达_____Ω。

4）场效应管与三极管相比，主要特点是_____大大高于三极管，_____稳定性比三极管好。

5）场效应管构成的三种基本放大电路类型是_____、_____、_____。

6）完成场效应管比较表（表3-23）。

表3-23 比较表

结构种类	工作方式	符号	电压极性			转移特性	输出特性
			$U_{GS(off)}$或$U_{GS(on)}$	u_{GS}	u_{DS}		
结型 N 沟道							
结型 P 沟道							
绝缘栅 N 沟道							
绝缘栅 P 沟道							

2. 选择题

1）三极管属____控制型器件，场效应管属____控制型器件。
（A．电压　B．电流　C．正偏　D．反偏）

2）三极管与导电的载流子情况是____，场效应管参与导电的载流子情况是____。
（A．多数载流子和少数载流子均参与　B．多数载流子参与，少数载流子不参与　C．多数载流子不参与，少数载流子参与　D．两种载流子均不参与，是离子参与导电）

3. 综合题

1）画出下列元件的电气符号并标识出引脚名称（图3-36）。

图3-36

2）简述用万用表检测场效应管的方法。

3）已知放大电路中一只 N 沟道场效应管三个极①、②、③的电位分别为 4V、8V、12V，管子工作在恒流区。试判断它可能是哪种管子（结型管、MOS 管、增强型、耗尽型），并画图说明①、②、③与 G、S、D 的对应关系。

4）JFET 型号为 2N5457，I_{DSS}=3mA，$V_{GS(off)}$=-6V（最大值），$g_{m0}=y_{fs}$=5000μS（最大值），计算当 V_{GS}=0，V_{GS}=-1V，V_{GS}=-5V 时的 I_D 和正向电导。

5）已知 V_{DD}=+12V，R_1=2MΩ，R_2=2MΩ，R_D=680Ω，R_S=2kΩ，JFET 的型号为 2N5457，画出直流负载线并估计一下静态工作点。

6）已知有某 D-MOSFET 的 I_{DSS}=12mA，$V_{GS(off)}$=-8V，计算当 V_{GS}=+2V，V_{GS}=-5V 时的 I_D。

7）2N7008 型 E-MOSFET 的 $I_{D(on)}$=500mA，$V_{GS@ID(on)}$=10V，$V_{GS(th)}$=2.5V，计算当 V_{GS}=5V

时 2N7008 型 E-MOSFET 的 D 极电流 I_D。

8）如图 3-37 所示，$V_{DD}=20V$，$R_G=10MΩ$，$R_D=560Ω$，D-MOSFET 的 $V_{GS(off)}=-8V$，$I_{DSS}=10mA$，计算 D-S 极之间电压 V_{DS}。

9）如图 3-38 所示，$V_{DD}=20V$，$R_1=100kΩ$，$R_2=20kΩ$，$R_D=200Ω$，E-MOSFET 的 $I_{D(on)}=400mA$，$V_{GS@ID(on)}=6V$，$V_{GS(th)}=2V$，计算 V_{GS} 和 V_{DS}。

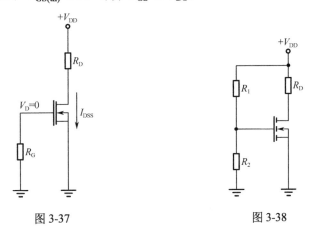

图 3-37   图 3-38

10）分析图 3-39 所示电路的控制方式与原理。

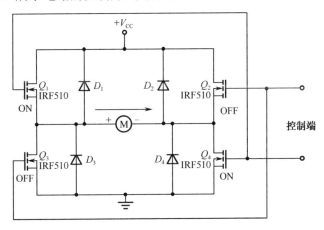

图 3-39

11）填写 FET 放大偏置时 v_{GS} 与 v_{DS} 应满足的关系（表 3-24）。

表 3-24

	极 性	放大区条件
V_{DS}	N 沟道管：（ ）	V_{DS}（ ）$V_{GS}-V_P$（或 V_T）（ ）0
	P 沟道管：（ ）	V_{DS}（ ）$V_{GS}-V_P$（或 V_T）（ ）0
V_{GS}	结型管：（ ）	N 沟道管：V_{GS}（ ）V_P（或 V_T）
	增强型 MOS 管：（ ）	
	耗尽型 MOS 管：（ ）	P 沟道管：V_{GS}（ ）V_P（或 V_T）

12）完成表 3-25：FET 基本组态放大器小结。

表 3-25

	CS 组态	CD 组态	CG 组态
简化交流通路			
A_V			
R'_i			
R'_o			
A_I			
类似			

项目四

工业机器人巡线传感器信号处理模块

在一些自动化的工业现场需要工业机器人沿着预定的路线行走,通过对铺设在地面上的线路的识别和检测来引导机器人按预定路线行走。通过由发光二极管和光敏电阻检测地面线条反射回来的光照强度来判断机器人是否走偏和处于预设线路的什么位置,从而进一步对机器人的行驶轨迹进行调整。本项目将对由 8 路光敏电阻和发光二极管组成的线路检测信号进行处理并发送给处理器,从而对机器人进行进一步控制。

 项目学习目标

- ❖ 能认识项目中元器件的符号。
- ❖ 能认识、检测及选用元器件。
- ❖ 能查阅元器件手册并根据手册进行元器件的选择和应用。
- ❖ 能分析电路的原理和工作过程。
- ❖ 能对巡线传感器信号处理模块电路进行仿真分析和验证。
- ❖ 能制作和调试巡线传感器信号处理模块电路。
- ❖ 能文明操作、遵守实验实训室管理规定。
- ❖ 能与其他学生团结协作完成技术文档并进行项目汇报。

 项目任务分析

- ❖ 通过学习和查阅相关元器件的技术手册进行元器件的检测,完成项目元器件检测报告。
- ❖ 通过对相关专业知识的学习,分析项目电路工作原理,完成项目任务书1。
- ❖ 在 Multisim 中进行项目的仿真分析和验证,完成项目任务书2。
- ❖ 按照安装工艺的要求并结合任务 3 报告进行项目装配,装配完成对本项目进行调试,并完成调试报告。
- ❖ 撰写制作调试报告。
- ❖ 对项目完成进行展示汇报,并对其他组学生的作品进行互评,完成项目评价表。

 项目总电路图

该项目的电路共由 3 部分组成,分别是发光二极管发射电路(图 4-1)、光敏电阻接收电路(图 4-2)、信号处理电路(图 4-3)。

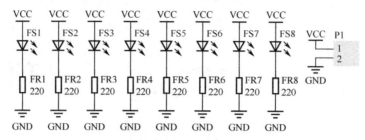

图 4-1 发光二极管发射电路

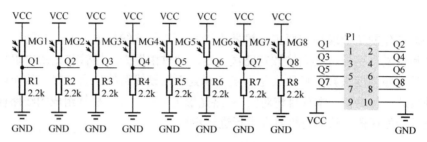

图 4-2 光敏电阻接收电路

项目任务分配表（表 4-1）

表 4-1 项目任务分配表

项目任务	子任务		课时
任务 1 巡线传感器信号处理模块工作原理分析	子任务 1	认知电路中的元器件	1
	子任务 2	电路原理认知学习	3
	子任务 3	巡线传感器信号处理模块电路仿真分析与验证	2
任务 2 巡线传感器信号处理电路元器件的识别与检测	子任务 1	电阻类元件、电位器、电容、稳压管、发光二极管的识别与检测	1
	子任务 2	LM324 的识别与检测	1
	子任务 3	74HC14 的识别与检测	1
任务 3 巡线传感器信号处理模块电路的装配与调试	子任务 1	电路元器件的装配与布局	2
	子任务 2	制作 8 路巡线传感器信号处理电路模块	4
	子任务 3	调试 8 路巡线传感器信号处理电路	2
任务 4 项目汇报与评价	子任务 1	汇报制作调试过程	1
	子任务 2	对其他人作品进行客观评价	1
	子任务 3	撰写技术文档	1

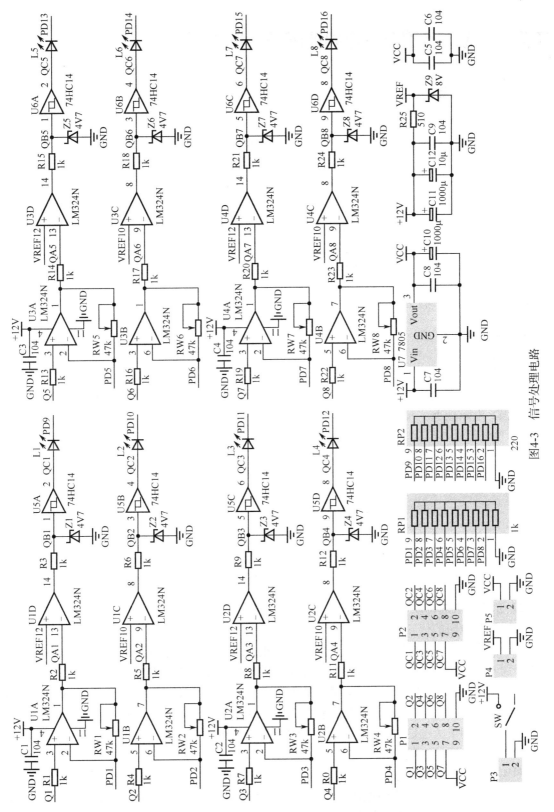

图4-3 信号处理电路

任务1 巡线传感器信号处理模块工作原理分析

 学习目标

（1）能认识常用的元器件符号。
（2）能分析巡线传感器信号处理模块电路的组成及工作过程。
（3）能对巡线传感器信号处理模块进行仿真。

工作内容

（1）认识光敏电阻、集成运算放大器等元器件的符号。
（2）对组成模块的电路进行分析和参数计算。
（3）对巡线传感器信号处理模块电路进行仿真分析 。

子任务1 认知电路中的元器件

【元器件知识】

1．光敏电阻

光敏电阻器是利用半导体的光电效应制成的一种电阻值随入射光的强弱而改变的电阻器；入射光强，电阻减小，入射光弱，电阻增大。

1）电气符号与形状

光敏电阻的电气符号和外形如图4-4所示。

（a）电气符号　　　　　　　　　（b）外形

图4-4 光敏电阻

2）光敏电阻的特性

（1）光敏电阻的伏安特性

在一定照度下，加在光敏电阻两端的电压与电流之间的关系称为伏安特性。图4-5中曲线1、2分别表示照度为零及照度为某值时的伏安特性。由曲线可知，在给定偏压下，光照度较大，光电流也越大。在一定的光照度下，所加的电压越大，光电流越大，而且无饱和现象。但是电压不能无限地增大，因为任何光敏电阻都受额定功率、最高工作电压和额定电流的限制。超过最高工作电压和最大额定电流，可能导致光敏电阻永久性损坏。

（2）光敏电阻的光照特性

图4-6表示光敏电阻的光照特性，即在一定外加电压下，光敏电阻的光电流和光通量之间的关系。不同类型光敏电阻光照特性不同，但光照特性曲线均呈非线性。因此它不宜作为定量检测元件，这是光敏电阻的不足之处，一般在自动控制系统中用做光电开关。

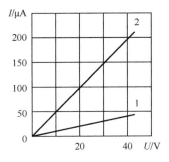
图4-5 光敏电阻的伏安特性

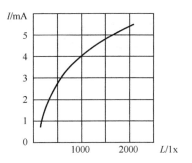
图4-6 光敏电阻的光照特性

（3）光敏电阻的光谱特性

光谱特性与光敏电阻的材料有关。从图4-7中可知，硫化铅光敏电阻在较宽的光谱范围内均有较高的灵敏度，峰值在红外区域；硫化镉、硒化镉的峰值在可见光区域。因此，在选用光敏电阻时，应把光敏电阻的材料和光源的种类结合起来考虑，才能获得满意的效果。

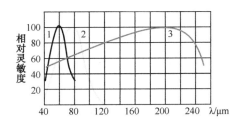
图4-7 光敏电阻的光谱特性

（4）光敏电阻的频率特性

当光敏电阻受到脉冲光照射时，光电流要经过一段时间才能达到稳定值，而在停止光照后，光电流也不立刻为零，这就是光敏电阻的时延特性。由于不同材料的光敏电阻时延特性不同，所以它们的频率特性也不同，如图4-8所示。硫化铅的使用频率比硫化镉高得多，但多数光敏电阻的时延都比较大，所以，它不能用在要求快速响应的场合。

（5）光敏电阻的稳定性

图4-9中曲线1、2分别表示两种型号光敏电阻的稳定性。初制成的光敏电阻，由于体内机构工作不稳定，以及电阻体与其介质的作用还没有达到平衡，所以性能是不够稳定的。但在人为加温、光照及加负载情况下，经一至两周的老化，性能可达稳定。光敏电阻在开始一段时间的老化过程中，有些样品阻值上升，有些样品阻值下降，但最后达到一个稳定值后就不再变了。这就是光敏电阻的主要优点。光敏电阻的使用寿命在密封良好、使用合理的情况下，几乎是无限长的。

（6）光敏电阻的温度特性

光敏电阻性能（灵敏度、暗电阻）受温度的影响较大。随着温度的升高，其暗电阻和灵敏度下降，光谱特性曲线的峰值向波长短的方向移动。硫化镉的光电流I和温度T的关系如图4-10所示。有时为了提高灵敏度，或为了能够接收较长波段的辐射，将元件降温使用。例如，可利用制冷器使光敏电阻的温度降低。

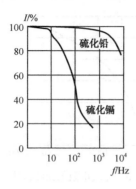

图 4-8　光敏电阻的频率特性

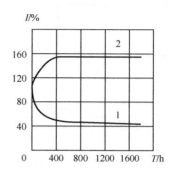

图 4-9　光敏电阻的稳定性

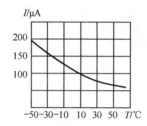

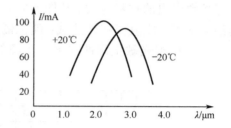

图 4-10　光敏电阻的温度特性

3）光敏电阻的主要参数

光敏电阻的主要参数有亮电阻（R_L）、暗电阻（R_D）、最高工作电压（V_M）、亮电流（I_L）、暗电流（I_D）、时间常数、温度系数、灵敏度等。

- 亮电阻（R_L）：亮电阻是指光敏电阻器受到光照射时的电阻值。
- 暗电阻（R_D）：暗电阻是指光敏电阻器在无光照射（黑暗环境）时的电阻值。
- 最高工作电压（V_M）：最高工作电压是指光敏电阻器在额定功率下所允许承受的最高电压。
- 亮电流（I_L）：光敏电阻器在规定的外加电压下受到光照时所通过的电流。
- 暗电流（I_D）：暗电流是指在无光照射时，光敏电阻器在规定的外加电压下通过的电流。亮电流与暗电流之差称为光电流。
- 时间常数：时间常数是指光敏电阻器从光照跃变开始到稳定亮电流的 63%时所需的时间。
- 温度系数：温度系数是指光敏电阻器在环境温度改变 1℃时，其电阻值的相对变化。
- 灵敏度：灵敏度是指光敏电阻器在有光照射和无光照射时电阻值的相对变化。

常用的光敏电阻器有 MG41～MG45 系列，主要参数见表 4-2。

4）光敏电阻的检测方法

（1）用一黑纸片将光敏电阻的透光窗口遮住，此时万用表的指针基本保持不动，阻值接近无穷大。此值越大说明光敏电阻性能越好。若此值很小或接近为零，说明光敏电阻已烧穿损坏，不能再继续使用。

（2）将一光源对准光敏电阻的透光窗口，此时万用表的指针应有较大幅度的摆动，阻值明显减小，此值越小说明光敏电阻性能越好。若此值很大甚至无穷大，表明光敏电阻内部开路损坏，也不能再继续使用。

表 4-2 常用光敏电阻参数

规格	型号	最大电压（V）	最大功耗（mW）	环境温度（℃）	光谱峰值（nm）	亮电阻（10Lux）（kΩ）	暗电阻（MΩ）	响应时间 ms 上升	响应时间 ms 下降
Φ3 系列	GL3516	100	50	−30～+70	540	5-10	0.6	30	30
	GL3526	100	50	−30～+70	540	10-20	1	30	30
	GL3537-1	100	50	−30～+70	540	20-30	2	30	30
	GL3537-2	100	50	−30～+70	540	30-50	3	30	30
	GL3547-1	100	50	−30～+70	540	50-100	5	30	30
	GL3547-2	100	50	−30～+70	540	100-200	10	30	30
Φ4 系列	GL4516	150	50	−30～+70	540	5-10	0.6	30	30
	GL4526	150	50	−30～+70	540	10-20	1	30	30
	GL4537-1	150	50	−30～+70	540	20-30	2	30	30
	GL4527-2	150	50	−30～+70	540	30-50	3	30	30
	GL4548-1	150	50	−30～+70	540	50-100	5	30	30
	GL4548-2	150	50	−30～+70	540	100-200	10	30	30
Φ5 系列	GL5516	150	90	−30～+70	540	5-10	0.5	30	30
	GL5528	150	100	−30～+70	540	10-20	1	20	30
	GL5537-1	150	100	−30～+70	540	20-30	2	20	30
	GL5537-2	150	100	−30～+70	540	30-50	3	20	30
	GL5539	150	100	−30～+70	540	50-100	5	20	30
	GL5549	150	100	−30～+70	540	100-200	10	20	30
	GL5606	150	100	−30～+70	560	4-7	0.5	30	30
	GL5616	150	100	−30～+70	560	5-10	0.8	20	30
	GL5626	150	100	−30～+70	560	10-20	2	20	30
	GL5637-1	150	100	−30～+70	560	20-30	3	20	30
	GL5637-2	150	100	−30～+70	560	30-50	4	20	30
	GL5639	150	100	−30～+70	560	50-100	8	20	30
	GL5649	150	100	−30～+70	560	100-200	15	20	30
Φ7 系列	GL7516	150	100	−30～+70	540	5-10	0.5	30	30
	GL7528	150	100	−30～+70	540	10-20	1	30	30
	GL7537-1	150	150	−30～+70	560	20-30	2	30	30
	GL7537-2	150	150	−30～+70	560	30-50	4	30	30
	GL7539	150	150	−30～+70	560	50-100	8	30	30
Φ10 系列	GL10516	200	150	−30～+70	560	5-10	1	30	30
	GL10528	200	150	−30～+70	560	10-20	2	30	30

续表

规格	型号	最大电压（V）	最大功耗（mW）	环境温度（℃）	光谱峰值（nm）	亮电阻（10Lux）（kΩ）	暗电阻（MΩ）	响应时间 ms 上升	响应时间 ms 下降
Φ10系列	GL10537-1	200	150	−30～+70	560	20-30	3	30	30
	GL10537-2	200	150	−30～+70	560	30-50	5	30	30
	GL10539	250	200	−30～+70	560	50-100	8	30	30
Φ12系列	GL12516	250	200	−30～+70	560	5-10	1	30	30
	GL12528	250	200	−30～+70	560	10-20	2	30	30
	GL12537-1	250	200	−30～+70	560	20-30	3	30	30
	GL12537-2	250	200	−30～+70	560	30-50	5	30	30
	GL12539	250	200	−30～+70	560	50-100	8	30	30
Φ20系列	GL20516	500	500	−30～+70	560	5-10	1	30	30
	GL20528	500	500	−30～+70	560	10-20	2	30	30
	GL20537-1	500	500	−30～+70	560	20-30	3	30	30
	GL20537-2	500	500	−30～+70	560	30-50	5	30	30
	GL20539	500	500	−30～+70	560	50-100	8	30	30

（3）将光敏电阻透光窗口对准入射光线，用小黑纸片在光敏电阻的遮光窗上部晃动，使其间断受光，此时万用表指针应随黑纸片的晃动而左右摆动。如果万用表指针始终停在某一位置不随纸片晃动而摆动，说明光敏电阻的光敏材料已经损坏。

5）主要应用电路

光敏电阻可广泛应用于各种光控电路，如对灯光的控制、调节等场合，也可用于光控开关，下面给出几个典型应用电路。

（1）本项目中的应用

本项目中光敏电阻 MG1 接收地面所铺线条反射光的照射，当线条反射比较强烈时（比如白色线条）光敏电阻阻值比较小，通过分压电路反映出其输出 Q1 电压比较高，反之当线条反射比较弱时（比如绿色线条）光敏电阻阻值比较大，输出电压 Q1 比较高。其电路原理图如图 4-11 所示。

（2）光敏电阻调光电路

图 4-12 是一种典型的光控调光电路，其工作原理是：当周围光线变弱时引起光敏电阻 R_G 的阻值增加，使加在电容 C 上的分压上升，进而使可控硅的导通角增大，达到增大照明灯两端电压的目的。反之，若周围的光线变亮，则 R_G 的阻值下降，导致可控硅的导通角变小，照明灯两端电压也同时下降，使灯光变暗，从而实现对灯光照度的控制。

注意：上述电路中整流桥给出的是必须是直流脉动电压，不能将其用电容滤波变成平滑直流电压，否则电路将无法正常工作。原因在于直流脉动电压既能给可控硅提供过零关断的基本条件，又可使电容 C 的充电在每个半周从零开始，准确完成对可控硅的同步移相触发。

项目四 工业机器人巡线传感器信号处理模块

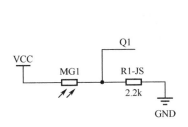

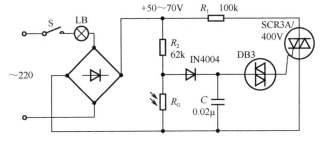

图 4-11 机器人巡线检测电路原理图　　　　图 4-12 光控调光电路

（3）光敏电阻式光控开关

以光敏电阻为核心元件的带继电器控制输出的光控开关电路有许多形式，如自锁亮激发、暗激发、精密亮激发、暗激发等，下面给出几种典型电路。

图 4-13 是一种简单的暗激发继电器开关电路。其工作原理是：当照度下降到设置值时由于光敏电阻阻值上升激发 VT_1 导通，VT_2 的激励电流使继电器工作，常开触点闭合，常闭触点断开，实现对外电路的控制。

图 4-14 是一种精密的暗激发时滞继电器开关电路。其工作原理是：当照度下降到设置值时由于光敏电阻阻值上升使运放 IC 的反相端电位升高，其输出激发 VT 导通，VT 的激励电流使继电器工作，常开触点闭合，常闭触点断开，实现对外电路的控制。

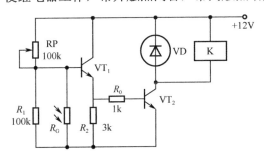

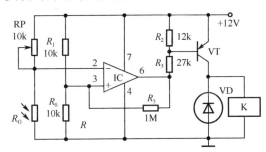

图 4-13 简单的暗激发光控开关　　　　图 4-14 精密的暗激发光控开关

2. 集成运算放大器（LM324）

1）电气符号与封装

LM324 是带有差动输入和内部频率补偿的高增益四运算放大器，LM324N 采用 DIP14 塑料封装，其封装如图 4-15（a）所示。其应用领域包括传感器放大器、直流增益模块和所有传统的运算放大器可以更容易地在单电源系统中实现的电路。与单电源应用场合的标准运算放大器相比，该四运算放大器可以工作在低到 3.0 伏或者高到 32 伏的电源下，静态电流低。共模输入范围包括负电源，因而消除了在许多应用场合中采用外部偏置元件的必要性。每一组运算放大器可用图 4-15（b）所示的符号来表示，它有 5 个引出脚，其中"+"、"-"为两个信号输入端，"V+"、"V-"为正、负电源端，"Vo"为输出端。两个信号输入端中，V_{i-}（-）为反相输入端，表示运放输出端 Vo 的信号与该输入端的相位相反；V_{i+}（+）为同相输入端，表示运放输出端 Vo 的信号与该输入端的相位相同。LM324 的引脚排列和内部结构如图 4-15（c）所示。

157

 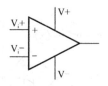 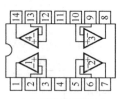

（a）封装　　　　　（b）运算放大器符号　　　　（c）引脚排列图

图 4-15　LM324

2）LM324 的参数描述

运放类型：低功率，高增益频率补偿。

放大器数目：4。

带宽：1.2MHz。

3dB 带宽增益乘积：1.2MHz。

摆率：0.5V/μs。

增益带宽：1.2MHz。

电源电压：单电源 3～32V，双电源±（1.5～15V）。

封装类型：DIP14。

工作温度范围：0～+70℃。

3）LM324N 的特点

内部频率补偿。

直流电压增益高（约 100dB）。

单位增益频带宽（约 1MHz）。

电源电压范围宽：单电源（3～32V），双电源（1.5V～16V）。

低功耗电流，适合于电池供电。

低输入偏置电流：45nA。

低输入失调电压为 2mV，低输入失调电流为 5nA。

共模输入电压范围宽。

差模输入电压范围宽，等于电源电压范围。

输出电压摆幅大（0 至 V_{CC}-1.5V）。

3. 施密特触发器（74HC14）

1）电气符号与封装

74HC14 是一款高速 CMOS 器件，引脚兼容低功耗肖特基 TTL（LSTTL）系列。74HC14 实现了 6 路施密特触发反相器，可将缓慢变化的输入信号转换成清晰、无抖动的输出信号。其封装与引脚排列如图 4-16（a）、（b）所示，电气符号如图 4-16（c）所示。

2）74HC14 的参数描述

典型电源电压：5.0V。

正向输入阈值电压：VT+=1.6V。

（a）封装

（b）引脚分布图

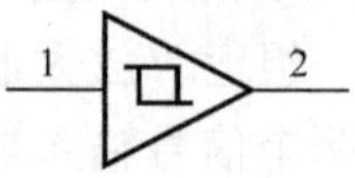

（c）电气符号

图 4-16　74HC14

负向输入阈值电压：VT_=0.8V。

驱动电流：+/-5.2mA。

传输延迟：12ns，5V。

逻辑电平：CMOS。

封装类型：DIP14。

3）74HC14 的特点

应用：波形、脉冲整形器,非稳态多谐振荡器,单稳多谐振荡器。

兼容 JEDEC 标准 no.8-1A。

ESD 保护：

HBM EIA/JESD22-A114-A 超过 2000V。

MM EIA/JESD22-A115-A 超过 200V。

温度范围：-40～+85℃和-40～+125℃。

练一练：请根据对元器件知识的学习并查阅相关手册和资料，完成项目任务书1。

项目任务书 1　巡线传感器信号处理模块电路元器件认知

（1）请在表4-3中写出元件符号名称、电气特性、参数和主要作用，并在元件符号上标出元件的引脚名称或极性。

表 4-3　元器件认知表

元 件 符 号	元 件 名 称	编号与参数	主 要 作 用	电 气 特 性
 （光敏电阻符号）				
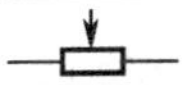 （可变电阻符号）				
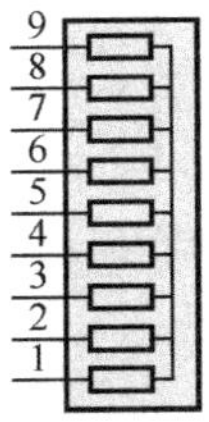 （9脚排阻/拨码开关符号）				
 （二极管符号）				
 （发光二极管符号）				
 （二极管符号）				
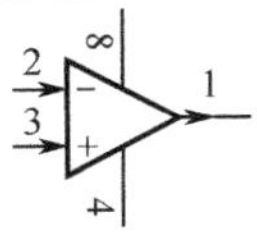 （运算放大器符号 引脚2,3,1,4,8）				
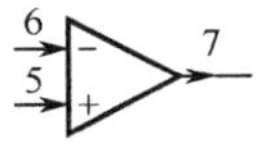 （运算放大器符号 引脚6,5,7）				

元件符号	元件名称	编号与参数	主要作用	电气特性
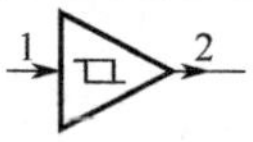 (三角形放大器符号，引脚1、2)				
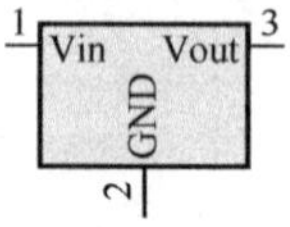 (三端稳压器符号 Vin/Vout/GND，引脚1、3、2)				

(2) 请画出 LM324 的引脚分布与内部结构图。

(3) 请画出 74HC14 的引脚分布与内部结构图。

子任务 2　电路原理认知学习

1. 巡线传感器信号处理模块电路电路的组成

如图 4-17 所示为巡线传感器单路信号处理电路原理图，从图中我们可以看出该模块包括发光二极管发射电路、光敏接收电路、信号放大电路、比较电路、施密特反相器电路，另外整个模块还包括电源模块电路。其中 LM324 是整个电路的核心，它将光敏电阻转换出来的电压信号进行放大然后和参考电压进行比较，从而判断当前的光敏电阻是否处于地面上铺设的线路上，判断出后送入施密特反相器驱动 LED 指示并送入后续处理电路。下面将几部分电路进行分析。

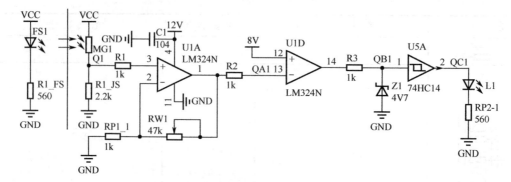

图 4-17　巡线传感器单路信号处理电路原理图

1) 发光二极管发射电路

发光二极管发射电路安装在机器人的底盘下面，用来发光照射到地面，通过地面铺设线条使光线照射到光敏电阻上。图 4-18 中的 R1-FS 为发光二极管 FS1 的限流电阻，该电阻决定流过发光二极管的电流大小，其计算公式为

R1_FS= $\dfrac{V_{CC}-V_F}{I_F}$，其中 V_F 为发光二极管发光时的正向压降，I_F 为流过发光二极管的正向平均电流。

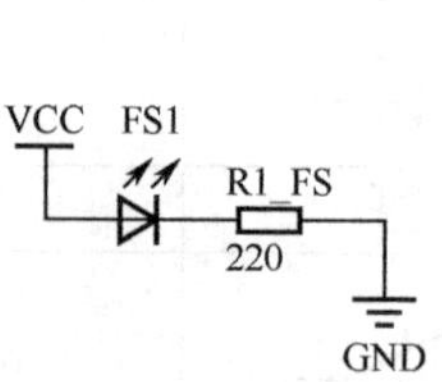

图 4-18　发光二极管发射电路

2) 光敏接收电路

光敏接收电路与发光二极管发光电路平行相对地安装在机器人底盘下面，其原理如图

4-19 所示，将由发光二极管照射地面反射回来的光线强度转换为电阻的变化，再经过分压电路将电阻的变化转换为电压的变化，当地面上的线反射比较强时，光敏电阻 MG1 阻值比较小，此时分压电路的输出电压 U_{Q1} 比较高，反之 U_Q 比较低，然后将此信号送后续电路进行处理。

图 4-19 光敏接收电路原理图

U_{Q1} 的计算公式为 U_{Q1} =R1_JS×V_{CC}/（MG1+R1_JS）。

3）信号放大电路

由光敏接收电路输出的信号比较微弱，需要进行放大以进行进一步处理，将此信号输入由 LM324 构成的同相比例放大器（RP1_1 和 RW1 为反馈电阻，通过调整 RW1 可以调整放大倍数）进行放大，原理图如图 4-20 所示，经放大后输出信号为 U_{QA}，U_{QA} 的计算公式为

$$U_{QA1} = \left(1 + \frac{RW1}{RP1}\right)U_{Q1}$$
$$= \left(1 + \frac{0\sim 47k}{1k}\right)U_{Q1}$$
$$= (1\sim 48)U_{Q1}$$

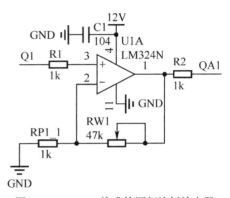

4）比较电路

信号经过一级放大后送入由 LM324 构成的比较

图 4-20 LM324 构成的同相比例放大器

器电路，原理图如图 4-21 所示，与参考电压进行比较以判断该组传感器是否处于所铺设的线路上，如果传感器处在铺设的反射能力比较强的线（比如白色）上，则 U_{Q1} 比较高，经放大后 U_{QA1} 也比较高，而且高于参考电压，此时比较器的输出端 U_{QB1} 输出低电平；反之，如果传感器处于反射能力比较差的线（比如绿色、黑色）上，则 U_{Q1} 比较低，经放大后 U_{QA1} 也比较低，而且低于参考电压，此时比较器的输出端 U_{QB1} 输出高电平。

5）施密特反相器电路

为了提高放大器输出信号的抗干扰能力，将放大器的输出信号送入施密特反相器 74HC14，74HC14 将 LM324 构成的比较器输出信号 U_{QB1} 进行反向并送入后续处理电路，如图 4-22 所示，同时驱动发光二极管 L1 进行指示。如上面的分析，如果传感器处于白线上，U_{QB1} 输出低电平，经 74HC14 反向后 U_{QC1} 为高电平，此时所接的 L1 亮；反之如果传感器处于黑线上，U_{QB1} 输出高电平，经 74HC14 反向后 U_{QC1} 为低电平，此时所接的 L1 不亮。

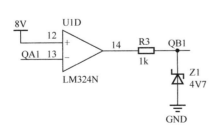

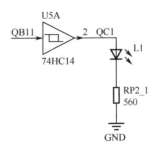

图 4-21 比较器电路

图 4-22 施密特反相器电路

2. 巡线传感器信号处理电路的工作过程

通过上面的分析，如果在机器人的底盘上并排地装上多路传感器，则可根据每路传感器的状态来判断当前机器人处于所铺设线路的什么位置，从而可以对机器人的位置和行进路线进行进一步的调整，巡线传感器信号处理电路的工作工程如下。

1）传感器处于反射比较强的线上（比如白色）

光敏电阻接收到的光线比较强，光敏电阻 MG 阻值比较小，分压电路的输出电压 U_Q 比较高，经过 LM324 构成的同相比例放大的输出信号 U_{QA} 比较大，U_{QA} 大于参考电压，则由 LM324 构成的比较器输出端 U_{QB} 输出低电平，U_{QB} 经过施密特反相器使 U_{QC} 输出高电平，此高电平使发光二极管亮，同时传送给后续电路。

2）传感器处于反射比较弱的线上（比如黑色、绿色）

光敏电阻接收到的光线比较弱，光敏电阻 MG 阻值比较大，分压电路的输出电压 U_Q 比较低，经过 LM324 构成的同相比例放大的输出信号 U_{QA} 比较小，U_{QA} 小于参考电压，则由 LM324 构成的比较器输出端 U_{QB} 输出高电平，U_{QB} 经过施密特反相器使 U_{QC} 输出低电平，此低电平使发光二极管熄灭，同时传送给后续电路。

子任务3　巡线传感器信号处理电路项目仿真分析与验证

1. 电路图绘制

在 Multisim 中完成如图 4-23 所示的单路巡线传感器信号处理电路的仿真电路，接收电路中的光敏电阻用 1MΩ 电位器代替。

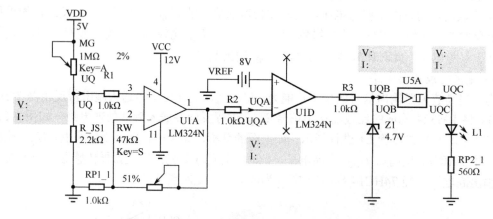

图 4-23　单路巡线传感器信号处理电路仿真电路图

2. 仿真记录

通过调整电位器 MG 和 RW 对仿真结果进行记录并完成表 4-4。

3. 分析验证

（1）通过对表 4-4 的分析，请说明 RW 在电路中的作用和对电路的影响，在实际的调试过程中需要注意哪些问题，请写出实际电路的调试过程和步骤。

表 4-4　巡线传感器信号处理电路仿真记录表

测量值 序号	MG ×%	MG 阻值	RW ×%	RW 阻值	放大倍数	U_Q (V)	U_{QA} (V)	U_{QB} (V)	U_{QC} (V)	L1 亮/灭	MG 位置
1		1MΩ	51								
2		100kΩ	51								
3		20kΩ	51								
4		1MΩ	83								
5		50kΩ	83								
6		30kΩ	83								
7											
8											

（2）请计算当 RW=39kΩ，U_{QA}=8V 时，U_Q 的值和此时 MG 的阻值，此值的意义何在？

（3）请结合对电路功能的分析，利用 Excel 软件建立 MG、U_Q、RW、U_{QA} 之间的关系表。

任务 2　巡线传感器信号处理电路元器件的识别与检测

　学习目标

（1）能对电阻、排阻、电位器、电容、稳压管、发光二极管进行识别和检测。

（2）能检测光敏电阻的好坏与性能。

（3）能识别集成运算放大器的引脚及型号。

（4）能识别施密特反相器的引脚及型号。

　工作内容

（1）通过色环或元器件上的标识识别电阻、排阻、电位器、电容的参数，并用万用表进行检测。

（2）用万用表检测光敏电阻的好坏与性能。

（3）识别集成运算放大器的引脚及型号。

（4）识别施密特反相器的引脚及型号。

（5）填写识别检测报告。

子任务 1　电阻类元件、电容、稳压管、发光二极管的识别与检测

根据以前所学知识，识别本项目所用到的电阻、排阻、电位器、电容、稳压管、发光二极管与光敏电阻等元器件，用万用表测量这些器件的参数并判断其好坏，完成检测表。

1. 电阻的检测

检测步骤:
(1) 从电阻外观特征识别电阻。
(2) 用万用表测量电阻的阻值,与理论值比较并判断其好坏。
(3) 完成表 4-5。

表 4-5 电阻识别与检测报告表

外观特征	识读电阻的标志		实测阻值	好坏判别
识别电阻	色环	标称阻值		
例如,色环电阻	绿蓝黑棕金	5.6kΩ(±5%)	5.59kΩ	好

2. 排阻与电位器的检测

读出排阻和电位器上的数字标识,计算出排阻和电位器的阻值,用万用表对其进行检测,识别引脚和参数,完成表 4-6。

表 4-6 排阻和电位器检测表

排阻的检测	RP1	RP2	电位器检测
电气原理图与引脚分布图			
封装			
位数			——
标示值			
标称阻值			
实测阻值			
好坏判别			

3. 识别并检测电容

根据以前所学知识,识别本项目所用电容,用万用表测量电容的好坏。

检测步骤:
(1) 从外观特征识别电容。
(2) 从极性、容量、性能方面判断电容的好坏,并按要求填入表 4-7 中。

4. 识别并检测稳压管与发光二极管(LED)

根据以前所学知识,识别本项目所用的稳压管与发光二极管,用万用表测量其质量并判断其好坏。

检测步骤:

(1) 从外观特征识别稳压管。

表 4-7 电容识别与检测报告表

电容编号	外表标注	判 断 结 果				电容性能好坏
		电容类别	标称容量	耐 压 值	允许误差	
例如 C	1000μF/25V	电解电容	1000μF	25V	±10%	正常

(2) 用万用表测量稳压管的正反向阻值，并将测量结果填入表 4-8。

表 4-8 稳压管与发光二极管检测表

名 称	型 号	测量极间电阻				性能好坏判断
		正向电阻		反向电阻		
		万用表挡	测量值	万用表挡	测量值	
稳压管	2CW27	$R \times 1k$	670Ω	$R \times 1k$	∞	好
稳压管						
发光二极管						

想一想：
(1) 本电路中的稳压管的主要作用和参数是什么？
(2) 本项目中稳压管的限流电阻的取值范围是多少？
(3) 本项目中的 LED 的限流电阻如何取值？

5. 识别并检测光敏电阻

根据以前所学知识，识别本项目所用的光敏电阻，用万用表测量电容的光敏电阻好坏与性能。

检测步骤：
(1) 从外观特征识别光敏电阻。
(2) 利用万用表的电阻挡分别测量光敏电阻的亮电阻和暗电阻，并判断该光敏电阻的好坏，按要求填入表 4-9 中。

表 4-9 光敏电阻识别与检测报告表

型 号	标 称 值	测量结果		好 坏	性能优良性
		亮电阻	暗电阻		
				±10%	

想一想：
(1) 光敏电阻有哪几个主要参数？

(2) 哪些情况会对光敏电阻的性能产生影响?

(3) 光敏电阻有哪些主要作用?

子任务 2　LM324 的识别与检测

1. 用万用表检测运算放大器的方法

LM324 集成运算放大器是一种高放大倍数的直流放大器。用万用表测试集成电路时,主要有以下几种方法。

1) 电压法

在通电的状态下,测试各引脚对接地引脚的电压,然后与参考电压比较。LM324 的引脚功能及参考电压见表 4-10。

表 4-10　LM324 的引脚功能及参考电压

引脚号	引脚功能	参考电压/V	引脚号	引脚功能	参考电压/V
1	OUTPUT1	10.8	14	OUTPUT4	10.8
2	−INPUT	0.2	13	−INPUT4	0.2
3	+INPUT	0.2	12	+INPUT 4	0.2
4	V+	12	11	GND	0
5	+INPUT	0.2	10	+INPUT 3	0.2
6	−INPUT	0.2	9	−INPUT 3	0.2
7	OUTPUT2	10.8	8	OUTPUT 3	10.8

2) 测试比较法

集成电路置于开环状态,将两输入端短路并接地,若输出端输出电压分别为正负饱和值(接近正负电源电压),则可认为此运算放大器正常。

2. LM324 的检测

根据以前所学知识,用万用表判断本项目所用的集成运算放大器 LM324 的好坏,将测量结果记录在表 4-11 中。

检测步骤:

(1) 判断 LM324 的引脚,画出 LM324 的引脚分布图。

(2) 通电情况下(加 12V 电压),用万用表测量 LM324 各引脚的电压,并与正常值比较。

(3) 根据测量结果判断 LM324 好坏。

表 4-11　LM324 测量结果记录表

LM324 引脚号	1	2	3	4	5	6	7	8	9	10	11	12	13	14
测量电压值/V														

想一想:

(1) LM324 的主要参数有哪几个?

(2) 如何用万用表检测 LM324 的好坏？

(3) LM324 的后缀字母分别代表什么？

(4) 本项目中的 LM324 都构成了什么电路？

子任务 3　74HC14 的识别与检测

74HC14 是一款高速 CMOS 6 路施密特触发反相器，其检测方法与 LM324 的检测方法类似，在通电的情况下，将每个输入引脚分别接高电平和低电平，测试输出端的电压与参考值比较。

（1）给 74HC14 接入 5V 电源，给每个输入引脚分别接 VCC 和 GND，测试输出端的电压，完成表 4-12。

表 4-12　74HC14 功能测试表

引脚号	引脚功能	输入电压	参考电压/V	测量电压/V	引脚号	引脚功能	输入电压	参考电压/V	测量电压/V
1	1A	+5V	—	—	14	VCC	+5V	+5V	
1	1A	0V	—	—	14	VCC	+5V	+5V	
2	1Y	—	0V		13	6A	+5V	—	—
2	1Y	—	+5V		13	6A	0V	—	—
3	2A	+5V	—	—	12	6Y	—	0V	
3	2A	0V	—	—	12	6Y	—	+5V	
4	2Y	—	0V		11	5A	+5V	—	—
4	2Y	—	+5V		11	5A	0V	—	—
5	3A	+5V	—	—	10	5Y	—	0V	
5	3A	0V	—	—	10	5Y	—	+5V	
6	3Y	—	0V		9	4A	+5V	—	—
6	3Y	—	+5V		9	4A	0V	—	—
7	GND	0V	0V		8	4Y	—	0V	
7	GND	0V	0V		8	4Y	—	+5V	

（2）画出 74HC14 的引脚分布图。

（3）根据测量结果判断 74HC14 好坏。

想一想：

（1）74HC14 的主要参数有哪几个？

（2）74HC14 的内部有几个反相器？

（3）74HC14 的后缀字母分别代表什么？

任务3 巡线传感器信号处理模块电路的装配与调试

 学习目标

(1) 能够对巡线传感器信号处理模块电路按工艺要求进行装配。
(2) 能够调试巡线传感器信号处理模块电路使其正常工作。
(3) 能够写出制作调试报告。

工作内容

(1) 装配巡线传感器信号处理模块电路。
(2) 调试巡线传感器信号处理模块电路。
(3) 撰写制作调试报告。

实施前准备
(1) 常用电子装配工具。
(2) 万用表、12V 电池。
(3) 配套元器件与 PCB 板，元器件清单见表 4-13。
(4) 已经安装好发光二极管发射模块和光敏电阻接收模块的机器人。
(5) 已经铺设好的白色循迹线。

表 4-13 8 路巡线传感器信号处理模块元器件清单

标 号	型号或参数	封 装	数量
C1, C2, C3, C4, C5, C6, C7, C8, C9	104	RAD0.1	9
C10, C11	1000μF	RB.2/.4	2
C12	10μF	RB.1/.2	1
L1, L2, L3, L4, L5, L6, L7, L8	LED0-2×5mm	LED-F	8
P1, P2	Header 5×2	HDR2X5	2
P3, P4, P5	3.96mm 端子	HDR1X2	3
R1, R2, R3, R4, R5, R6, R7, R8, R9, R10, R11, R12, R13, R14, R15, R16, R17, R18, R19, R20, R21, R22, R23, R24	1kΩ	AXIAL0.3	24
R25	510Ω	AXIAL0.3	1
RP1	1kΩ	RESPACK	1
RP2	220Ω	RESPACK	1
RW1, RW2, RW3, RW4, RW5, RW6, RW7, RW8	47kΩ	VR-5	8
U1, U2, U3, U4	LM324N	DIP-14	4
U5, U6	74HC14	DIP-14	2
U7	LM7805	TO220H	1
Z1, Z2, Z3, Z4, Z5, Z6, Z7, Z8	4V	4V7	8
Z9	8V	4V7	1

子任务 1 电路元器件的装配与布局

1. 元器件的布局

8 路巡线传感器信号处理模块元器件的布局如图 4-24 所示。

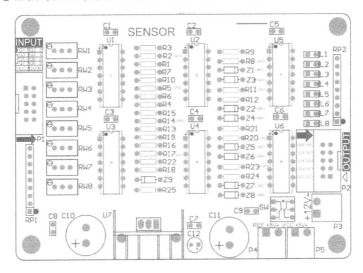

图 4-24 8 路巡线传感器信号处理模块元器件的布局图

2. 元器件的装配工艺要求

（1）电阻采用水平安装方式，电阻体紧贴 PCB 板，色环电阻的色环标志顺序一致（水平方向左边为第一环，垂直方向上边为第一环）。

（2）电位器插到底，不能倾斜，三只脚均要焊接。

（3）稳压管应水平安装，底面紧贴 PCB 板，注意极性不能装反，黑色线段与封装的白色粗线对齐，为稳压管阴极。

（4）电容采用垂直安装方式，底面紧贴 PCB 板，安装电解电容时注意正负极性。

（5）集成电路为了后期的维修与更换方便，安装底座时注意方向，缺口要和封装上的缺口一致。

（6）安装排阻时注意方向，有点的一端对应的为 1 号引脚，为排阻的公共端。

（7）电源芯片 LM7805 的底面距离 PCB 板 5mm，加装散热片。

（8）接线端子与电源端子底面紧贴 PCB 板安装。

（9）发光二极管底面紧贴 PCB 板安装，注意极性不能装反。

3. 操作步骤

（1）按工艺要求安装色环电阻。

（2）按工艺要求安装稳压管和排阻。

（3）按工艺要求安装集成电路底座和瓷片电容。

（4）按工艺要求安装接线端子与电源端子。

（5）按工艺要求安装发光二极管和电位器。
（6）按工艺要求安装电解电容。
（7）按工艺要求安装电源芯片 LM7805 和散热片。

子任务 2　制作 8 路巡线传感器信号处理电路模块

要求：按制作要求制作声光控节能灯电路，并撰写制作报告。
方法步骤：
（1）对安装好的元件进行手工焊接。
（2）检查焊点质量。

子任务 3　调试 8 路巡线传感器信号处理电路

1. 断电检测

将装配好的模块安装到机器人上，连接发射模块电源、接收模块的信号输出线、12V 蓄电池电源线到该板相应的端子上，用万用表的短路挡分别检测+12V、VREF、+5V 电源和 GND 之间是否短路，并记录检测值到表 4-14 中。

表 4-14　断电检测表

检测内容	+12V 与 GND	VREF 与 GND	+5V 与 GND
检测值			

2. 上电检测

将机器人放到预先铺设的场地上准备进行测试，按下 SW1 电源开关，则系统的电源全部接入，此时机器人底盘上已经安装好的发光二极管发射模块电源接通，则 8 个发光二极管全部发光，下面对信号处理模块的调试过程进行分析。

1）电源检测

电源接通后用万用表直流电压挡对系统和芯片所需要的供电电压进行测量并记录在表 4-15 中。

表 4-15　供电电压检测表

测量内容	+12V 电源	LM7805-3 (+5V)	VREF (+8V)	U1-4 LM324	U2-4 LM324	U3-4 LM324	U4-4 LM324	U5-14 74HC14	U6-14 74HC14
测量值/V									

2）白线检测与调试

将机器人底盘上的 8 路传感器中的其中一组移动到预先铺设的白色线上，用螺丝刀调整该传感器对应的放大倍数调整电位器 RW，使该路传感器对应的发光二极管发光，用万用表测量和记录该路的 U_Q、U_{QA}、U_{QB}、U_{QC} 在表 4-16 中。利用同样的方法对另外 7 路分别进行调试。

表 4-16　8 路巡线传感器信号处理电路测试表

测量值＼测量点	U_Q（V）	U_{QA}（V）	U_{QB}（V）	U_{QC}（V）	L（亮/灭）	MG 所处位置	该路的电压放大倍数
第 1 路							
第 2 路							
第 3 路							
第 4 路							
第 5 路							
第 6 路							
第 7 路							
第 8 路							

任务 4　项目汇报与评价

学习目标

（1）会对项目的整体制作与调试进行汇报。
（2）能对别人的作品与制作过程做出客观的评价。
（3）能够撰写制作调试报告。

 工作内容

（1）对自己完成的项目进行汇报。
（2）客观地评价别人的作品与制作过程。
（3）撰写技术文档。

子任务 1　汇报制作调试过程

1. 汇报内容

（1）演示制作的项目作品。
（2）讲解项目电路的组成及工作原理。
（3）讲解项目方案制定及选择的依据。
（4）与大家分享制作、调试中遇到的问题及解决方法。

2. 汇报要求

（1）演示作品时要边演示边讲解主要性能指标。
（2）讲解时要制作 PPT。
（3）要重点讲解制作、调试中遇到的问题及解决方法。

子任务 2 对其他人作品进行客观评价

1. 评价内容

（1）演示的结果。
（2）性能指标。
（3）是否文明操作、遵守实训室的管理规定。
（4）项目制作调试过程中是否有独到的方法或见解。
（5）是否能与其他学员团结协作。
具体评价参考项目评价表（表 4-17）。

2. 评价要求

（1）评价要客观公正。
（2）评价要全面细致。
（3）评价要认真负责。

表 4-17 项目评价表

评价要素	评价标准	评价依据	评价方式（各部分所占比重）			权重
			个人	小组	教师	
职业素养	（1）能文明操作、遵守实训室的管理规定 （2）能与其他学生团结协作 （3）自主学习，按时完成工作任务 （4）工作积极主动，勤学好问 （5）能遵守纪律，服从管理	（1）工具的摆放是否规范 （2）仪器仪表的使用是否规范 （3）工作台的整理情况 （4）项目任务书的填写是否规范 （5）平时表现 （6）学生制作的作品	0.3	0.3	0.4	0.3
专业能力	（1）清楚规范的作业流程 （2）熟悉巡线信号处理模块电路的组成及工作原理 （3）能独立完成电路的制作与调试 （4）能够选择合适的仪器、仪表进行调试 （5）能对制作与调试工作进行评价与总结	（1）操作规范 （2）专业理论知识：课后题、项目技术总结报告及答辩 （3）专业技能：完成的作品、完成的制作调试报告	0.1	0.2	0.6	0.7
创新能力	（1）在项目分析中提出自己的见解 （2）对项目教学提出建议或意见具有创新性 （3）独立完成检修方案的指导，并设计合理	（1）提出创新的观念 （2）提出意见和建议被认可 （3）好的方法被采用 （4）在设计报告中有独特见解	0.2	0.2	0.6	0.1

子任务 3　撰写技术文档

1. 技术文档内容

（1）项目方案的选择与制定。
① 方案的制定。
② 元器件的选择。
（2）项目电路的组成及工作原理。
① 分析电路的组成及工作原理。
② 元件清单与布局图。
（3）元器件的识别与检测。
（4）项目收获。
（5）项目制作与调试过程中所遇到的问题。
（6）所用到的仪器仪表。

2. 报告要求

（1）内容全面详实。
（2）填写相应的元器件检测报告表。
（3）填写相应的调试报告表。

【知识链接】

集成电路（Integrated Circuit，IC）是一种微型电子器件或部件。采用一定的工艺，把一个电路中所需的三极管、二极管、电阻、电容和电感等元件及布线互连，制作在一小块或几小块半导体晶片或介质基片上，然后封装在一个管壳内，成为具有所需电路功能的微型结构；其中所有元件在结构上已组成一个整体，这样，整个电路的体积大大缩小，且引出线和焊接点的数目也大为减少，从而使电子元件向着微小型化、低功耗和高可靠性方面迈进。集成运算放大器是集成电路的一种，简称集成运放。运算放大器实质上是高增益的直接耦合放大电路，当集成运放引入深度负反馈时将工作于线性状态，线性应用常用于各种模拟信号的运算，例如比例运算、微分运算、积分运算等。当集成运放处于开环或引入正反馈时将工作于非线性状态，非线性应用用于比较器电路或信号发生电路，例如过零比较器、迟滞比较器、窗口比较器、方波发生器、三角波发生器等，由于它的高性能、低价位，在模拟信号处理和发生电路中几乎完全取代了分立元件放大电路。

接下来将从集成运放的构成、特性、参数、应用等几个方面对集成运放进行分析，同时将对放大电路中的反馈进行分析。

4.1 集成运算放大器

4.1.1 集成运放基础知识概述

1. 集成运放的构成

集成运放一般由 4 部分组成,结构如图 4-25 所示。
- 输入级常用双端输入的差动放大电路组成,一般要求输入电阻高,差模放大倍数大,抑制共模信号的能力强,静态电流小,输入级的好坏直接影响运放的输入电阻、共模抑制比等参数。
- 中间级是一个高放大倍数的放大器,常用多级共发射极放大电路组成,该级的放大倍数可达数千乃至数万倍。

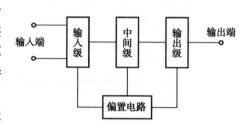

图 4-25 集成运放结构方框图

- 输出级具有输出电压线性范围宽、输出电阻小的特点,常用互补对称输出电路。
- 偏置电路向各级提供静态工作点,一般采用电流源电路组成。

2. 集成运放的符号与内部结构

从运放的结构可知,运放具有两个输入端 v_P、v_N 和一个输出端 v_O,这两个输入端 v_P 称为同相端,v_N 称为反相端,这里同相和反相只是输入电压和输出电压之间的关系,若输入正电压从同相端输入,则输出端输出正的输出电压,若输入正电压从反相端输入,则输出端输出负的输出电压。运算放大器的常用符号如图 4-26 所示。其中图 4-26(a)是集成运放的国际流行符号,图 4-26(b)是集成运放的国标符号,而图 4-26(c)是具有电源引脚的集成运放国际流行符号。图 4-27 是目前 EDA 软件中使用的集成运放的图形符号。

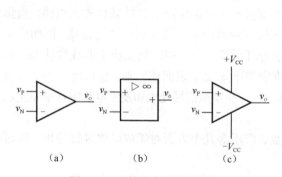

图 4-26 运算放大器常用符号

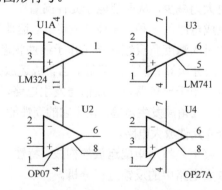

图 4-27 EDA 软件中使用的集成运放的符号

实际应用中的集成运放 TL071 的封装、引脚分布、电气符号及内部结构如图 4-28 所示。

从集成运放的符号看,可以把它看成一个双端输入、单端输出,具有高差模放大倍数、高输入电阻、低输出电阻,具有抑制温度漂移能力的放大电路,其内部结构也证明了这些特性。

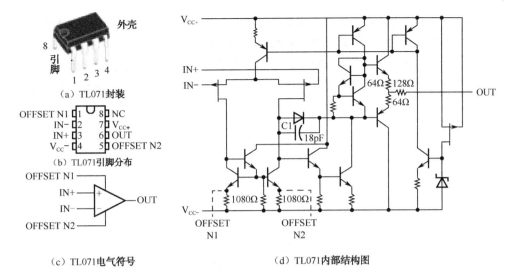

图 4-28 TL071

在具体的电路应用中，集成电路的符号和引脚对应关系我们需要通过查看数据手册来获得，例如 LM324 这个集成运放在一块芯片里集成了 4 个运放，其引脚分布如图 4-29 所示，使用的时候使用哪一个都是一样的，但是在具体的电路连接时，引脚不能识别错误。LM324 在电路应用中的引脚对应关系如图 4-30 所示。注意图 4-30（a）和图 4-30（b）的区别，图 4-30（a）是用到了两片芯片里的两个运放，图 4-30（b）是用到了一片芯片里的两个运放。

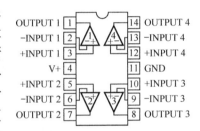

图 4-29 引脚分布图

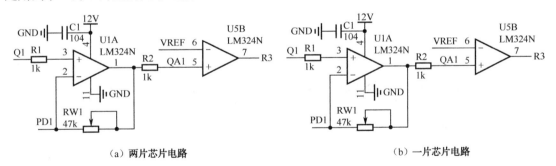

图 4-30 引脚对应关系

3. 集成电路的封装

封装（package），就是指把硅片上的电路引脚，用导线接引到外部接头处，以便与其他器件连接。封装形式是指安装半导体集成电路芯片用的外壳。它不仅起着安装、固定、密封、保护芯片及增强电热性能等方面的作用，而且还通过芯片上的接点用导线连接到封装外壳的引脚上，这些引脚又通过印制电路板上的导线与其他器件相连接，从而实现内部芯片与外部电路的连接。因为芯片必须与外界隔离，以防止空气中的杂质对芯片电路的腐蚀而造成电气性能下降。另一方面，封装后的芯片也更便于安装和运输。由于封装技术的好坏还直接影响到芯片自身性能的发挥和与之连接的 PCB（印制电路板）的设计和制造，因此它是至关重要的。

图 4-31 为常用的 IC 的封装。像每个人在不同的场合穿不同款式的服装一样，同一 IC 也有不同的封装，比如 TL071 就有 PDIP、CDIP、SOIC、TSSOP 等几种封装，如图 4-32 所示。

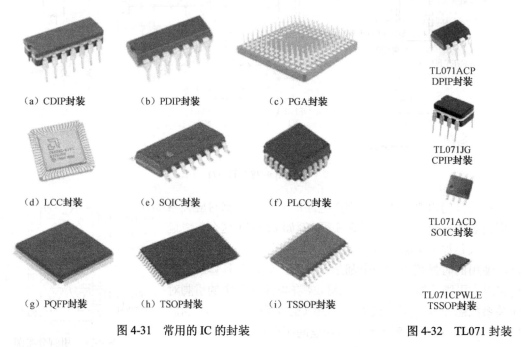

图 4-31　常用的 IC 的封装　　　　　　　图 4-32　TL071 封装

4. 集成运放的分类

1）按制作工艺分类

按照制造工艺，集成运放分为双极型、COMS 型和 BiFET 型三种，其中双极型运放功能强、种类多，但是功耗大；CMOS 运放输入阻抗高、功耗小，可以在低电源电压下工作；BiFET 是双极型和 CMOS 型的混合产品，具有双极型和 CMOS 运放的优点。

2）按照工作原理分类

（1）电压放大型

输入是电压，输出回路等效成由输入电压控制的电压源，如 F007、LM324、MC14573 等属于这类产品。

（2）电流放大型

输入是电流，输出回路等效成由输入电流控制的电流源，如 LM3900。

（3）跨导型

输入是电压，输出回路等效成输入电压控制的电流源，如 LM3080。

（4）互阻型

输入是电流，输出回路等效成输入电流控制的电压源，如 AD8009。

3）按照性能指标分类

（1）高输入阻抗型

对于这种类型的运放，要求开环差模输入电阻不小于 1MΩ，输入失调电压不大于 10mV。实现这些指标的措施主要是，在电路结构上，输入级采用结型或 MOS 场效应管，这类运放主要用于模拟调解器、采样保持电路、有源滤波器中。国产型号 F3030，输入采用 MOS 管，输入电阻高达 10^{12}Ω，输入偏置电流仅为 5pA。

（2）低漂移型

这种类型的运放主要用于毫伏级或更低的微弱信号的精密检测、精密模拟计算以及自动控制仪表中。对这类运放的要求是：输入失调电压温漂 $\dfrac{\mathrm{d}V_{\mathrm{OS}}}{\mathrm{d}T}$ <2μV/℃，输入失调电流温漂 $\dfrac{\mathrm{d}I_{\mathrm{OS}}}{\mathrm{d}T}$ <200pA/℃，A_{od}≥120dB，K_{CMRR}≥110dB。实现这些功能的措施通常是，在电路结构上除采用超β管和低噪声差动输入外，还采用热匹配设计和低温度系数的精密电阻，或在电路中加入自动控温系统以减小温漂。目前，采用调制型的第四代自动稳零运放，可以获得 0.1μV/℃ 的输入失调电压温漂。国产型号有 FC72、F032、XFC78 等。国产 FC73 的主要指标为 $\dfrac{\mathrm{d}V_{\mathrm{OS}}}{\mathrm{d}T}$=0.5μV/℃，$A_{\mathrm{od}}$=120dB，$V_{\mathrm{OS}}$=1mV。国产 5G7650 的 V_{OS}=1μV，$\dfrac{\mathrm{d}V_{\mathrm{OS}}}{\mathrm{d}T}$=10nV/℃。另外市场上常见的 OP07 和 OP27 也属于低漂移型运放。

（3）高速型

对于这类运放，要求转换速率 S_{R}>30V/μs，单位增益带宽大于 10MHz。实现高速的措施主要是，在信号通道中尽量采用 NPN 管，以提高转换速率；同时加大工作电流，使电路中各种电容上的电压变化加快。高速运放用于快速 A/D 和 D/A 转换器、高速采样–保持电路、锁相环精密比较器和视频放大器中。国产型号有 F715、F722、F3554 等，F715 的 S_{R}=70V/μs，单位增益带宽为 65MHz。国外的 μA–207 型，S_{R}=500V/μs，单位增益带宽为 1GHz。

（4）低功耗型

对于这种类型的运放，要求在电源电压为±15V 时，最大功耗不大于 6mW；或要求工作在低电源电压时，具有低的静态功耗并保持良好的电气性能。在电路结构上，一般采用外接偏置电阻和用有源负载代替高阻值的电阻。在制造工艺上，尽量选用高电阻率的材料，减少外延层以提高电阻值，尽量减小基区宽度以提高β值。目前国产型号有 F253、F012、FC54、XFC75 等。其中，F012 的电源电压可低到 1.5V，A_{od}=110dB，国外产品的功耗可达到μW 级，如 ICL7600 在电源电压为 1.5V 时，功耗为 10μW。

低功耗的运放一般用于对能源有严格限制的遥测、遥感、生物医学和空间技术设备中。

（5）高压型

为得到高的输出电压或大的输出功率，在电路设计和制作上需要解决三极管的耐压、动态工作范围等问题，在电路结构上常采取以下措施：利用三极管的 cb 结和横向 PNP 的耐高压性能，用单管串接的方式来提高耐压，用场效应管作为输入级。目前，国产型号有 F1536、F143 和 BG315。其中，BG315 的参数是：电源电压为 48～72V，最大输出电压为 40～46V。国外的 D41 型，电源电压可达±150V，最大共模输入电压可达±125V。

4.1.2 集成运放的电气特性

1. 集成运放的内部构成

运放内部集成三极管、电阻、电容等元器件,而且由于其内部特殊的结构设计所以具有各项优异的特性,下面以 LM741 为例来分析集成运放的放大过程。如图 4-33 所示是 LM741 的内部电路,虚线圈出了各部分电路的模块,从图中我们可以看出 LM741 的信号处理过程如下:

输入信号→差分放大器→甲类放大器→输出驱动→输出信号

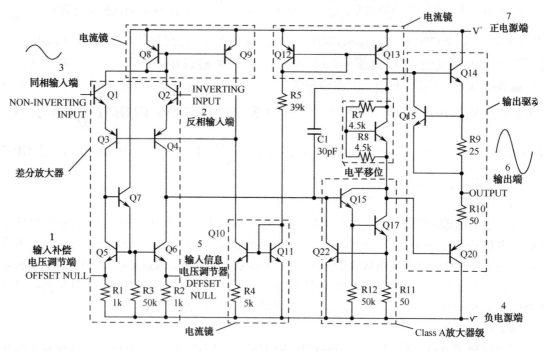

图 4-33 LM741 的内部电路

2. 差分放大电路

1) 差分放大电路的模型与工作原理

输入信号经同相输入端和反相输入端进入一个叫差分放大器的结构中,任何一个运放的输入信号都是由类似的差分放大器进行放大的。差分放大电路的简化模型如图 4-34 所示,下面对差分放大电路进行分析。

如图 4-35(a)所示,如果差分放大器的两个输入端 V_+、V_- 都接地,$V_{B1}=V_{B2}=0$,由于 E 极比 B 极低 0.7V,所以:

$$V_{E1} = V_{E2} = -0.7$$

而且两个三极管的 E 极电流相等,为流经电阻 R_E 电

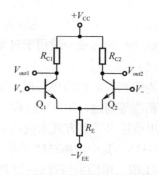

图 4-34 差分放大电路的简化模型图

流的一半：

$$I_{E1} = I_{E2} = \frac{I_{RE}}{2}$$

一般认为 $I_E \approx I_C$，所以两个三极管的 C 极电流为：

$$I_{C1} = I_{C2} = \frac{I_{RE}}{2}$$

如果两个 C 极电阻相等：

$$V_{out1} = V_{out2} = V_{CC} - I_{C1}R_{C1} = V_{CC} - \frac{I_{RE}}{2}R_{C1}$$

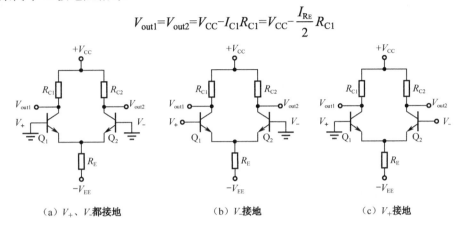

图 4-35 电路分析

如图 4-35（b）所示，如果反相输入端接地，而给同相输入端一个电压 V_1，就会使三极管 Q_1 的 E 极电压升高，变成 $V_{E1} = V_1 - 0.7V$。

所以 V_{E1} 的升高使 V_{E2} 也升高。因为 Q_2 的 B 极接地，V_{E2} 的升高会使 V_{BE2} 变小，这样 Q_2 的 I_{C2} 减小，V_{out2} 变大。最后的效果是 Q_1 的 I_{C1} 变大，而 Q_1 的 C 极电压 V_{out1} 变小。

如图 4-35（c）所示，同相输入端接地，而给反相输入端一个电压 V_1，Q_1 的 C 极电压 V_{out1} 变大，Q_2 的 C 极电压 V_{out2} 变小。

可见，当同相输入端或反相输入端有输出信号时，差分放大器就把它放大，并把输出信号从输出端 V_{out1}、V_{out2} 两者电压的变化中反映出来。

差分放大器只是第一步，实现了输入信号的初步放大。之后信号就会进入甲类放大器中进一步放大，最后由输出驱动实现放大信号的输出。

2）差分放大电路的输入形式

由于信号进入运放，首先经过的是差分放大器，所以运放对信号的处理都遵循差分放大器的特点，差动放大电路的信号输入方式有单端输入和双端输入，双端输入又分为共模输入、差模输入和差分输入三种类型，输出方式有单端输出、双端输出两种，下面对其输入方式进行分析。

（1）单端输入（single-ended input）

单端输入就是指只给同相输入端或反相输入端中的一个输入信号。图 4-36（a）、（b）是同相端接入信号的电路和输出波形。如果用运放的电路符号来表示，可以得到图 4-36（c）所示的示意图。图 4-37（a）、（b）是反相端接入信号的电路和输出波形。如果用运放的电路符号来表示，可以得到图 4-37（c）所示的示意图。

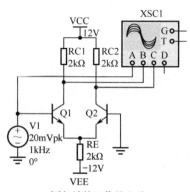
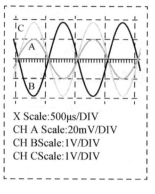
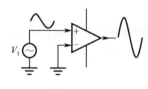

(a)同相端接入信号电路　　　　(b)同相输入输出波形　　　　(c)同相输入运放等效模型

图 4-36　同相端接入信号

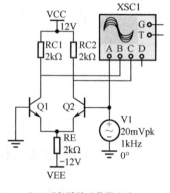
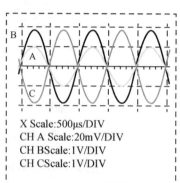
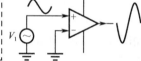

(a)反相端接入信号电路　　　　(b)反相输入输出波形　　　　(c)反相输入运放等效模型

图 4-37　反相端接入信号

（2）共模输入（common-mode input）

在电路的两个输入端输入大小相等、极性相同的信号电压，即 $V_+ = V_-$，这种输入方式称为共模输入。大小相等、极性相同的信号为共模信号。对于实际的放大电路来说，共模信号一般为干扰信号，所以需要对共模信号进行抑制，差分放大电路就是抑制共模信号的一种很好的方式。

很显然，由于电路的对称性，在共模输入信号的作用下，两管集电极电位的大小、方向变化相同，输出电压为零（双端输出）。说明差动放大电路对共模信号无放大作用。共模信号的电压放大倍数为零。共模输入电路及波形如图 4-38（a）、(b) 所示，运放等效模型如图 4-38（c）所示。

（3）差模输入

在电路的两个输入端输入大小相等、极性相反的信号电压，即 $V_+ = -V_-$，这种输入方式称为差模输入。大小相等、极性相反的信号为差模信号。

在如图 4-34 所示电路中，设 $V_+ > 0$、$V_- < 0$，则在 V_+ 的作用下，Q_1 管的集电极电流增大，导致集电极电位下降 ΔU_{C1}（为负值）；同理，在 V_- 的作用下，Q_2 管的集电极电流减小，导致集电极电位升高 ΔU_{C2}（为正值），由于 $\Delta I_{C1} = \Delta I_{C2}$，很显然，$\Delta U_{C1}$ 和 ΔU_{C2} 大小相等、极性相反，输出电压为 $u_o = \Delta U_{C1} - \Delta U_{C2}$。差模输入电路及波形如图 4-39（a）、(b) 所示，运放等效模

型如图 4-39（c）所示。

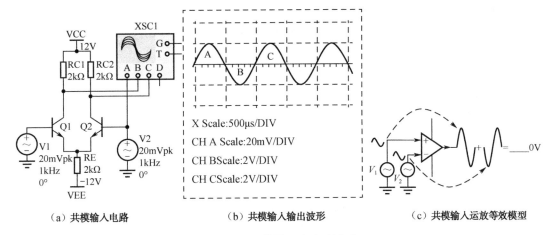

（a）共模输入电路　　　　　（b）共模输入输出波形　　　　（c）共模输入运放等效模型

图 4-38　共模输入电路及波形

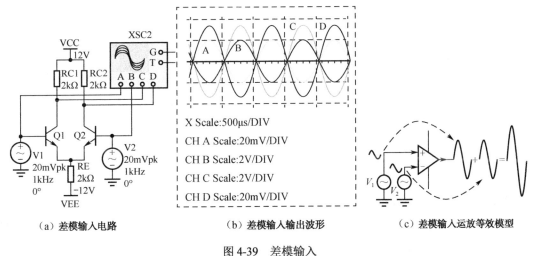

（a）差模输入电路　　　　　（b）差模输入输出波形　　　　（c）差模输入运放等效模型

图 4-39　差模输入

（4）差分输入（differential input）

两个输入信号电压大小和相对极性是任意的，既非差模，又非共模。在自动控制系统中，经常运用这种比较输入的方式。例如，我们要将某一炉温控制在 1000℃，利用温度传感器将炉温转变成电压信号作为 V_- 加在 Q_2 的输入端。而 V_+ 是一个基准电压，其大小等于 1000℃时温度传感器的输出电压。如果炉温高于或低于 1000℃，V_- 会随之发生变化，使 V_- 与基准电压 V_+ 之间出现差值。差动放大电路将其差值进行放大，其输出电压为：

$$u_o = A_u(V_+ - V_-)$$

$V_+ - V_-$ 的差值为正，说明炉温低于 1000℃，此时 u_o 为负值；反之，u_o 为正值。我们就可利用输出电压的正负去控制炉子降温或升温。

差分放大电路对两个输入信号中的差模信号和共模信号进行有差别的放大，对差模信号具有较好的放大作用，而对共模信号几乎不放大或衰减，这也是其电路名称的由来。

两个输入信号中所包含的差模信号：

两个输入信号中所包含的共模信号：
$$u_{ic}=(V_++V_-)/2$$
经过运放后的输出电压 u_o 为：
$$u_o=A_{ud}u_{id}+A_{uc}u_{ic}$$
其中 A_{ud} 为差模电压放大倍数，A_{uc} 为共模电压放大倍数。

可将任意输入信号分解为共模信号和差模信号之和：
$$u_{i1}=u_{ic}+\frac{1}{2}u_{id},\quad u_{i2}=u_{ic}-\frac{1}{2}u_{id}$$

差分输入电路及波形如图4-40（a）、（b）所示，运放等效模型如图4-40（c）所示。

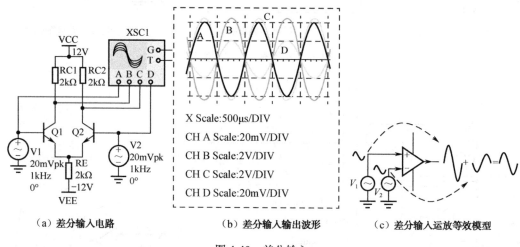

（a）差分输入电路　　　（b）差分输入输出波形　　　（c）差分输入运放等效模型

图4-40　差分输入

3）差分放大电路的共模抑制比

为了说明差分放大电路抑制共模信号及放大差模信号的能力，常用共模抑制比作为一项技术指标来衡量，其定义为放大器对差模信号的电压放大倍数 A_{ud} 与对共模信号的电压放大倍数 A_{uc} 之比，称为共模抑制比，英文全称是 Common Mode Rejection Ratio，因此一般用简写 CMRR 来表示，符号为 k_{CMR}，单位是分贝（dB）。

$$k_{CMR}=\left|\frac{A_{ud}}{A_{uc}}\right|$$

$$k_{CMR}(dB)=20\lg\left|\frac{A_{ud}}{A_{uc}}\right|$$

差模信号电压放大倍数 A_{ud} 越大，共模信号电压放大倍数 A_{uc} 越小，则 CMRR 越大。此时差分放大电路抑制共模信号的能力越强，放大器的性能越优良。当差动放大电路完全对称时，共模信号电压放大倍数 A_{uc}=0，则共模抑制比 CMRR→∞，这是理想情况，实际上电路完全对称是不存在的，共模抑制比也不可能趋于无穷大。如果知道某运放的 CMRR=60dB，也可以反过来说它对有用的差模信号放大的能力是无用共模信号的 1000 倍。典型的低频 CMR 值为 70dB 至 120dB，但在高频时 CMR 会变差。例如 LM324A 的 CMRR 为 85dB。

【例】某差分放大器的结构如图4-34所示，已知输入同相输入端的信号 V_+=1.01V，输入

反相输入端的信号 V_-=0.99V，求：

（1）差模输入电压 u_{id}、共模输入电压 u_{ic}；

（2）若 A_{ud} = -50，A_{uc} = -0.05，求输出电压 u_o 及 k_{CMR}。

解：（1）$u_{id} = u_{i1} - u_{i2} = 1.01 - 0.99 = 0.02$（V）

$$u_{ic} = (u_{i1} + u_{i2}) / 2 = 1 \text{（V）}$$

（2）$u_{od} = A_{ud}u_{id} = -50 \times 0.02 = -1$ （V）

$u_{oc} = A_{uc}u_{ic} = -0.05 \times 1 = -0.05$（V）

$u_o = A_{ud}u_{id} + A_{uc}u_{ic} = -1.05$（V）

$$k_{CMR}(\text{dB}) = 20\lg\left|\frac{A_{ud}}{A_{uc}}\right| = 20\lg\left|\frac{-50}{-0.05}\right| = 60\,\text{dB}$$

【例】心电信号的幅度大约为 2mV，由于在输入运放之前，导线暴露在环境当中，市电的 50Hz 工频干扰会耦合到导线中形成共模噪声信号，幅度约为 5mV。为了能在示波器上观察到心电信号，并且要求心电信号的幅度为 5V，噪声信号不超过 50mV，则需要共模抑制比多大的运放？运放 LM324A 是否能满足这个设计的要求？

解：心电信号的增益为（差模增益）$A_{ud} = \dfrac{u_{od}}{u_{id}} = \dfrac{5\text{V}}{2\text{mV}} = 2500$

50Hz 工频噪声的增益最大为（共模增益）$A_{uc} = \dfrac{u_{oc}}{u_{ic}} = \dfrac{50\text{mV}}{5\text{mV}} = 10$

运放的共模抑制比至少为 $k_{CMR}(\text{dB}) = 20\lg\left|\dfrac{A_{ud}}{A_{uc}}\right| = 20\lg\left|\dfrac{2500}{10}\right| \approx 48\,\text{dB}$

运放 LM324A 的共模抑制比为 85dB，所以可以胜任这个放大任务。

3. 集成运放的电压传输特性

集成运放输出电压 v_o 与输入电压（$v_P - v_N$）之间的关系曲线称为电压传输特性。对于采用正负电源供电的集成运放，电压传输特性如图 4-41 所示。

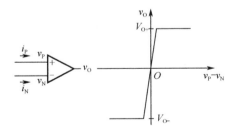

图 4-41 集成运放的传输特性

从传输特性可以看出，集成运放有两个工作区，线性放大区和饱和区，在线性放大区，曲线的斜率就是放大倍数，在饱和区域，输出电压不是 V_{o+} 就是 V_{o-}。由传输特性可知集成运放的放大倍数：

$$A_o = \frac{V_{o+} - V_{o-}}{v_P - v_N}$$

一般情况下，运放的放大倍数很高，可达几十万，甚至上百万倍。比如 LM324A 的为 100000。

通常，运放的线性工作范围很小，比如，对于开环增益为 100dB，电源电压为±10V 的 LM324A，开环放大倍数 $A_d=10^5$，其最大线性工作范围约为

$$V_P - V_N = \frac{|V_o|}{A_d} = \frac{10}{10^5} = 0.1\text{mV}$$

4.1.3 集成运放的主要技术指标

集成运放的主要技术指标，大体上可以分为输入误差特性、开环差模特性、共模特性、输出瞬态特性和电源特性。

1. 输入误差特性

输入误差特性参数用来表示集成运放的失调特性，描述这类特性的主要是以下几个参数。

1）输入失调电压 V_{OS}

对于理想运放，当输入电压为零时，输出也应为零。实际上，由于差动输入级很难做到完全对称，零输入时，输出并不为零。在室温及标准电压下，输入为零时，为了使输出电压为零，输入端所加的补偿电压称为输入失调电压 V_{OS}。V_{OS} 大小反映了运放的对称程度。V_{OS} 越大，说明对称程度越差。一般 V_{OS} 的值为 $1\mu V \sim 20mV$。

2）输入失调电压的温漂 $\dfrac{\Delta V_{OS}}{\Delta T}$

$\dfrac{\Delta V_{OS}}{\Delta T}$ 是指在指定的温度范围内，V_{OS} 随温度的平均变化率，是衡量温漂的重要指标。$\dfrac{\Delta V_{OS}}{\Delta T}$ 不能通过外接调零装置进行补偿，对于低漂移运放，$\dfrac{\Delta V_{OS}}{\Delta T} < 1\mu V/℃$，普通运放为（10～20）$\mu V/℃$。

3）输入偏置电流 I_B

输入偏置电流是衡量差动管输入电流绝对值大小的标志，指运放零输入时，两个输入端静态电流 I_{B1}、I_{B2} 的平均值，即

$$I_B = \frac{1}{2}(I_{B1} + I_{B2})$$

差动输入级集电极电流一定时，输入偏置电流反映了差动管 β 值的大小。I_B 越小，表明运放的输入阻抗越高。I_B 太大，不仅在不同信号源内阻时，对静态工作点有较大的影响，而且也影响温漂和运算精度。

4）输入失调电流 I_{OS}

零输入时，两输入偏置电流 I_{B1}、I_{B2} 之差称为输入失调电流 I_{OS}，即 $I_{OS}=|I_{B1}-I_{B2}|$，I_{OS} 反映了输入级差动管输入电流的对称性，一般希望 I_{OS} 越小越好。普通运放的 I_{OS} 为 1Na～0.1μA，LM324A 的 I_{OS} 为 5～30nA。

5）输入失调电流温漂 $\dfrac{\Delta I_{OS}}{\Delta T}$

输入失调电流温漂 $\dfrac{\Delta I_{OS}}{\Delta T}$ 指在规定的温度范围内，I_{OS} 的温度系数，是对放大器电流温漂的量度。它同样不能用外接调零装置进行补偿。典型值为几个 nA/℃，LM324A 为 50pA/℃。

2. 开环差模特性参数

开环差模特性参数用来表示集成运放在差模输入作用下的传输特性。描述这类特性的参数有开环电压增益、最大差模输入电压、差模输入阻抗、开环频率响应及3dB带宽。

1）开环增益 A_{VOL}

开环电压增益 A_{VOL} 指在无外加反馈情况下的增益，它是决定运算精度的重要指标，手册中通常用大信号电压增益（large signal voltage gain）V/mV 或分贝表示，例如 LM324A 的 A_{VOL}=100V/mV，则其开环增益为=100V÷1mV=100000，如果用分贝表示则为

$$A_{VOL}(dB) = 20\lg A_{VOL} = 20\lg\left|\frac{100V}{1mV}\right| = 100\,dB$$

不同功能的运放，A_{VOL} 相差悬殊，高质量的运放可达 140dB。

2）最大差模输入电压 V_{idmax}

V_{idmax} 指集成运放反相和同相输入端所能承受的最大电压值，超过这个值输入级差动管中的管子将会出现反相击穿，甚至损坏。利用平面工艺制成的硅 NPN 管的 V_{idmax} 为 ±5V 左右，而横向 PNP 管的 V_{idmax} 可达±30V 以上。

3）3dB 带宽（GBW）

输入正弦小信号时，A_{od} 是频率的函数，随着频率的增加，A_{od} 下降。当 A_{od} 下降 3dB 时所对应的信号频率称为 3dB 带宽。一般运放的 3dB 带宽为几 Hz 至几 kHz，宽带运放可达到几 MHz。LM324A 的 GBW 为 1MHz。

4）差模输入电阻 R_{id}

$R_{id} = \dfrac{\Delta V_{id}}{\Delta I_i}$，是衡量差动管向输入信号源索取电流大小的标志，F007 的 R_{id} 约为 2MΩ，用场效应管作为差动输入级的运放，R_{id} 可达 10^6 MΩ。

3. 共模特性参数

共模特性参数用来表示集成运放在共模信号作用下的传输特性，这类参数有共模抑制比、共模输入电压等。

1）共模抑制比 k_{CMR}（CMRR）

共模抑制比的定义与差动电路中介绍的相同，LM324A 的 k_{CMR} 为 65~85dB，高质量的可达 180dB。

2）最大共模输入电压 V_{icmax}

V_{icmax} 指运放所能承受的最大共模输入电压，共模电压超过一定值时，将会使输入级工作不正常，因此要加以限制。LM324A 的 V_{icmax} 为 ±28V。

4. 输出瞬态特性参数

输出瞬态特性参数用来表示集成运放输出信号的瞬态特性，描述这类特性的参数主要是转换速率。

转换速率 $S_R = \left|\dfrac{dv_o}{dt}\right|_{max}$ 是指运放在闭环状态下，输入为大信号（如阶跃信号）时，放大器输出电压对时间的最大变化速率。转换速率的大小与很多因素有关，其中主要与运放所加的补偿电容，运放本身各级三极管的极间电容、杂散电容，以及放大器的充电电流等因素有关。只有信号变化斜率的绝对值小于 S_R 时，输出才能按照线性的规律变化。

S_R 是在大信号和高频工作时的一项重要指标，一般运放的 S_R 为 1V/μs，高速运放可达到 65V/μs。LM324A 为 0.3V/μs，可见其为低速运放。

5. 电源特性参数

电源特性参数主要有工作电源电压范围 V_{CC}、静态功耗 P_D、最大输入电压 V_{IN} 和电流 I_{IN} 等。静态功耗指运放零输入情况下的功耗。LM324N 的最大静态功耗为 1420mW。运算放大器 LM324A 的参数见表 4-18，LM324 的电源特性参数见表 4-19。

表 4-18 运算放大器 LM324A 参数表

SYMBOL	PARAMETER	TEST CONDITIONS	LM324A Min	LM324A Typ	LM324A Max	UNIT
V_{OS}	Offset voltage[1]	$R_S=0\Omega$		±2	±3	mV
		$R_S=0\Omega$, over temp.			±5	
$\Delta V_{OS}/\Delta T$	Temperature drift	$R_S=0\Omega$, over temp.		7	30	μV/℃
I_{BIAS}	Input current[2]	$I_{IN}(+)$ or $I_{IN}(-)$		45	100	nA
		$I_{IN}(+)$ or $I_{IN}(-)$, over temp.		40	200	
$\Delta I_{BIAS}/\Delta T$	Temperature drift	Over temp.		50		ρA/℃
I_{OS}	Offset current	$I_{IN}(+)-I_{IN}(-)$		±5	±30	nA
		$I_{IN}(+)-I_{IN}(-)$, over temp.			±75	
$\Delta I_{OS}/\Delta T$	Temperature drift	Over temp.		10	300	ρA/℃
V_{CM}	Common-mode voltage range[3]	$V_{CC}\leq 30V$	0		V_{CC}-1.5	V
		$V_{CC}\leq 30V$, over temp.	0		V_{CC}-2	V
CMRR	Common-mode rejection ratio	$V_{CC}=30V$	65	85		dB
V_{OUT}	Output voltage swing	$R_L=2k\Omega$, $V_{CC}=30V$, over temp.	26			V
V_{OH}	Output voltage high	$R_L\leq 10k\Omega$, $V_{CC}=30V$, over temp.	27	28		V
V_{OL}	Output voltage low	$R_L\leq 10k\Omega$, over temp.		5	20	mV
I_{CC}	Supply current	$R_L=\infty$, $V_{CC}=30V$, over temp.		1.5	3	mA
		$R_L=\infty$, over temp.		0.7	1.2	mA
A_{VOL}	Large-signal voltage gain	$V_{CC}=15V$ (for large V_O swing), $R_L\geq 2k\Omega$	25	100		V/mV
		$V_{CC}=15V$ (for large V_O swing), $R_L\geq 2k\Omega$, over temp.	15			V/mV

续表

SYMBOL	PARAMETER	TEST CONDITIONS	LM324A Min	LM324A Typ	LM324A Max	UNIT
	Amplifier-to-amplifier coupling[5]	f=1kHz to 20kHz,input referred		−120		dB
PSRR	Power supply rejection ratio	$R_S \leq 0\Omega$	65	100		dB
I_{OUT}	Output current sorece	$V_{IN}^+=+1V, V_{IN}^-=0V, V_{CC}=15V$	20	40		mA
		$V_{IN}^+=+1V, V_{IN}^-=0V, V_{CC}=15V$,over temp.	10	20		mA
	Output current sink	$V_{IN}^-=+1V, V_{IN}^+=0V, V_{CC}=15V$	10	20		mA
		$V_{IN}^-=+1V, V_{IN}^+=0V, V_{CC}=15V$,over temp.	5	8		mA
		$V_{IN}^-=+1V, V_{IN}^+=0V, V_O=200mV$	12	50		μA
I_{SC}	Short-circuit current[4]		10	40	60	mA
V_{DIFF}	Differential input voltage[3]				V_{CC}	V
GBW	Unity gain bandwidth			1		MHz
SR	Siew rate			0.3		V/μs
V_{NOISE}	Input noise voltage	F=1kHz		40		nV/$\sqrt{Hz}$

表 4-19　运算放大器 LM324 的电源特性参数

SYMBOL	PARAMETER	RATING	UNIT
V_{CC}	Supply voltage	32or±16	V_{DC}
V_{IN}	Differential input voltage	32	V_{DC}
V_{IN}	Input voltage	−0.3 to +32	V_{DC}
P_D	Maximum power dissipation, T_A=25℃(Still-air)[1]　　N package　　F package　　D package	1420　1190　1040	mW　mW　mW
	Output short-circuit to GND one amplifier[2] $V_{CC}<15V_{DD}$ and T_A=25℃	Coutinuous	
I_{IN}	Input current ($V_{IN}<-0.3V$)[3]	50	mA

4.1.4 集成运放的理想化模型

1. 理想运放的技术指标

由于集成运放具有开环差模电压增益高、输入阻抗高、输出阻抗低及共模抑制比高等特点,实际中为了分析方便,常将它的各项指标理想化。理想运放的各项技术指标如下。

(1) 开环差模电压放大倍数 $A_d \to \infty$。

(2) 输入电阻 $R_{id} \to \infty$。

(3) 输出电阻 $R_o \to 0$。

(4) 共模抑制比 $K_{CMRR} \to \infty$。

(5) 3dB 带宽 $BW \to \infty$。

(6) 输入偏置电流 $I_{B1}=I_{B1}=0$。

(7) 失调电压 V_{OS}、失调电流 I_{OS} 及它们的温漂均为零。

(8) 无干扰和噪声。

由于实际运放的技术指标与理想运放比较接近,因此,在分析电路的工作原理时,用理想运放代替实际运放所带来的误差并不严重,在一般的工程计算中是允许的。

2. 理想运放的工作特性

理想运放的电压传输特性如图 4-42 所示。工作于线性区和非线性区的理想运放具有不同的特性。

1) 线性区

当理想运放工作于线性区时,$v_o=A_d(V_P-V_N)$,而 $A_d \to \infty$,因此 $V_P-V_N=0$,$V_P=V_N$,又由输入电阻 $r_{id} \to \infty$ 可知,流进运放同相输入端和反相输入端的电流 I_P、I_N 为 $I_P=I_N=0$;可见,当理想运放工作于线性区时,同相输入端与反相输入端的电位相等,流进同相输入端和反相输入

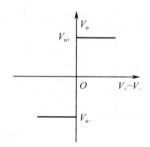

图 4-42 理想运放的电压传输特性

端的电流为 0。$V_P=V_N$ 就是 V_P 和 V_N 两个电位点短路,但是由于没有电流,所以称为虚短路,简称虚短;而 $I_P=I_N=0$ 表示流过电流 I_P、I_N 的电路断开了,但是实际上没有断开,所以称为虚断路,简称虚断。

2) 非线性区

工作于非线性区的理想运放仍然有输入电阻 $R_{id} \to \infty$,因此 $I_P=I_N=0$;但由于 $v_o \neq A_d(V_P-V_N)$,不存在 $V_P=V_N$,即满足虚断而不满足虚短,由电压传输特性可知其特点为:当 $V_P>V_N$ 时,$V_o=V_{o+}$;当 $V_P<V_N$ 时,$V_o=V_{o-}$;$V_P=V_N$ 为 V_{o+} 与 V_{o-} 的转折点。

4.2 反馈在集成运放中的应用

实际中使用集成运放组成的电路中,总要引入反馈,以改善放大电路性能,因此掌握反馈的基本概念与判断方法是研究集成运放电路的基础。

4.2.1 反馈的基本概念

1. 什么是电子电路中的反馈

在电子电路中,将输出量的一部分或全部通过一定的电路形式馈给输入回路,与输入信号一起共同作用于放大器的输入端,称为反馈。反馈放大电路可以画成图 4-43 所示的框图。

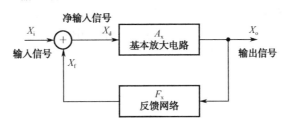

图 4-43 反馈放大器框图

反馈放大器由基本放大器和反馈网络组成,所谓基本放大器就是保留了反馈网络的负载效应的,信号只能从它的输入端传输到输出端的放大器,而反馈网络一般是将输出信号反馈到输入端,而忽略了从输入端向输出端传输效应的阻容网络。由图有基本放大器的净输入信号 $X_d=X_i-X_f$,反馈网络的输出 $X_f=F_x \cdot X_o$,基本放大器的输出 $X_o=A_x \cdot X_d$。其中 A_x 是基本放大器的增益,F_x 是反馈网络的反馈系数,这里 X 表示电压或是电流,A_x 和 F_x 中的下标 X 表示它们是如下的一种:

$$A_v = \frac{v_o}{v_i} \text{ 称为电压增益}, \quad A_i = \frac{i_o}{i_i} \text{ 称为电流增益}$$

$$A_r = \frac{v_o}{i_i} \text{ 称为互阻增益}, \quad A_g = \frac{i_o}{v_i} \text{ 称为互导增益}$$

$$F_v = \frac{v_f}{v_o} \text{ 称为电压反馈系数}, \quad F_i = \frac{i_f}{i_o} \text{ 称为电流反馈系数}$$

$$F_r = \frac{v_f}{i_o} \text{ 称为互阻反馈系数}, \quad F_g = \frac{i_f}{v_o} \text{ 称为互导反馈系数}$$

2. 正反馈与负反馈

若放大器的净输入信号比输入信号小,则为负反馈,反之若放大器的净输入信号比输入信号大,则为正反馈。就是说若 $X_i<X_d$,则为正反馈,若 $X_i>X_d$,则为负反馈。

3. 直流反馈与交流反馈

若反馈量只包含直流信号,则称为直流反馈,若反馈量只包含交流信号,就是交流反馈,直流反馈一般用于稳定工作点,而交流反馈用于改善放大器的性能,所以研究交流反馈更有意义,本节重点研究交流反馈。

4. 开环与闭环

从反馈放大电路框图可以看出,放大电路加上反馈后就形成了一个环,若有反馈,则说反馈环闭合了,若无反馈,则说反馈环被打开了。所以常用闭环表示有反馈,开环表示无反馈。

4.2.2 反馈的判断

1. 有无反馈的判断

若放大电路中存在将输出回路与输入回路连接的通路，即反馈通路，并由此影响了放大器的净输入，则表明电路引入了反馈。

例如在图 4-44 所示的电路中，图 4-44（a）所示的电路由于输入与输出回路之间没有通路，所以没有反馈；图 4-44（b）所示的电路中，电阻 R_2 将输出信号反馈到输入端与输入信号一起共同作用于放大器输入端，所以具有反馈；而图 4-44（c）所示的电路中虽然有电阻 R_1 连接输入输出回路，但是由于输出信号对输入信号没有影响，所以没有反馈。

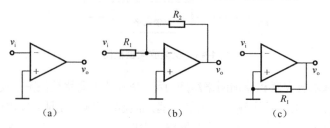

图 4-44　反馈是否存在的判断

2. 反馈极性的判断

反馈极性的判断，就是判断是正反馈还是负反馈。

判断反馈极性的方法是瞬时极性法：首先规定输入信号在某一时刻的极性，然后逐级判断电路中各个相关点的电流流向与电位的极性，从而得到输出信号的极性；根据输出信号的极性判断出反馈信号的极性；若反馈信号使净输入信号增加，就是正反馈，若反馈信号使净输入信号减小，就是负反馈。

例如，在图 4-45（a）所示的电路中首先设输入电压瞬时极性为正，所以集成运放的输出为正，产生电流流过 R_2 和 R_1，在 R_1 上产生上正下负的反馈电压 v_f，由于 $v_d=v_i-v_f$，v_f 与 v_i 同极性，所以 $v_d<v_i$，净输入减小，说明该电路引入负反馈。

在图 4-45（b）所示的电路中首先设输入电压 v_i 瞬时极性为正，所以集成运放的输出为负，产生电流流过 R_2 和 R_1，在 R_1 上产生上负下正的反馈电压 v_f，由于 $v_d=v_i-v_f$，v_f 与 v_i 极性相反，所以 $v_d>v_i$，净输入减小，说明该电路引入正反馈。

在图 4-45（c）所示的电路中首先假设 i_i 的瞬时方向是流入放大器的反相输入端 v_N，相当于在放大器反相输入端加入了正极性的信号，所以放大器输出为负，放大器输出的负极性电压使流过 R_2 的电流 i_f 的方向是从 v_N 节点流出，由于 $i_i=i_d+i_f$，有 $i_d=i_i-i_f$，所以 $i_i>i_d$，就是说净输入电流比输入电流小，所以电路引入负反馈。

3. 反馈组态的判断

1) 电压与电流反馈的判断

反馈量取自输出端的电压，并与之成比例，则为电压反馈；若反馈量取自电流，并与之成比例，则为电流反馈。判断方法是将放大器输出端的负载短路，若反馈不存在就是电压反馈，否则就是电流反馈。例如，图 4-46（a）所示的电路，如果把负载短路，则 V_o 等于 0，这时反馈就不存在了，所以是电压反馈。而图 4-46（b）所示的电路中，若把负载短路，反馈电压 v_f 仍然存在，所以是电流反馈。

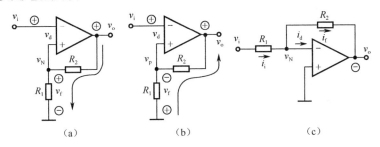

图 4-45 反馈极性的判断

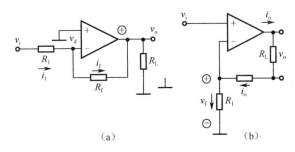

图 4-46 电压反馈与电流反馈的判断

2）串联反馈与并联反馈的判断

若放大器的净输入信号 v_d 是输入电压信号 v_i 与反馈电压信号 v_f 之差，则为串联反馈。等效电路如图 4-47（a）所示。

若放大器的净输入信号 i_d 是输入电流信号 i_i 与反馈电流信号 i_f 之差，则为并联反馈，等效电路如图 4-47（b）所示。

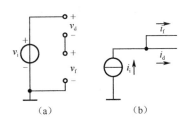

图 4-47 串联反馈与并联反馈的等效电路

4.2.3 四种反馈组态

1. 电压串联

首先判断图 4-48 所示电路的反馈组态，将负载 R_L 短路，就相当于输出端接地，这时 $v_o=0$，反馈的原因不存在，所以是电压反馈，从输入端来看，净输入信号 v_d 等于输入信号 v_i 与反馈信号 v_f 之差，就是说输入信号与反馈信号是串联关系，所以该电路的反馈组态是电压串联反馈。使用瞬时极性法判断正负反馈，各瞬时极性如图所示，可见 v_i 与 v_f 极性相同，净输入信号小于输入信号，故是负反馈。

输出电压的计算：

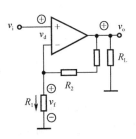

图 4-48 电压串联负反馈电路

由图可得反馈系数 F_v：

$$F_v = \frac{v_f}{v_o} = \frac{R_1}{(R_1 + R_2)}$$

由于运放的电压放大倍数非常大，在输入端 $v_P \approx v_N$，故有 $v_d = v_i - v_f = 0$，从而得到 $v_i = v_f$，所以输出电压

$$v_o = \frac{v_i}{F_v} = \left(1 + \frac{R_2}{R_1}\right) v_i$$

从此式可以看出，输出电压只与电阻的参数有关，可见十分稳定，所以电压反馈使输出电压稳定。

对输入电阻的影响：

当无反馈时，$R_i = \dfrac{v_i}{i_i} = \dfrac{v_d}{i_i}$，而有反馈时 $R_{if} = \dfrac{v_d + v_f}{i_i}$

由于

$$v_d + v_f = v_d + v_d A_v F_v = v_d (1 + A_v F_v)$$

得到

$$R_{if} = \frac{v_d}{i_i}(1 + A_v F_v) = R_i (1 + A_v F_v)$$

其中 A_v 是基本放大器的电压放大倍数。

就是说反馈时输入电阻 R_{if} 是无反馈时的 $1 + A_v F_v$ 倍。

对输出电阻的影响：

设运放的输出电阻为 R_o，令反馈放大器的输入 $v_i = 0$，去掉负载电阻 R_L，然后在放大器的输出端接一个实验电压源 V，如图 4-49 所示。

由图有

$$I = \frac{V - A_v v_d}{R_o}$$

因为 $v_i = 0$，所以 $v_d = -v_f = -F_v v_o = -F_v V$，所以有

$$I = \frac{V + A_v F_v V}{R_o} = \frac{V(1 + A_v F_v)}{R_o}$$

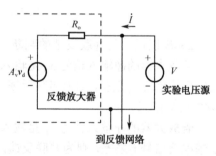

图 4-49 输出电阻计算等效电路

最后得到

$$R_{of} = \frac{V}{I} = \frac{R_o}{1 + A_v F_v}$$

就是说电压反馈时的输出电阻是无反馈时输出电阻的 $1/(1 + A_v F_v)$ 倍。

2. 电流串联

首先判断图 4-50 所示电路的反馈组态，将负载 R_L 短路，这时仍有电流流过 R_1 电阻，产生反馈电压 v_f，所以是电流反馈，从输入端来看，净输入信号 v_d 等于输入信号 v_i 与反馈信号 v_f 之差，输入信号与反馈信号是串联关系，所以该电路的反馈组态是电流串联反馈。使用瞬时极性法判

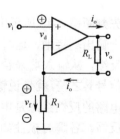

图 4-50 电流串联负反馈电路

断正负反馈,各瞬时极性如图所示,可见 v_i 与 v_f 极性相同,净输入信号小于输入信号,故是负反馈。

输出电流的计算:
由图可得反馈系数 F_r

$$F_r = \frac{v_f}{i_o} = \frac{i_o R_1}{i_o} = R_1$$

由于运放的电压放大倍数非常大,在输入端 $v_P \approx v_N$,故有 $v_d \approx v_i - v_f = 0$,从而得到 $v_i = v_f$,所以输出电流

$$i_o = \frac{v_i}{F_r} = \frac{1}{R_1} v_i$$

由此式可知输出电流只与电阻阻值有关,所以非常稳定,就是说电流反馈稳定输出电流。

对输入电阻的影响:
因为是串联反馈,所以反馈时的输入电阻 R_{if} 是无反馈时的 $1+A_g F_r$ 倍,这里 A_g 是基本放大器的互导增益。

对输出电阻的影响:

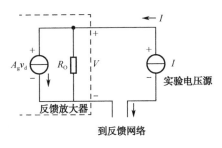

图 4-51 计算输出电阻的等效电路

设运放的输出电阻为 R_o,令反馈放大器的输入 $v_i=0$,去掉负载电阻 R_L,然后在放大器的输出端接一个实验电流源 I,如图 4-51 所示。

由图有 $v_d = -v_f = -F_r i_o = -F_r I$,所以
$$V = (I - A_g v_d) R_o = (I + A_g F_r I) = I(1 + A_g F_r) R_o$$

这里 A_g 是基本放大器的互导增益。
最后得到

$$R_{of} = \frac{V}{I} = (1 + A_g F_r) R_o$$

所以,电流反馈使输出电阻增大 $A_g F_r$ 倍。

3. 电压并联负反馈

首先判断图 4-52 所示电路的反馈组态,将负载 R_L 短路,就相当于输出端接地,这时 $v_o=0$,反馈的原因不存在,所以是电压反馈,从输入端来看,输入信号 i_i 与反馈信号 i_f 并联在一起,净输入电流信号 i_d 等于输入电流信号 i_i 与反馈电流信号 i_f 之差,所以该电路的反馈组态是电压并联反馈。使用瞬时极性法判断正负反馈,各瞬时极性和瞬时电流方向如图所示,可见 i_f 瞬时流向是对 i_i 分流,使 i_d 减小,净输入信号 i_d 小于输入信号 i_i,故是负反馈。

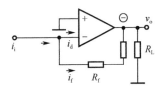

图 4-52 电压并联负反馈

输出电压的计算:
由图可得反馈系数 F_g:

$$F_g = \frac{i_f}{v_o} \approx -\frac{v_o}{R_f v_o} = -\frac{1}{R_f}$$

由于运放的电压放大倍数非常大,在输入端 $v_P \approx v_N$,故有 $i_d = i_i - i_f \approx 0$,从而得到 $v_i = v_f$,所以输出电压

$$v_o = \frac{i_i}{F_g} = -R_f i_i$$

从此式可以看出,输出电压只与电阻的参数有关,可见十分稳定,所以电压反馈使输出电压稳定。

对输入电阻的影响:

设运放的输入电阻为 R_{ia}、电压放大倍数为 A_v,当无反馈时,$R_i = \frac{v_i}{i_i} = \frac{v_i}{i_d}$,而有反馈时:

$$R_{if} = \frac{v_i}{i_i} = \frac{v_i}{i_d + i_f}$$

由于
$$i_d + i_f = i_d + i_d A_r F_g = i_d(1 + A_r F_g)$$

其中 A_r 是基本放大器的互阻增益。最后得到

$$R_{if} = \frac{R_i}{1 + A_r F_g}$$

就是说反馈时的输入电阻 R_{if} 是无反馈时的 $1/(1+A_r F_g)$ 倍。

对输出电阻的影响:

该反馈电路的输出电阻是无反馈时输出电阻的 $1/(1+A_r F_g)$ 倍。

4. 电流并联负反馈

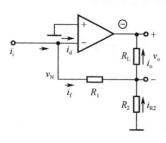

图 4-53 电流并联负反馈电路

首先判断图 4-53 所示电路的反馈组态,将负载 R_L 短路,这时仍有电流流过 R_1 电阻,产生反馈电流 i_f,所以是电流反馈,从输入端来看,输入信号 i_i 与反馈信号 i_f 并联在一起,净输入电流信号 i_d 等于输入电流信号 i_i 与反馈电流信号 i_f 之差,所以该电路的反馈组态是电流并联反馈。使用瞬时极性法判断正负反馈,各瞬时极性和瞬时电流方向如图所示,可见 i_f 瞬时流向是对 i_i 分流,使 i_d 减小,净输入信号 i_d 小于输入信号 i_i,故是负反馈。

输出电流的计算:

由图可得反馈系数 F_i:

$$F_i = \frac{i_f}{i_o} = \frac{-i_o \dfrac{R_2}{R_1 + R_2}}{i_o} = \frac{R_2}{R_1 + R_2}$$

由于运放的电压放大倍数非常大,在输入端 $v_P \approx v_N$,故有 $i_d = i_i - i_f \approx 0$,从而得到 $i_i = i_f$。

所以
$$i_o = -\left(1 + \frac{R_1}{R_2}\right)i_i$$

输入电阻:由于是并联反馈,所以该电路反馈时的输入电阻 R_{if} 比无反馈时的 R_i 小 $1+A_i F_i$ 倍,这里 A_i 是基本放大器的电流放大系数。

输出电阻：由于是电流反馈，所以该电路反馈时的输出电阻是无反馈时的输出电阻的 $1+A_iF_i$ 倍。

4.2.4 负反馈放大电路的一般表达式

由图 4-43 所示的反馈放大器框图可得到反馈放大器的增益：

$$A_{xf} = \frac{X_o}{X_i} = \frac{X_o}{X_d + X_f} = \frac{A_x X_d}{X_d + X_d A_x F_x}$$

可得到一般的增益表达式：

$$A_{xf} = \frac{A_x}{1 + A_x F_x}$$

有关 $1+A_xF_x$ 的讨论：

若 $1+A_xF_x$ 大于 1，有 $A_{xf}<A_x$，则为负反馈。

若 $1+A_xF_x$ 小于 1，有 $A_{xf}>A_x$，则为正反馈。

若 $1+A_xF_x$ 等于 0，有 $A_{xf}=\infty$，则没有输入也有输出，这时放大器就变成了振荡器。

若 $1+A_xF_x \gg 1$，则有 $1+A_xF_x = A_xF_x$，这时的增益表达式为

$$A_{xf} \approx \frac{1}{F_x}$$

就是说当引入深度负反馈时（即 $1+A_xF_x \gg 1$ 时）增益仅仅由反馈网络决定，而与基本放大电路无关。由于反馈网络一般为无源网络，受环境温度的影响比较小，所以反馈放大器的增益是比较稳定的。从深度负反馈的条件可知，当反馈系数确定之后，A_x 越大越好，A_x 越大，A_{xf} 与 $1/F$ 的近似程度越好。

根据 A_{xf} 和 F_x 定义：

$$A_{xf} = \frac{X_o}{X_i}, \quad F_x = \frac{X_f}{X_o}, \quad A_{xf} \approx \frac{1}{F_x} = \frac{X_a}{X_f}$$

说明 $X_i \approx X_f$，可见深度负反馈的实质是在近似分析中忽略净输入量，对于电压反馈忽略 v_d，对于并联反馈忽略 i_d。

负反馈对放大电路的性能影响很大，除可以改变放大器的输入、输出电阻外，还可以稳定放大倍数、展宽频带、减小非线性失真。特别是当反馈深度很大时，改善的效果更加明显，但是事情都是一分为二的，反馈深度很大时，容易引起放大电路的不稳定，产生自激振荡。

4.3 频率特性的基本概念

对于一个放大电路来讲，当施加一定的输入电压信号，则有相应的输出电压信号产生，电压放大倍数为一向量：

$$\dot{A}_v = |A_v| \angle \varphi_v$$

其中 A_v 是输出信号与输入信号绝对值之比，φ_v 是输出信号与输入信号的相位差。

经实验可知，当我们施加频率变化的正弦输入信号于实际的放大电路时，A_v 与 φ_v 都随频率变化而变化，即 $A_v(f)$、$\varphi_v(f)$ 均为频率的函数。

例如单级阻容耦合放大电路的 $A_v(f)$ 曲线如图 4-54 所示。这种现象是由于放大电路的耦合电容和三极管极间电容等引起的。而直接耦合放大器的频率特性如图 4-55 所示。

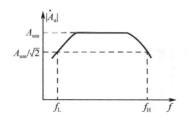

图 4-54 阻容耦合放大器幅频特性

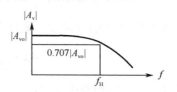

图 4-55 直接耦合放大器幅频特性

4.3.1 基本概念

放大电路对正弦输入信号的稳态响应称为频率响应，频率响应与正弦输入信号之间的关系特性称为频率特性。

1. 频率特性和通频带

放大器的频率特性可用放大器的放大倍数与频率的关系描述：

$$\dot{A}_v = |A_v(f)| \angle \varphi_v(f)$$

式中 $A_v(f)$ 表示电压放大倍数的模与频率 f 的关系，称为幅频特性；$\varphi_v(f)$ 表示放大器输出电压与输入电压之间的相位差与频率的关系，称为相频特性；总称放大器的频率特性。

图 4-54 中，f_L 和 f_H 分别称为下限频率和上限频率，定义为放大倍数下降至 $0.707 A_{vM}$ 时对应的频率；f_L 主要由放大器中三极管外部的电容（耦合电容、旁路电容等）决定，f_H 主要由三极管内部的电容决定。不同的放大器具有不同的频率特性；对于直接耦合电路（主要指模拟集成电路），由于没有三极管外部电容，所以无下限频率 f_L。低于 f_L 的频率范围称为低频区；高于 f_H 的频率范围称为高频区；在 f_L 与 f_H 之间的频率范围称为中频区。中频区频率特性曲线的平坦部分的放大倍数称为中频放大倍数。中频区的频率范围通常又称放大器的通频带或带宽：

$$BW = f_H - f_L$$

一般 $f_H \gg f_L$，所以 $BW \approx f_H$。对直接耦合方式：$BW = f_H$。

2. 增益

衡量放大器信号在传输过程中的变化，可用一个对数单位来表示，这个对数单位就是分贝（dB）。

放大倍数用分贝表示的定义如下。

功率放大倍数的分贝值：

$$A_P(\text{dB}) = 10 \lg \frac{P_o}{P_i} \text{ (dB)}$$

在给定的电阻下，功率与电压的平方成正比，所以电压放大倍数的分贝值：

$$A_v(\text{dB})=10\lg\frac{V_o^2}{V_i^2}=20\lg\frac{V_o}{V_i}(\text{dB})$$

式中 P_i、V_i 表示放大器的输入功率和输入电压，P_o、V_o 表示输出功率和输出电压，为以 10 为底的常用对数，以上两式 A_P、A_v 单位均为分贝（dB）。

例如，一个放大器的放大倍数 $A_v=100$，则用分贝数表示的电压放大倍数为 40dB。又如当 $A_v=0.707$（归一化放大倍数）时，相应的分贝数为-3dB。因此前面描述通频带的下限频率和上限频率，分别是对应下端或上端的-3dB 点的频率。

放大倍数采用对数单位分贝表示的优点在于，它将放大倍数的相乘简化为相加；其次，在讨论放大器的频率特性时可采用对数坐标图，这样在绘制近似的频率特性曲线时更为简便；此外，采用对数单位表示信号传输的大小比较符合人耳对声音感觉的状况，因此特别适用于电声设备。放大倍数用分贝作为单位时，常称增益。

4.3.2 集成运放的频率特性

集成运放是直接耦合多级放大电路，具有很好的低频特性（$f_L=0$），可以放大直流信号；它的各级三极管的极间电容影响它的高频特性。由于集成运放的电压增益高达上万，所以即使三极管的结电容很小，但是影响很大，所以集成运放的上限频率很低，通用集成运放的-3dB 带宽只有几赫兹到十几赫兹，这么低的上限频率确实限制了集成运放的某些应用，但是，影响并不是很大，原因是放大电路的增益与带宽的乘积基本是常数，所以当采用深度负反馈将增益减小后，带宽就被展宽了。

图 4-56 给出了 LM324 的开环频率特性。而图 4-57 所示的是闭环频率特性。

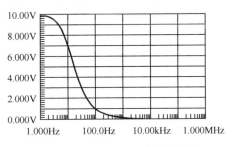

图 4-56　LM324 的开环频率特性

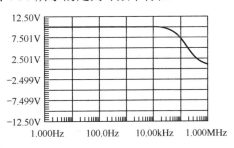

图 4-57　LM324 的闭环频率特性

LM324 开环电压放大倍数为 10 万倍，开环带宽为 10Hz 左右，而闭环放大倍数为 10 倍时的开环带宽约为 100kHz，可见两个电路的增益带宽积是基本相同的。

4.4 集成运放的线性应用

集成运放的应用首先是构成各种运算电路，在运算电路中，以输入电压为自变量，以输出电压作为函数，当输入电压发生变化时，输出电压反映输入电压某种运算的结果，因此，集成运放必须工作在线性区，在深度负反馈条件下，利用反馈网络可以实现各种数学运算。

本节中的集成运放都是理想运放，就是说在分析时，注意使用"虚断"、"虚短"的概念。

4.4.1 比例运算电路

1. 反相输入比例运算

电路如图 4-58 所示,由于运放的同相端经电阻 R_2 接地,利用"虚断"的概念,该电阻上没有电流,所以没有电压降,就是说运放的同相端是接地的,利用"虚短"的概念,同相端与反相端的电位相同,所以反相端也是接地的,由于没有实际接地,所以称为"虚地"。

利用"虚断"概念,由图得:$i_1 = i_f$

利用"虚地"概念:

$$i_1 = \frac{v_i - v_N}{R_1} = \frac{v_i}{R_1}$$

$$i_f = \frac{v_N - v_o}{R_f} = -\frac{v_o}{R_f}$$

最后得:$v_o = -\dfrac{R_f}{R_1} v_i$

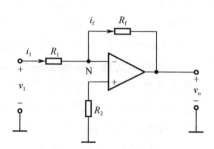

图 4-58 反相比例运算电路

虽然集成运放有很高的输入电阻,但是并联反馈减低了输入电阻,这时的输入电阻为 $R_i = R_1$。

2. 同相比例运算电路

同相比例运算电路如图 4-59 所示,利用"虚断"的概念有:$i_1 = i_f$

利用"虚短"的概念有:$i_1 = \dfrac{0 - v_N}{R_1} = \dfrac{-v_P}{R_1} = \dfrac{v_i}{R_1}$

$$i_f = \frac{v_N - v_o}{R_f} = \frac{v_i - v_o}{R_f}$$

最后得到输出电压的表达式:$v_o = \left(1 + \dfrac{R_f}{R_1}\right) v_i$

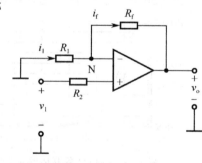

图 4-59 同相比例运算电路

由于是串联反馈电路,所以输入电阻很大,理想情况下 $R_i = \infty$。由于信号加在同相输入端,而反相端和同相端电位一样,所以输入信号对于运放是共模信号,这就要求运放有好的共模抑制能力。

若使 $R_f = 0$,如图 4-60(a)所示;若使 $R_1 = \infty$,如图 4-60(b)所示;或者 $R_f = 0$,$R_1 = \infty$,如图 4-60(c)所示;上面三种情况都会使 $v_o = v_i$,就是输出电压跟随输入电压的变化,简称电压跟随器。

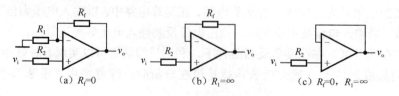

图 4-60 电压跟随器

由以上分析，在分析运算关系时，应该充分利用"虚断"、"虚短"的概念，首先列出关键节点的电流方程，这里的关键节点是指那些与输入输出电压产生关系的节点，例如集成运放的同相、反相节点，最后对所列表达式进行整理得到输出电压的表达式。

4.4.2 加法运算电路

反相加法电路由图 4-61 所示。

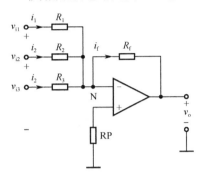

图 4-61 反相加法电路

由图有：$i_1 + i_2 + i_3 = i_f$

其中，$i_1 = \dfrac{v_{i1}}{R_1}$，$i_2 = \dfrac{v_{i2}}{R_2}$，$i_3 = \dfrac{v_{i3}}{R_3}$，$i_f = -\dfrac{v_o}{R_f}$

所以有 $v_o = -R_f \left(\dfrac{v_{i1}}{R_1} + \dfrac{v_{i2}}{R_2} + \dfrac{v_{i3}}{R_3} \right)$

若 $R_1 = R_2 = R_3 = R_f = R$ 则有

$$v_o = \dfrac{R_f}{R}(v_{i1} + v_{i2} + v_{i3} + v_{i4})$$

该电路的特点是便于调节，因为同相端接地，反相端是"虚地"。

4.4.3 减法运算电路

利用差动放大电路实现减法运算的电路如图 4-62 所示。由图有 $\dfrac{v_{i1} - v_N}{R_1} = \dfrac{v_N - v_o}{R_f}$

$$\dfrac{v_{i2} - v_P}{R_2} = \dfrac{v_P}{R_3}$$

由于 $v_N = v_P$，所以：

$$v_o = \left(1 + \dfrac{R_f}{R_1}\right)\left(\dfrac{R_3}{R_2 + R_3}\right)v_{i2} - \dfrac{R_f}{R_1}v_{i1}$$

当 $R_1 = R_2 = R_3 = R_f$ 时，$v_o = v_{i2} - v_{i1}$。

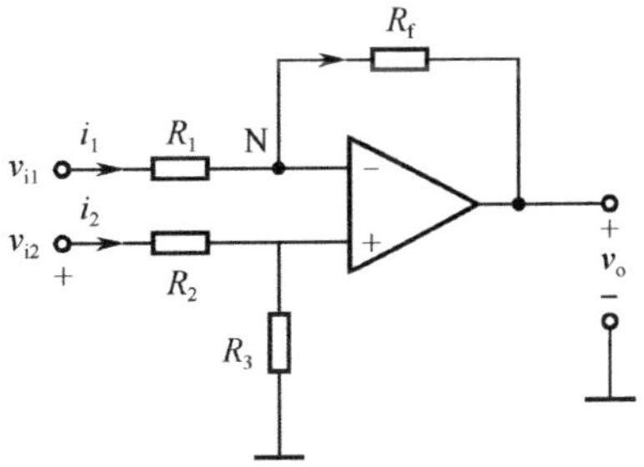

图 4-62 减法运算电路

4.4.4 积分运算电路

反相积分运算电路如图 4-63 所示。

利用"虚地"的概念，有 $i_1 = i_f = \dfrac{v_i}{R_1}$，所以

$$v_o = -v_c = -\dfrac{1}{C_f}\int i_f \mathrm{d}t = -\dfrac{1}{C_f R_1}\int v_i \mathrm{d}t$$

若输入电压为常数，则有 $v_o = \dfrac{v_i}{R_1 C_f} t$。

若在本积分器前加一级反相器，就构成了同相积分器，如图 4-64 所示。

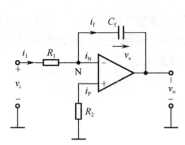

图 4-63 积分运算电路

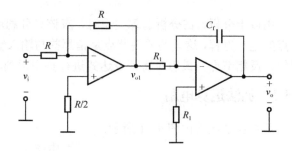

图 4-64 同相积分电路

4.4.5 微分运算电路

微分运算电路如图 4-65 所示，下面介绍该电路输出电压的表达式。

根据"虚短"、"虚断"的概念，$v_P=v_N=0$，为"虚地"，电容两端的电压 $v_C=v_i$，所以有

$$i_f = i_C = C\frac{dv_i}{dt}$$

输出电压

$$v_o = -i_f R_f = -R_f C \frac{dv_i}{dt}$$

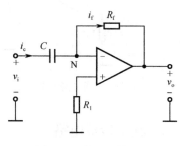

图 4-65 微分运算电路

4.4.6 仪表放大器

仪表放大器如图 4-66 所示，该电路常用在自动控制和非电量测量系统中。

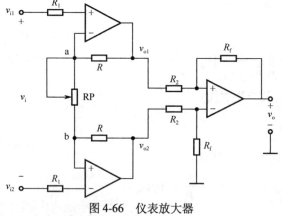

图 4-66 仪表放大器

由图有：$v_i = v_{i1} - v_{i2} = v_a - v_b$

所以：$v_i = v_a - v_b = \dfrac{RP}{2R+RP}(v_{o1} - v_{o2})$

得到：$v_{o1} - v_{o2} = \left(1 + \dfrac{2R}{RP}\right)v_i$

由叠加原理：

$$v_o = \left(1 + \frac{R_f}{R_2}\right)\frac{R_f}{R_2 + R_f}v_{o2} - \frac{R_f}{R_2}v_{o1} = \frac{R_f}{R_2}(v_{o2} - v_{o1})$$

将前式代入最后得到：

$$v_o = -\frac{R_f}{R_2}\left(1 + \frac{2R}{RP}\right)$$

改变电阻 RP 的数值，就可以改变该电路的放大倍数。

集成运放的线性应用还很多，例如，对数放大器、有源滤波器等，限于篇幅，本书不作介绍。

4.5 集成运放的非线性应用

4.5.1 比较器

电压比较器就是将一个连续变化的输入电压与参考电压进行比较，在二者幅度相等时，输出电压将产生跳变。通常用于 A/D 转换、波形变换等场合。在电压比较器电路中，运算放大器通常工作于非线性区，为了提高正负电平的转换速度，应选择上升速率和增益带宽积这两项指标高的运算放大器。目前已经有专用的集成比较器，使用更加方便。

1. 过零比较器

同相过零比较器电路如图 4-67（a）所示，同相端接 v_i，反相端 $v_N=0$，所以输入电压是和 0 电压进行比较。

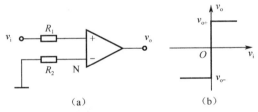

图 4-67 过零比较器

当 $v_i>0$ 时 $v_o=v_{o+}$，就是输出为正饱和值。
当 $v_i<0$ 时 $v_o=v_{o-}$，就是输出为负饱和值。
该比较器的传输特性如图 4-67（b）所示。
该电路常用于检测正弦波的零点，当正弦波电压过零时，比较器输出发生跃变。

2. 任意电压比较器

同相任意比较器电路如图 4-68（a）所示，同相端接 v_i，反相端 $v_N=v_R$，所以输入电压是和 v_R 电压进行比较：

当 $v_i>v_R$ 时，$v_o=v_{o+}$，就是输出为正饱和值。
当 $v_i<v_R$ 时，$v_o=v_{o-}$，就是输出为负饱和值。
该比较器的传输特性如图 4-68（b）所示。

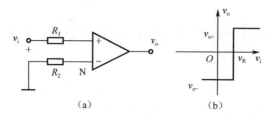

图 4-68 任意电压比较器

上述的开环单门限比较器电路简单，灵敏度高，但是抗干扰能力较差，当干扰叠加到输入信号上而在门限电压值上下波动时，比较器就会反复地动作，如果去控制一个系统的工作，会出现误动作。

3. 迟滞比较器

从反相端输入的迟滞比较器电路如图 4-69（a）所示，迟滞比较器中引入了正反馈。

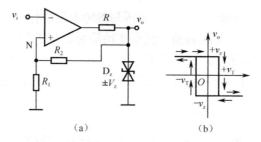

图 4-69 迟滞比较器

集成运放输出端的限幅电路可以看出 $v_o=\pm v_z$，集成运放反相输入端电位 $v_N=v_i$，同相端的电位为

$$v_P = \pm \frac{R_1}{R_1+R_2} v_z$$

令 $v_N=v_P$，则有阈值电压：$v_T = \pm \dfrac{R_1}{R_1+R_2} v_z$，该电路的传输特性如图 4-69（b）所示。

当输入电压 v_i 小于 $-v_T$，则 v_N 一定小于 v_P，所以 $v_o=+v_z$，$v_P=+v_T$。
当输入电压 v_i 增加并达到 $+v_T$ 后，在稍稍增加一点时，输出电压就会从 $+v_z$ 向 $-v_z$ 跃变。
当输入电压 v_i 大于 $+v_T$，则 v_N 一定大于 v_P，所以 $v_o=-v_z$，$v_P=-v_T$。
当输入电压 v_i 减小并达到 $-v_T$ 后，在稍稍减小一点时，输出电压就会从 $-v_z$ 向 $+v_z$ 跃变。
若将电阻 R_1 的接地端接参考电压 v_R，如图 4-70（a）所示，则构成具有参考电压的迟滞比较器。该电路的传输特性如图 4-70（b）所示。

由图可得同相端电压：

$$v_P = \frac{R_2}{R_1+R_2} v_R \pm \frac{R_1}{R_1+R_2} v_z$$

令 $v_N=v_P$，求出的 v_i 就是阈值电压，因此得出：$v_{T1} = \dfrac{R_2}{R_1+R_2} v_R - \dfrac{R_1}{R_1+R_2} v_z$

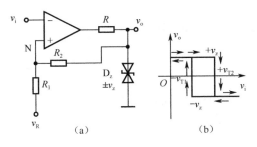

图 4-70 具有参考电压的迟滞比较器

$$v_{T2} = \frac{R_2}{R_1+R_2}v_R + \frac{R_1}{R_1+R_2}v_z$$

目前有很多种集成比较器芯片，例如，AD790、LM119、LM193、MC1414、MAX900 等，虽然它们比集成运放的开环增益低，失调电压大，共模抑制比小，但是它们速度快，传输延迟时间短，而且一般不需要外加电路就可以直接驱动 TTL、CMOS 等集成电路，并可以直接驱动继电器等功率器件。

4.5.2 方波发生器

方波发生器是能够直接产生方波信号的非正弦波发生器，由于方波中包含有极丰富的谐波，因此，方波发生器又称多谐振荡器。由迟滞比较器和 RC 积分电路组成的方波发生器如图 4-71（a）所示。其中，图 4-71（b）为双向限幅的方波发生器。图中，运放和 R_1、R_2 构成迟滞比较器，双向稳压管用来限制输出电压的幅度，稳压值为 v_z。比较器的输出由电容上的电压 v_C 和 v_o 在电阻 R_2 上的分压 v_{R2} 决定，当 $v_C > v_{R2}$ 时，$v_o = -v_z$，$v_C < v_{R2}$ 时，$v_o = +v_z$。$v_{R2} = \frac{R_2}{R_1+R_2}v_o$。方波发生器的工作原理如图 4-72 所示。

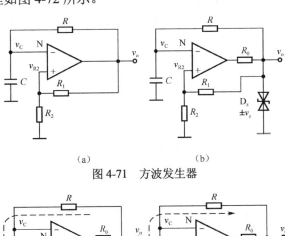

图 4-71 方波发生器

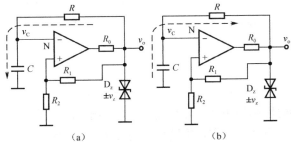

图 4-72 方波发生器工作原理图

假定接通电源瞬时，$v_o=+v_z$，$v_c=0$，那么有 $v_{R2}=\dfrac{R_2}{R_1+R_2}v_z$，电容沿图 4-72（a）所示方向充电，$v_c$ 上升。当 $v_c=\dfrac{R_2}{R_1+R_2}v_z=k_1$ 时，v_o 变为 $-v_z$，$v_{R2}=-\dfrac{R_2}{R_1+R_2}v_z$，充电过程结束；接着，由于 v_o 由 $+v_z$ 变为 $-v_z$，电容开始放电，放电方向如图 4-72（b）所示，同时 v_c 下降。当下降到 $v_c=-\dfrac{R_2}{R_1+R_2}v_z=k_2$ 时，v_o 由 $-v_z$ 变为 $+v_z$，重复上述过程。工作过程波形图如图 4-73 所示。

综上所述，这个方波发生器电路利用正反馈，使运算放大器的输出在两种状态之间反复翻转，RC 电路是它的定时元件，决定着方波在正负半周的时间 T_1 和 T_2，由于该电路充放电时常数相等，即

$$T_1=T_2=RC\ln\left(1+\dfrac{2R_2}{R_1}\right)$$

方波的周期为

$$T=T_1+T_2=2RC\ln\left(1+\dfrac{2R_2}{R_1}\right)$$

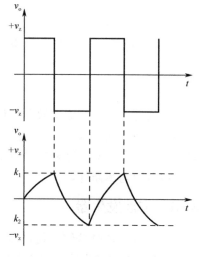

图 4-73　方波发生器工作波形图

4.6 正弦波发生器

正弦波振荡器又称自激振荡器，多数的正弦振荡器都是建立在放大反馈的基础上的，因此又称反馈振荡器，其框图如图 4-74 所示。要想产生等幅持续的振荡信号，振荡器必须满足从无到有地建立起振荡的起振条件，以及保证进入平衡状态、输出等幅信号的平衡条件。下面分别讨论这两个条件。

4.6.1　正弦振荡的一般问题

1. 起振条件

振荡信号总是从无到有地建立起来的，接通电源的瞬时，电路的各部分存在各种扰动，这种扰动可能是刚接通电源瞬间引起的电流的突变，也可能是管子和回路的内部噪声。这些扰动中包含很丰富的频率分量。如果电路具有选频作用，它对某一频率 ω 分量满足 $AF>1$，经过放大、反馈的反复作用，使电压振幅不断加大，从而使振荡器能够从无到有地建立起振荡。因此，振荡器的起振条件为 $\dot{A}\dot{F}>1$，用幅度和相位分别表示为：

$$|\dot{A}\dot{F}|>1$$

$$\varphi_A+\varphi_F=\pm 2n\pi \quad (n=0,1,2\cdots)$$

上面两式分别称为幅度起振条件和相位起振条件。满足起振条件后，要想产生等幅持续的正弦波，还必须满足平衡条件，否则，振荡信号将无休止地增长。

2. 平衡条件

进入平衡状态时，$\dot{V}_o = \dot{A}\dot{V}_i = \dot{A}\dot{F}\dot{V}_o$，所以产生等幅稳定信号的平衡条件为 $\dot{A}\dot{F}=1$，用幅度和相位分别表示为：

$$|\dot{A}\dot{F}|=1$$

$$\varphi_A + \varphi_F = \pm 2n\pi \quad (n=0,1,2\cdots)$$

上两式分别称为振幅平衡条件和相位平衡条件。

从上面的分析过程可以看出，起振和平衡的相位条件均为 $\varphi_A + \varphi_F = \pm 2n\pi$，从反馈的极性来说，反馈网络必须为正反馈。同时，由起振条件可知，反馈网络中必须包含选频网络。而且，从振幅的起振和平衡条件可以看出，$|\dot{A}\dot{F}|$ 必须具有图 4-75 所示的特性，这样，起振时，$|\dot{A}\dot{F}|>1$，$\dot{V}_i$ 迅速增长，以后，由于 $|\dot{A}\dot{F}|$ 随 $\dot{V}_i$ 的增大而下降，$\dot{V}_i$ 的增长速度逐渐变慢，直到 $|\dot{A}\dot{F}|=1$，$\dot{V}_i$ 停止增长，振荡器进入平衡状态，并在相应的平衡振幅上维持等幅振荡。为了获得图 4-75 所示的 $|\dot{A}\dot{F}|$ 随 $\dot{V}_i$ 变化的曲线，振荡环路中必须具有能稳幅的非线性环节。在实际中，除少数类型外，多数的振荡器都是由放大网络来完成稳幅功能的。

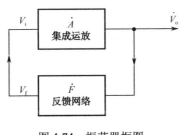

图 4-74　振荡器框图

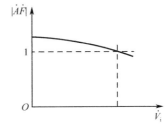

图 4-75　输入电压幅值与增益之间的关系

3. 振荡器的组成和分析方法

综上所述，正弦波振荡器由放大网络和反馈网络组成，反馈网络中必须包含选频网络，并形成正反馈；放大网络必须包含具有稳幅作用的非线性环节。常用的反馈网络有：LC 谐振回路、RC 移相选频网络、石英晶体谐振器。放大网络可由三极管、场效应管、差动放大电路、线性集成电路来担任。

根据选频网络的不同，正弦波振荡器分为 RC 振荡器、LC 振荡器和石英晶体振荡器。

实际分析振荡器时，由于电路为非线性系统，通常采用近似分析法。首先检查电路是否具有必需的组成部分，反馈网络是否为正反馈，即是否满足相位平衡条件；然后，求振荡频率和起振条件。振荡开始时，$\dot{V}_i$ 很小，放大管工作于伏安特性的线性区，可用微变等效电路表示，由此写出环路增益的表达式，令 $\varphi_A + \varphi_F = \pm 2n\pi$ 即可得到振荡频率 ω_0；在 $\omega=\omega_0$ 时，令 $|\dot{A}\dot{F}|>1$，可得到起振条件。

4. 串并联选频网络

串并联选频网络的电路结构如图 4-76 所示。

其传输函数为：

$$H(j\omega) = \frac{\dot{V}_2}{\dot{V}_1} = \frac{R // \frac{1}{j\omega C}}{R + \frac{1}{j\omega C} + R // \frac{1}{j\omega C}} = \frac{j\omega RC}{(j\omega RC)^2 + 1 + 3j\omega RC}$$

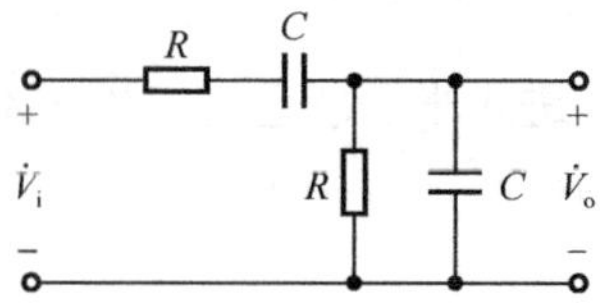

令 $\omega_0 = \frac{1}{RC}$，则

图 4-76 串并联选频网络

$$H(j\omega) = \frac{j\dfrac{\omega}{\omega_0}}{1 + 3j\dfrac{\omega}{\omega_0} - \left(\dfrac{\omega}{\omega_0}\right)^2}$$

根据前式可得到选频电路的频率特性曲线，分别如图 4-77 所示。从图中可以看出，RC 串并联电路具有选频特性，在中心频率 $\omega=\omega_0$ 上，$H(\omega)=1/3$，$\varphi(\omega)=0°$。

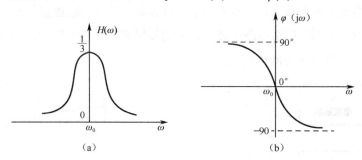

图 4-77 RC 串并联电路的频率特性曲线

4.6.2 文氏电桥振荡器

文氏电桥振荡器是最常用的 RC 正弦振荡器，它具有波形好、振幅稳定和频率调节方便等优点，工作频率范围可以从 1Hz 以下的超低频到 1MHz 左右的高频段。文氏电桥振荡器常采用外稳幅，其电路如图 4-78 所示。

根据图 4-77 可知，在频率 $\omega=\omega_0$ 时，$K(\omega_0)=1/3$，$\varphi(\omega_0)=0°$。要形成正反馈，放大网络的相移应为 0°或 360°。因此输入信号从同相输入端输入。同时，为稳定输出幅度，放大网络中用热敏电阻 R_t 和 R_1 构成具有稳幅作用的非线性环节。R_t 是具有负温度特性的热敏电阻，加在它上面的电压越大，消耗在上面的功率越大，温度越高，它的阻值就越小。刚起振时，振荡电压振幅很小，R_t 的温度低，阻值大，负反馈强度弱，放大器增益大，保证振荡器能够起振。随着振荡振幅的增大，R_t 上平均功率加大，R_t 的温度上升，阻值减小，负反馈强度加深，使放大器增益下降，保证了放大器在线性工作条件下实现稳幅。另外，也可用具有正温度系数的热敏电阻代替 R_1，与普通电阻一起构成限幅电路。

起振条件：由串并联网络的幅频特性可以知道，

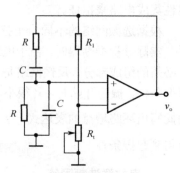

图 4-78 文氏电桥振荡器

$\omega = \omega_0 = \dfrac{1}{RC}$ 时，$F = \dfrac{1}{3}$，为满足起振条件，应有 $|\dot{A}\dot{F}| > 1$ 所以，$|A| > 3$，满足深度负反馈时，$A = \dfrac{R_1 + R_t}{R_1} > 3$，因此有 $R_t > 2R_1$。

可见，在满足深度负反馈时，振荡器的起振条件仅取决于负反馈支路中电阻的比值，而与放大器的开环增益无关。因此，振荡器的性能稳定。

4.7 常用集成运放芯片介绍

4.7.1 集成运放供应商

目前我国可以生产很多型号的集成运放，可以满足大部分的芯片需求，除了我国之外，世界上还有很多知名公司生产运放，常见的公司见表 4-20。

表 4-20 集成芯片制造公司列表

公司名称	缩写	商标符号	首标	举例
美国仙童公司	FSC	FAIRCHILD	混合电路首标：SH 模拟电路首标：μA	μA741
日本日立公司	HITJ	Hitachi	模拟电路首标：HA 数字电路首标：HD	HA741
日本松下公司	MATJ	Panasonic	模拟 IC：AN 双极数字 IC：DN MOS IC：MN	DN74LS00
美国摩托罗拉公司	MOTA	Motorola	有封装 IC：MC	MC1503
美国微功耗公司	MPS	Micro Power System	器件首标：MP	MP4346
日本电气公司	NECJ	NEC	NEC 首标：μP 混合元件：A 双极数字：B 双极模拟：C MOS 数字：D	μPD7220
美国国家半导体公司	NSC	National semiconductor	模拟/数字：AD 模拟混合：AH 模拟单片：AM CMOS 数字：CD 数字/模拟：DA 数字单片：DM 线性 FET：LF 线性混合：LH 线性单片：LM MOS 单片：MM	LM101

续表

公司名称	缩写	商标符号	首标	举例
美国无线电公司	RCA	RCA	线性电路：CA CMOS 数字：CD 线性电路：LM	CD4060
日本东芝公司	TOSJ	TOSHBA	双极线性：TA CMOS 数字：TC 双极数字：TD	TA7173

一般情况下，无论哪个公司的产品，除了首标不同外，只要编号相同，功能基本上是相同的。例如，CA741、LM741、MC741、PM741、SG741、CF741、μA741（图 4-79）、μPC741 等芯片具有相同的功能。

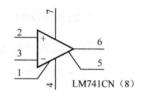

图 4-79 μA741 的符号

4.7.2 常用集成运放芯片

1. 通用运放

通用运放μA741，内部具有频率补偿、输入、输出过载保护功能，并允许有较高的输入共模和差模电压，电源电压适应范围宽。μA741 的符号如图 4-79 所示。它的主要技术指标如下。

输入失调电压为 1mV，输入失调电流为 20nA，输入偏置电流为 80nA，差模电压增益为 2×10^5，输出电阻为 75Ω，差模输入电阻为 2MΩ，输出短路电流为 25mA，电源电流为 1.7mA。

其中引脚 1、8 是调零端，引脚 4 是负电源，引脚 7 是正电源。

2. 低功耗四运放 LM324

运放 LM324 由 4 个独立的高增益、内部频率补偿的运放组成，不但能在双电源下工作，也可在宽电压范围的单电源下工作，它具有输出电压振幅大、电源功耗小等优点，它的主要技术指标如下。

输入失调电压：2mV。

输入失调电流：5nA。

输入偏置电流：45nA。

差模电压增益：100dB。

温度漂移：7μV/℃。

单电源工作电压：3～30V。

双电源工作电压：±1.5～±15V。

静态电流：500μA。

LM324 的引脚排列如图 4-80 所示。其中引脚 11 为负电源或地线，引脚 4 为正电源。

3. 高精度运算放大器 OP07

OP07（LM714）是低输入失调电压的集成运放，具有低噪声、小温漂等特点。它的主要技术指标如下。

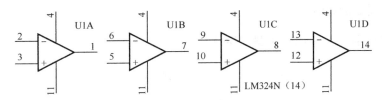

图 4-80 四运放 LM324

输入失调电压：10μV。
输入失调电流：0.7nA。
输入失调电压温度系数：0.2μV/℃。
电源电压：±22V。
静态电流：500μA。

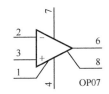

图 4-81 OP07 的符号

OP07 的符号如图 4-81 所示。其中引脚 1 和 8 是调零端，引脚 4 是负电源，引脚 7 是正电源。

4. 低失调、低温漂 JFET 输入集成运放 LF411

LF411 是高速度的 JFET 输入集成运放，它具有小的输入失调电压和输入失调电压温度系数。匹配良好的高电压场效应管输入，还具有高输入电阻、小偏置电流和输入失调电流。LF411 可用于高速积分器、D/A 转换器等电路。

输入失调电压：0.8mV。
输入失调电流：25pA。
输入失调电压温度系数：7μV/℃。
输入偏置电流：50pA。
输入电阻：$10^{12}\Omega$。
静态电流：1.8mA。
输入差模电压：−30～+30V。
输入共模电压：−14.5～+14.5V。
增益带宽积：4MHz。

LF411 的符号如图 4-82 所示。其中引脚 1、5 端用于调零，4 脚是负电源，7 脚是正电源。

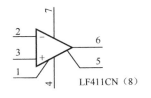

图 4-82 LF411 的符号

4.7.3 常用集成比较器芯片

1. 双集成比较器 LM119

该比较器为集电极开路输出，两个比较器的输出可直接并联，共用外接电阻，它可以双电源供电，也可以单电源供电。

该比较器的电源电压是 2~36V 或 ±18V，输出电流大，可直接驱动 TTL 和 LED。类似型号是 LM219，四电压比较器 LM319。LM139、LM239 和 LM339 与 LM119 的功能基本相同。LM119 的符号如图 4-83 所示。

其中 11 脚为正电源，6 脚为电源地，3 脚为比较器 1 的地线，8 脚为比较器 2 的地线。

2. 用 LM119 实现双限比较（图 4-84）

用 LM119 组成的双限比较电路如图 4-84（a）所示。在图中两个比较器的输出直接连接在一起实现了"线与"功能，就是说，只有两个比较器都输出高电平时，输出才是高电平，否则输出就是低电平。对于一般的有源输出器件是不允许将输出端连在一起的，随便连在一起会损坏器件。该比较器的传输特性如图 4-84（b）所示。

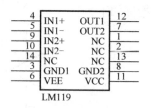

图 4-83　LM119 的符号图

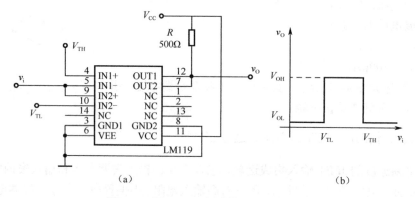

图 4-84　用 LM119 组成的双限比较电路

4.7.4　函数发生器芯片

单片集成函数发生器 ICL8038 是一种可以同时产生方波、三角波和正弦波的专用集成电路，该电路可以单电源供电（10～30V），也可以双电源供电（±5～±15V），频率可调范围为 0.001Hz～300kHz；输出矩形波的占空比可调范围是 2%～98%；输出正弦波的失真度小于 1%。该芯片的符号如图 4-85 所示。

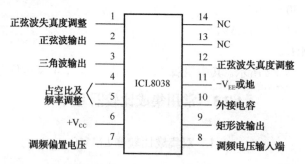

图 4-85　ICL8038 符号图

图 4-86 所示是 ICL8038 的一般使用方法，由于矩形波输出端是集电极开路形式，所以需要外接电阻 R_C，图中 R_{W2} 用于调整频率，R_{W1} 用于调整矩形波的占空比，R_{W3} 和 R_{W4} 用于调节正弦波的失真度。

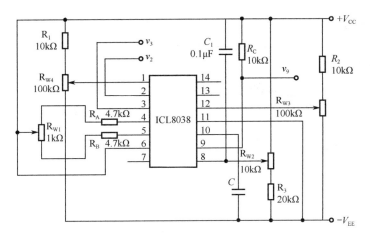

图 4-86 ICL8038 组成的频率可调、失真度可校正电路

4.8 习题

4.8.1 概念题部分

1. 填空题

（1）集成运算放大器是一种采用___耦合方式的放大电路，因此低频性能____，最常见的问题是_____。

（2）通用型集成运算放大器的输入级大多采用___电路，输出级大多采用___电路。

（3）集成运算放大器的两个输入端分别为___输入端和___输入端，前者的极性与输出端___，后者的极性与输出端___。

（4）理想运算放大器的放大倍数 A_u=____，输入电阻 r_i=____，输出电阻 r_o=____。

2. 选择题

（1）反馈放大电路的含义是_____。

（A．输出与输入之间有信号通路　B．电路中存在由输出端到输入端传输的信号通路　C．除放大电路以外还有信号通路）

（2）构成反馈通路的元器件_____。

（A．只能是电阻、电感或电容等无源元件　B．只能是三极管、集成运放等有源器件　C．既可以是无源元件，也可以是有源器件）

（3）反馈量是指_____。

（A．反馈网络从放大电路输出回路中取出的信号　B．反馈到输入回路的信号　C．反馈到输入回路的信号与反馈网络从放大电路输出回路中取出的信号之比）。

（4）直流负反馈是指_____。

（A．反馈网络从放大电路输出回路中取出的信号　B．直流通路中的负反馈　C．放大直流信号时才有的负反馈）

(5) 交流负反馈是指_____。
(A. 只存在于阻容耦合及变压器耦合中的负反馈 B. 交流通路中的负反馈 C. 放大正弦信号时才有的负反馈)

(6) 当集成运放处于_____状态时，可选用_____和_____概念。
(A. 线性放大 B. 开环 C. 深负反馈 D. 虚短 E. 虚断)

(7) _____是_____的特殊情况。
(A. 虚短 B. 虚断 C. 虚地)

(8) 在基本_____电路中，电容接在运放的负反馈支路中，而在基本_____电路中，负反馈元件是电阻。
(A. 微分 B. 积分)

(9) 若将基本_____电路中接在集成运放负反馈支路的电容换成二极管，便可得到基本的_____运算电路，而将基本_____电路中接在输入回路的电容换成二极管，便可得到基本的_____运算电路。
(A. 积分 B. 微分 C. 对数 D. 指数)

(10) 在放大电路中，为了稳定静态工作点，可以引入_____；若要稳定放大倍数，应引入_____；某些场合为了提高放大倍数，可适当引入_____；希望展宽频带，可以引入_____；如要改变输入电阻或输出电阻，可以引入_____；为了抑制温漂，可以引入_____。
(A. 直流负反馈 B. 交流负反馈 C. 交流正反馈 D. 直流负反馈和交流负反馈)

(11) 如希望减小放大电路从信号源索取的电流，则可采用_____；如希望取得较强的反馈作用而信号源内阻很大，则宜采用_____；如希望负载变化时输出电流稳定，则应引入_____；如希望负载变化时输出电压稳定，则应引入_____。
(A. 电压负反馈 B. 电流负反馈 C. 串联负反馈 D. 并联负反馈)

(12) 希望运算电路的函数关系是 $y=a_1x_1+a_2x_2+a_3x_3$（其中 a_1、a_2 和 a_3 是常数，且均为负值），应选用_____。

(13) 希望运算电路的函数关系是 $y=b_1x_1+b_2x_2-b_3x_3$（其中 b_1、b_2 和 b_3 是常数，且均为正值），应选用_____。

(14) 希望接通电源后，输出电压随时间线性上升，应选用_____。
(A.比例电路 B.反相加法电路 C.加减运算电路 D.模拟乘法器 E.积分电路 F.微分电路)

3. 判断与分析题

(1) 在负反馈放大电路中，在反馈系数较大的情况下，只有尽可能地增大开环放大倍数，才能有效地提高闭环放大倍数。（   ）

(2) 在负反馈放大电路中，放大器的放大倍数越大，闭环放大倍数就越稳定。（   ）

(3) 在深负反馈的条件下，闭环放大倍数 $\dot{A}_F \approx 1/\dot{F}$，它与反馈系数有关而与放大器开环放大倍数 $\dot{A}$ 无关，故可省去放大通路，仅留下反馈网络，来获得稳定的闭环放大倍数。（   ）

(4) 负反馈只能改善反馈环路内的放大性能，对反馈环路之外无效。（   ）

(5) 既然在深度负反馈的条件下，闭环放大倍数 $\dot{A}_F \approx 1/\dot{F}$，与放大器件的参数无关，那么放大器件的参数就没有什么实用意义了，随便取一个管子或组件，只要反馈系数 $\dot{F}=1/\dot{A}_F$，就可以获得恒定的闭环放大倍数 $\dot{A}_F$。

（6）某人在做多级放大器实验时，用示波器观察到输出波形产生了非线性失真，然后引入负反馈，立即看到输出幅度明显变小，并且消除了失真，你认为这就是负反馈改善非线性失真的结果吗？

4.8.2 计算和计算机仿真题

1. 同相输入加法电路如图 4-87 所示，求输出电压 v_o，并与反相加法器进行比较，当 $R_1 = R_2 = R_3 = R_f$ 时，$v_o = $？利用 Multisim 软件对该电路进行仿真和验证。

2. 电路如图 4-88 所示，是一加减运算电路，求输出电压 v_o 的表达式。利用 Multisim 软件对该电路进行仿真和验证。

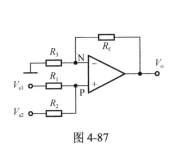

图 4-87

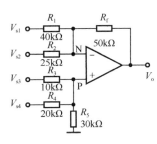

图 4-88

3. 电路如图 4-89 所示，设运放是理想的，试求 v_{o1}、v_{o2} 及 v_o 的值。利用 Multisim 软件对该电路进行仿真和验证。

4. 电路如图 4-90 所示，设所有运放都是理想的。（1）求 v_{o1}、v_{o2} 及 v_o 的表达式；（2）当 $R_1 = R_2 = R_3 = R$ 时的 v_o 的值。利用 Multisim 软件对该电路进行仿真和验证。

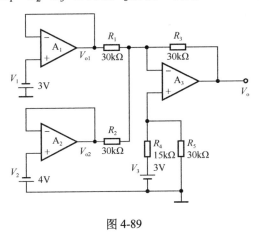

图 4-89

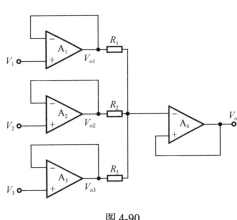

图 4-90

5. 电路如图 4-91 所示，A_1、A_2 为理想运放，电容的初始电压 $v_c(o)=0$。（1）写出 v_o 的表达式；（2）当 $R_1 = R_2 = R_3 = R_4 = R_5 = R_6 = R$ 时，写出输出电压 v_o 的表达式。利用 Multisim 软件对该电路进行仿真和验证。

6. 电路如图 4-92 所示，设运放是理想的，试计算 v_o。利用 Multisim 软件对该电路进行仿真和验证。

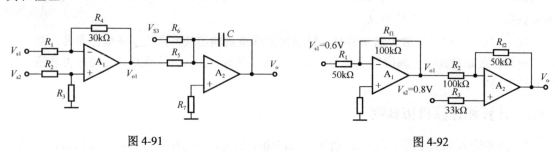

图 4-91　　　　　　　　　　　　　图 4-92

7. 为了用低值电阻实现高电压增益的比例运算，常用一 T 形网络以代替 R_f，如图 4-93 所示，试证明：

$$\frac{v_o}{v_s} = -\frac{R_2 + R_3 + R_2R_3/R_4}{R_1}$$

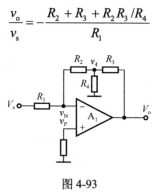

图 4-93

利用 Multisim 软件对该电路进行仿真和验证。

8. 一个放大器的电压放大倍数为 60dB，相当于把电压信号放大多少倍？一个放大器的电压放大倍数为 20000，问以分贝表示是多少？某放大器由三级组成，已知每级电压放大倍数为 15dB，问总的电压放大倍数为多少分贝？相当于把信号放大了多少倍？

附录A

二极管1N4007数据手册

Axial Lead
Standard Recovery Rectifiers

This data sheet provides information on subminiature size, axial lead mounted rectifiers for general-purpose low-power applications.

1N4004 and 1N4007 are Motorola Preferred Devices

LEAD MOUNTED RECTIFIERS 50-1000 VOLTS DIFFUSED JUNCTION

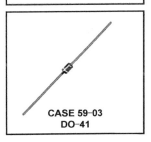

CASE 59-03 DO-41

Mechanical Characteristics

- Case: Epoxy, Molded
- Weight: 0.4 gram (approximately)
- Finish: All External Surfaces Corrosion Resistant and Terminal Leads are Readily Solderable
- Lead and Mounting Surface Temperature for Soldering Purposes: 220℃ Max. for 10 Seconds, 1/16″ from case
- Shipped in plastic bags, 1000 per bag.
- Available Tape and Reeled, 5000 per reel, by adding a "RL" suffix to the part number
- Polarity: Cathode Indicated by Polarity Band
- Marking: 1N4001, 1N4002, 1N4003, 1N4004, 1N4005, 1N4006, 1N4007

MAXIMUM RATINGS

Rating	Symbol	1N4001	1N4002	1N4003	1N4004	1N4005	1N4006	1N4007	Unit
*Peak Repetitive Reverse Voltage Worlking Peak Reverse Voltage DC Blocking Voltage	V_{RRM} V_{RWM} V_R	50	100	200	400	600	800	1000	Volts
*Non-Repetitive Peak Reverse Voltage (halfwave, single phase, 60Hz)	V_{RSM}	60	120	240	480	720	1000	1200	Volts
*RMS Reverse Voltage	$V_{R(RMS)}$	35	70	140	280	420	560	700	Volts
*Average Rectified Forward Current (single phase, resistive load, 60Hz, see Figure 8, TA = 750℃)	I_O	1.0							Amp

续表

Rating	Symbol	1N4001	1N4002	1N4003	1N4004	1N4005	1N4006	1N4007	Unit
* Non-Repetitive Peak Surge Current (surge applied at rated load conditions, see Figure 2)	I_{FSM}				30 (for 1 cycle)				Amp
Operating and Storage Junction Temperature Range	T_J T_{stg}				−65 to +175				℃

ELECTRICAL CHARACTERISTICS*

Rating	Symbol	Typ	Max	Unit
Maximum Instantaneous Forward Voltage Drop (i_F = 1.0 Amp, T_J = 25℃) Figure 1	V_F	0.93	1.1	Volts
Maximum Full-Cycle Average Forward Voltage Drop (I_O = 1.0 Amp, T_L = 75℃, 1 inch leads)	$V_{F(AV)}$	—	0.8	Volts
Maximum Reverse Current (rated dc voltage) (T_J = 25℃) (T_J = 100℃)	I_R	0.05 1.0	10 50	μA
Maximum Full-Cycle Average Reverse Current (I_O = 1.0 Amp, T_L = 75℃, 1 inch leads)	$I_{R(AV)}$	—	30	μA

*indicates JEDEC Reoistered Data

附录B

二极管1N4008数据手册

FEATURES

- Hermetically sealed leaded glass SOD27 (DO-35) package
- High switching speed: max. 4ns
- General application
- Continuous reverse voltage: max. 75V
- Repetitive peak reverse voltage: max. 75V
- Repetitive peak forward current: max. 450mA.

APPLICATIONS

- High-speed switching.

DESCRIPTION

The 1N4148 and 1N4448 are high-speed switching diodes fabricated in planar technology, and encapsulated in hermetically sealed leaded glass SOD27 (DO-35) packages.

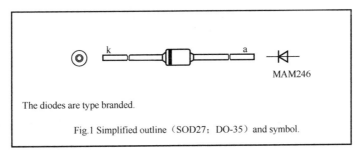

The diodes are type branded.

Fig.1 Simplified outline (SOD27; DO-35) and symbol.

LIMITING VALUES

In accordance with the Absolute Maximum Rating System (IEC 134).

SYMBOL	PARAMETER	CONDITIONS	MIN.	MAX.	UNIT
V_{RRM}	repetitive peak reverse voltage		—	75	V
V_R	continuous reverse voltage		—	75	V
I_F	continuous forward current	see Fig.2; note 1	—	200	mA
I_{FRM}	repetitive peak forward current		—	450	mA

续表

SYMBOL	PARAMETER	CONDITIONS	MIN.	MAX.	UNIT
I_{FSM}	non-repetitive peak forward current	square wave; $T_j = 25°C$ prior to surge; see Fig.4			
		$t = 1\mu s$	—	4	A
		$t = 1ms$	—	1	A
		$t = 1s$	—	0.5	A
P_{tot}	total power dissipation	$T_{amb} = 25°C$; note 1	1	500	mW
T_{stg}	storage temperature		−65	+200	°C
T_j	junction temperature		—	200	°C

ELECTRICAL CHARACTERISTICS

$T_j = 25°C$ unless otherwise specified.

SYMBOL	PARAMETER	CONDITIONS	MIN.	MAX.	UNIT
V_F	forward voltage 1N4148 1N4448	see Fig.3			
		$I_F = 10mA$	—	1	V
		$I_F = 5mA$	0.62	0.72	V
		$I_F = 100mA$	—	1	V
I_R	reverse current	$V_R = 20V$; see Fig.5		25	nA
		$V_R = 20V$; $T_j = 150°C$; see Fig.5	—	50	μA
I_R	reverse current; 1N4448	$V_R = 20V$; $T_j = 100°C$; see Fig.5	—	3	μA
C_d	diode capacitance	$f = 1MHz$; $V_R = 0$; see Fig.6		4	pF
t_{rr}	reverse recovery time	when switched from $I_F = 10mA$ to $I_R = 60mA$; $R_L = 100\Omega$; measured at $I_R = 1mA$; see Fig.7		4	ns
V_{fr}	forward recovery voltage	when switched from $I_F = 50mA$; $t_r = 20ns$; see Fig.8	—	2.5	V

GRAPHICAL DATA

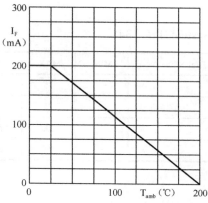

Fig.2 Maximum permissible continuous forward current as a function of ambient temperature.

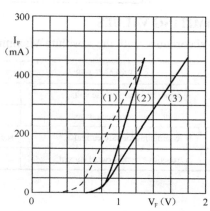

Fig.3 Forward current as a function of forward voltage.

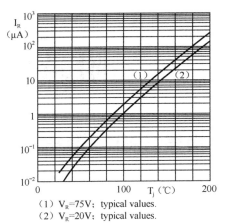

(1) $V_R=75V$; typical values.
(2) $V_R=20V$; typical values.

Fig.5 Reverse current as a function of junction temperature.

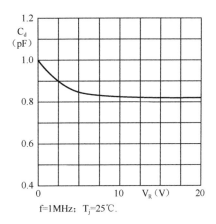

f=1MHz; $T_j=25°C$.

Fig.6 Diode capacitance as function of reverse voltage;typical values.

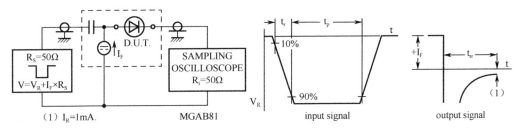

(1) $I_R=1mA$.　　　MGAB81

Fig.7 Reverse recovery voltage test circuit and waveforms.

三极管S9012数据手册

FEATURES

- Complementary to S9013
- Excellent h$_{FE}$ linearity

MAXIMUM RATINGS (T$_A$=25℃ unless otherwise noted)

Symbol	Parameter	Value	Units
V$_{CBO}$	Collector-Base Voltage	-40	V
V$_{CEO}$	Collector-Emitter Voltage	-25	V
V$_{EBO}$	Emitter-Base Voltage	-5	V
I$_C$	Collector Current-Continuous	-500	mA
P$_C$	Collector Power Dissipation	625	mW
T$_J$	Junction Temperature	150	℃
T$_{stg}$	Storage Temperature	-55-150	℃

S9012 TRANSISTOR (PNP)

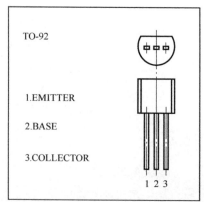

ELECTRICAL CHARACTERISTICS (Tamb=25℃ unless otherwise specified)

Parameter	Symbol	Test conditions	MIN	TYP	MAX	UNIT
Collector-base breakdown voltage	V$_{(BR)CBO}$	I$_C$=-100μA, I$_E$=0	-40			V
Collector-emitter breakdown voltage	V$_{(BR)CEO}$	Ic=-1mA, I$_B$=0	-25			V
Emitter-base breakdown voltage	V$_{(BR)EBO}$	I$_E$=-100μA, I$_C$=0	-5			V
Collector cut-off current	I$_{CBO}$	V$_{CB}$=-40V, I$_E$=0			-0,1	μA

续表

Parameter	Symbol	Test conditions	MIN	TYP	MAX	UNIT
Collector cut-off current	I_{CEO}	$V_{CE}=-20V$, $I_B=0$			-0.1	μA
Emitter cut-off current	I_{EBO}	$V_{EB}=-5V$, $I_C=0$			-0.1	μA
DC current gain	$h_{FE(1)}$	$V_{CE}=-4V$, $I_C=-1mA$	64		400	
	$h_{FE(2)}$	$V_{CE}=-1V$, $I_C=-500mA$	40			
Collector-emitter saturation voltage	$V_{CE(sat)}$	$I_C=500mA$, $I_B=-50mA$			-0.6	V
Base-emitter saturation voltage	$V_{BE(sat)}$	$I_C=500mA$, $I_B=-0mA$			-1.2	V
Transition frequency	f_T	$V_{CE}=-6V$, $I_C=-20mA$ $f=30MHz$	150			MHz

CLASSIFICATION OF $h_{FE(1)}$

Rank	D	E	F	G	H	I	J
Range	64-91	78-112	96-135	112-166	144-202	190-300	300-400

Typical Characteristics

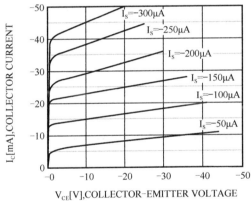

Static Characteristic

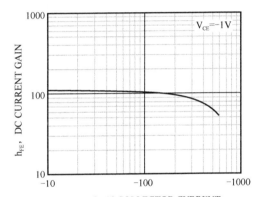

DC current Gain

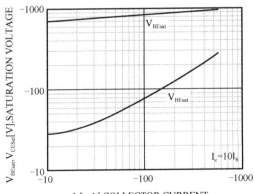

Base-Emitter Saturation Voltage
Collector-Emitter Saturation Voltage

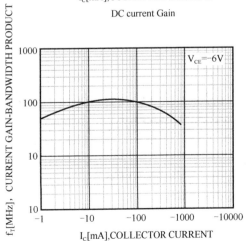

Current Gain Bandwidth Product

三极管S9013数据手册

9013S TRANSISTOR (NPN)
FEATURES

- Complementary to S9012S
- Excellent hFE linearity

MAXIMUM RATINGS (T_a=25℃ unless otherwise noted)

Symbol	Parameter	Value	Units
V_{CBO}	Collector-Base Voltage	40	V
V_{CEO}	Collector-Emitter Voltage	25	V
V_{EBO}	Emitter-Base Voltage	5	V
I_C	Collector Current-Continuous	500	mA
P_C	Collector Dissipation	625	mW
T_J	Junction Temperature	150	℃
T_{stg}	Storage Temperature	−55-150	℃

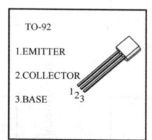

ELECTRICAL CHARACTERISTICS (T_a=25℃ unless otherwise specified)

Parameter	Symbol	Test conditions	Min	Typ	Max	Unit
Collector-base breakdown voltage	$V_{(BR)CBO}$	I_C=100μA, I_E=0	40			V
Collector-emitter breakdown voltage	$V_{(BR)CEO}$	I_C=1mA, I_B=0	25			V
Emitter-base breakdown voltage	$V_{(BR)EBO}$	I_E=100μA, I_C=0	5			V
Collector cut-off current	I_{CBO}	V_{CB}=40V, I_E=0			0.1	μA
Collector cut-off current	I_{CEO}	V_{CE}=20V, I_E=0			0.1	μA
Emitter cut-off current	I_{EBO}	V_{EB}=5V, I_C=0			0.1	μA

续表

Parameter	Symbol	Test conditions	Min	Typ	Max	Unit
DC current gain	$h_{FE(1)}$	$V_{CE}=1V, I_C=50mA$	64		400	
	$h_{FE(2)}$	$V_{CE}=1V, I_C=500mA$	40			
Collector-emitter saturation voltage	$V_{CE(sat)}$	$I_C=500mA, I_B=50mA$			0.6	V
Base-emitter voltage	$V_{BE(sat)}$	$I_C=500mA, I_B=50mA$			1.2	V
Transition frequency	f_T	$V_{CE}=6V, I_C=20mA, f=30MHz$		150		MHz

CLASSIFICATION OF $h_{FE(1)}$

Rank	D	E	F	G	H	I	J
Range	64-91	78-112	96-135	112-166	144-202	190-300	300-400

Typical Characteristics

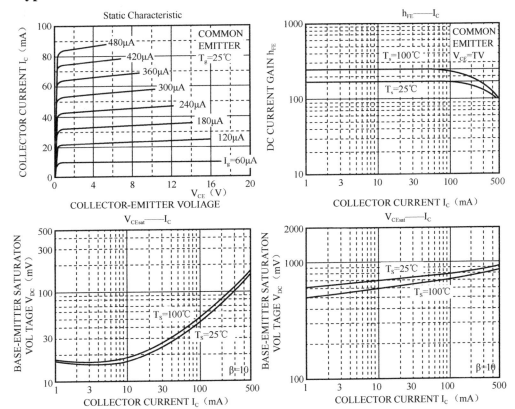

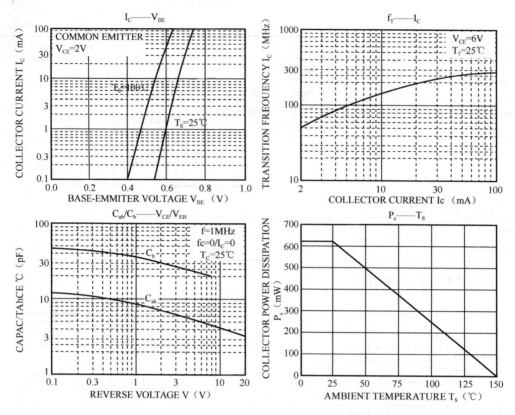

3DD15D数据手册

DESCRIPTION
- With TO-3 package
- High breakdown voltage
- Low collector saturation voltage

APPLICATIONS
- For BAN TV horizontal output and
- power amplifier applications

PINNING	
PIN	DESCRIPTION
1	Base
2	Emitter
3	Collector

Fig.1 simplified outline (TO-3) and symbol

Absolut maximum ratings (Ta=25℃)

SYMBOL	PAIRAMETER	CONDITIONS	VALUE	UNIT
V_{CBO}	Collector-base voltage	Open emitter	300	V
V_{CEO}	Collector-emitter voltage	Open base	200	V
V_{EBO}	Emitter-base voltage	Open collector	5	V
I_C	Collector current		5	A
P_C	Collector power dissipation	$T_C=75℃$	50	W
T_j	Junction temperature		−55～175	℃
T_{stg}	Storage temperature		−55～175	℃

THERMAL CHARACTERISTICS

SYMBOC	PARAMETER	MAX	UNIT
R_{thj-c}	Thermal resistance junction to case	2.0	℃/W

CHARACTERISTICS $T_j=25℃$ unless otherrwise specified

SYMBOL	PARAMETER	CONDITIONS	MIN	TYP.	MAX	UNIT
$V_{(BR)CEO}$	Collector-emitter breakdown voltage	$I_C=10mA; I_B=0$	200			V

续表

SYMBOL	PARAMETER	CONDITIONS	MIN	TYP.	MAX	UNIT
$V_{(BR)CBO}$	Collector-base breakdown voltage	$I_C=1mA$; $I_E=0$	300			V
$V_{(BR)EBO}$	Emitter-base breakdown voltage	$I_E=10mA$; $I_C=0$	5			V
V_{CEsat}	Collector-emitter saturation voltage	$I_C=2.5A$; $I_B=0.25A$			1.5	V
I_{CEO}	Collector cut-off cu current	$V_{CE}=50V$; $I_B=0$			1.0	mA
I_{CBO}	Collector cut-off cu current	$V_{CB}=150V$; $I_E=0$			0.5	mA
I_{EBO}	Emitter cut-off current	$V_{EB}=5V$; $I_C=0$			0.5	mA
h_{FE}	DC current gain	$I_C=2A$; $V_{CE}=10V$	30		250	

LM7805数据手册

3-Terminal lA Positive Voltage Regulator
General Description

The LM78XX series of three terminal positive regulators are available in the TO-220 package and with several fixed output voltages, making them useful in a wide range of applications. Each type employs internal current limiting, thermal shut down and safe operating area protection, making it essentially inde-structible. If adequate heat sinking is provided, they can deliver over 1A output current. Although designed primarily as fixed voltage regulators, these devices can be used with external components to obtain adjustable voltages and currents.

Features
- Output Current up to 1A
- Output Vollages of 5, 6, 8, 9, 12, 15, 18, 24
- Thermal Overload Protection
- Shod Circuit Protection
- Output Transistor Safe Operating Area Protection

Internal Block Diagram

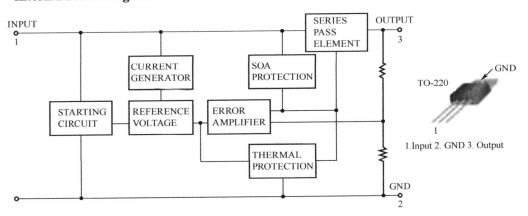

Electrical Characteristics (LM7805)

(Refer to the test circuits.$-40°C<T_J<125°C$, $I_O=500mA$, $V_I=10V$, $C_I=0.1\mu F$, unless otherwise specified)

Paramater	Symbol	Cundilions		Min	Typ	Max	Unit
Output Voltage	V_O	$T_J=+25℃$		4.8	5.0	5.2	V
		$5mA \leq I_O \leq 1A, P_O \leq 15W, V_I=7V \text{ to } 20V$		4.75	5.0	5.25	
Line Regulation (Note 2)	Regline	$T_J=+25℃$	$V_O=7V \text{ to } 25V$	—	4.0	100	mV
			$V_I=8V \text{ to } 12V$	—	1.6	50.0	
Loed RegulaLion	Regload	$T_J=+25℃$	$I_O=5mA \text{ to } 1.5mA$	—	9.0	100	mV
			$I_O=250mA \text{ to } 750mA$	—	4.0	50.0	
Quiescent Current	I_Q	$T_J=+25℃$		—	5.0	8.0	mA
Quiescent Current Change	ΔI_Q	$I_O=5mA \text{ to } 1A$		—	0.03	0.5	mA
		$V_I=7V \text{ to } 25V$		—	0.3	1.3	
Output Voltage Drift (Note 3)	$\Delta V_O/\Delta T$	$I_O=5mA$		—	-0.8	—	mV/℃
Output Noise Voltage	V_N	$f=10Hz \text{ to } 100KHz, T_A=+25℃$		—	42.0	—	μV/V_o
Ripple Rejection {Note 3}	RR	$f=120Hz, V_O=8V \text{ to } 18V$		62.0	73.0	—	dB
Dropout Voltage	V_{DROP}	$I_O=1A, T_J=+25℃$		—	2.0	—	V
Output Resistance (Note 3)	rO	$f=1KHz$		—	15.0	—	mΩ
Short Circuit Current	I_{SC}	$V_I=35V, T_A=+25℃$		—	230	—	mA
Peak Currenl (Note3)	I_{PK}	$T_J=+25℃$		—	2.2	—	A

D882数据手册

D882 TRANSISTOR (NPN)

FEATURES

Power dissipation

P_{CM}: 1.25 W (Tamb=25℃)

Collector current

I_{CM}: 3 A

Collector-base voltage

$V_{(BR)CBO}$: 40 V

Operating and storage junction temperature range

T_J, T_{stg}: −55℃ to +150℃

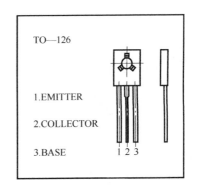

ELECTRICAL CHARACTERISTICS (Tamb=25℃ unless otherwise specified)

Parameter	Symbol	Test conditions	MIN	TYP	MAX	UNIT
Collector-base breakdown voltage	$V_{(BR)CBO}$	I_C=100μA, I_E=0	40			V
Collector-emitter breakdown voltage	$V_{(bR)CEO}$	I_C=10mA, I_B=0	30			V
Emitter-base breakdown voltage	$V_{(SR)EBO}$	I_E=100μA, I_C=0	6			V
Collector cut-off current	I_{CBO}	V_{CB}=40V, I_E=0			1	μA
Collector cut-off current	I_{CEO}	V_{CE}=30V, I_B=0			10	μA
Emitter cut-off current	I_{EBO}	V_{EB}=6V, I_C=0			1	μA
DC current gain	$h_{FE(1)}$	V_{CE}=2V, I_C=1A	60		400	
	$h_{FE(2)}$	V_{CE}=2V, I_C=100mA	32			
Collector-emitter saturation voltage	$V_{CE(sat)}$	I_C=2A, I_B=0.2A			0.5	V
Base-emitter saturation voltage	$V_{BE(sat)}$	I_C=2A, I_B=0.2A			1.5	V
Transition frequency	f_T	V_{CE}=5V, I_C=0.mA f=10MHz	50			MHz

CLASSIFICATION OF $h_{FE(1)}$

Rank	R	O	Y	GR
Range	60-120	100-200	160-320	200-400

附录H

HF3FF超小型大功率继电器

特　性

- 15A触点切换能力
- 具有一组常开、一组转换触点形式
- 超小型、标准印制板引出脚
- 塑封型和防焊剂型可供选择
- 环保产品（符合RoHS）
- 外形尺寸：19.0mm×15.2mm×15.5mm

认证号：E134517

认证号：40025218

认证号：R50148356

认证号：CQC08002027861

性能参数

绝缘电阻		100MΩ(500VD)
介质耐压	线圈与触点间	1500VAC 1min
	断开触点间	750VAC 1min
动作时间（额定电压下）		≤10ms
释放时间（额定电压下）		≤5ms
冲击	稳定性	98/m/s^2
	强度	980m/s^2
振动		10Hz～55Hz 1.5mm 双振幅
湿度		5%～85% RH
温度范围		-40℃～70℃
引出端方式		印制板式
重量		约10g
封装方式		塑封型、防焊剂型

备注：（1）对于塑封型产品试验时，应打开外壳上的透气孔；

（2）上述值均为初始值；

（3）线圈温升详见性能曲线图；

（4）UL绝缘等级：B级

安全认证

UL/CUL	1H	10A 277VAC / 28VDC
		TV-5 120VAC (AgSnO$_2$)
		15A 125VAC
		1/2HP 125VAC (AgSnO2)
	1Z	10A 277 VAC / 28VDC
		10A 120VAC
		1/2 HP 125VAC (AgSnO2)
VDE（仅 AgSnO$_2$）	1H	10A 250VAC
		12A 125VAC
	1Z	5A 250VAC
		NO: 10A 250VAC
		NO: 12A 125VAC

线圈参数

额定线圈功率	5VDC～24VDC：约 360mW
	48VDC：约 510mW

触点参数

触点形式	1H	1Z
接触电阻	≤100mΩ(1A 6VDC)	
触点材料	AgSnO$_2$，AgCdO	
触点负载（阻性）	10A 277VAC/28VDC	
最大切换电压	277VAC/30VDC	
最大切换电流	15A	10A
最大切换功率	2770VA / 210W	
机械耐久性	1×10^7 次	
电耐久性[1]	1×10^5 次（常开触点，7A250VAC）	
	1×10^4 次（常开触点，10A250VAC）	

线圈规格表 23℃

额定电压 VDC	动作电压 VDC	释放电压 VDC	最大电压 VDC	线圈电阻Ω
5	≤3.80	≥0.5	6.5	70×(1±10%)
6	≤4.50	≥0.6	7.8	100×(1±10%)
9	≤6.80	≥0.9	11.7	225×(1±10%)
12	≤9.00	≥1.2	15.6	400×(1±10%)
18	≤13.5	≥1.8	23.4	900×(1±10%)
24	≤18.0	≥2.4	31.2	1600×(1±10%)
48	≤36.0	≥4.8	62.4	4500×(1±10%)
48[1]	≤36.0	≥4.8	62.4	6400×(1±10%)

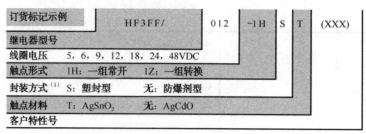

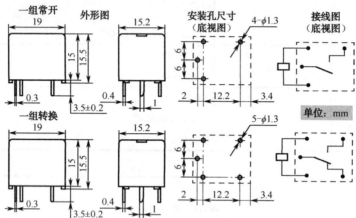

附录I

功率场效应管75N75手册

75N75   **Power MOSFET**

75Amps, 75Volts N-CHANNEL POWER MOSFET

■ DESCRIPTION

The UTC 75N75 is n-channel enhancement mode power field effect transistors with stable off-state characteristics, fast switching speed, low thermal resistance, usually used at telecom and computer application.

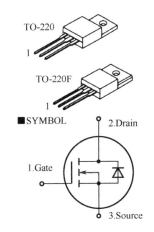

■ FEATURES

* RDS(ON) = 9.5mΩ @V_{GS}=10V
* Ultra low gate charge (typical 90nC)
* Fast switching capability
* Law reverse transfer Capacitance (C_{RSS}=typical 80pF)
* Avalanche energy Specified
* Improved dv/dt capability, high ruggedness

■ ABSOLUTE MAXIMUM RATINGS

PARAMETER		SYMBOL	RATINGS	UNIT
Drain-Source Voltage		V_{DSS}	75	V
Gate-Source Voltage		V_{GSS}	±20	V
Continuous Drain Current	T_C=25℃	I_D	75	A
Pulsed Drain Current (Note 1)		I_{DM}	300	A
Avalanche Energy	Single Pulsed (Note 2)	E_{AS}	900	mJ
	Repetitive (Note 1)	E_{AR}	300	mJ
Peak Diode Recovery dv/dt (Note 3)		dvdt	15	V/ns
Power Dissipation	TO-220	P_D	200	W
	TO-220F		111	W
Junction Temperature		T_J	+150	℃
Operating Temperature		T_{OPR}	−55∼+150	℃
Storage Temperature		T_{STG}	−55∼+150	℃

Note: Absolute maximum ratings are those values beyond which the device could be permanently damaged.

Absolute maximum ratings are stress ratings only and functional device operation is not implied.

■ THERMAL DATA

PARAMETER		SYMBOL	RATINGS	UNIT
Junction-to-Ambient	TO-220	θ_{JA}	62	℃/W
	TO-220F		62	℃/W
Junction-to-Case	TO-220	θ_{JC}	0.74	℃/W
	TO-220F		1.12	℃/W

■ ELECTRICAL CHARACTERISTICS (Tc=25℃, unless otherwise specified)

PARAMETER		SYMBOL	TEST CONDITIONS	MIN	TYP	MAX	UNIT
OFF CHARACTERISTICS							
Drain-Source Breakdown Voltage		BV_{DSS}	$V_{GS}=0V$, $I_D=250\mu A$	75			V
Drain-Source Leakage Current		I_{DSS}	$V_{DS}=75V$, $V_{GS}=0V$			20	μA
Gate-Source Leakage Current	Forward	I_{GSS}	$V_{GS}=20V$, $V_{DS}=0V$			100	nA
	Reverse		$V_{GS}=-20V$, $V_{DS}=0V$			-100	nA
Breakdown Voltage Temperature Coefficient		$\Delta BV_{DSS}/\Delta T_J$	$I_D=1mA$, Referenced to 25℃		0.08		V/℃
ON CHARACTERISTICS							
Gate Threshold Voltage		$V_{GS(TH)}$	$V_{DS}=V_{GS}$, $I_D=250\mu A$	2,0		4,0	V
Static Drain-Source On-State Resistance		$R_{DS(ON)}$	$V_{GS}=10V$, $I_D=40A$		9.5	11	$m\Omega$
DYNAMIC CHARACTERISTICS							
Input Capacitance		C_{ISS}	$V_{GS}=0V$, $V_{DS}=25V$ f=1MHz		3300		pF
Output Capacitance		C_{OSS}			530		pF
Reverse Transfer Capacitance		C_{RSS}			80		pF
SWITCHING CHARACTERISTICS							
Turn-On Delay Time		$T_{D(ON)}$	$V_{DD}=38V$, $I_D=48A$. $V_{GS}=10V$, (Note 4, 5)		12		ns
Turn-On Rise Time		t_R			79		ns
Turn-Off Delay Time		$t_{D(OFF)}$			80		ns
Turn-Off Fall Time		t_F			52		ns
Total Gate Charge		Q_G	$V_{DS}=60V$, $V_{GS}=10V$ $I_D=48A$, (Note 4.5)		90	140	nC
Gate-Source Charge		Q_{GS}			20	35	nC
Gate-Drain Charge		Q_{GD}			30	45	nC
SOURCE-DRAIN DIODE RATINGS AND CHARACTERISTICS							
Diode Forward Voltage		V_{SD}	$V_{GS}=0V$, $I_S=48A$			1.4	V
Continuous Source Current		I_S				75	A
Pulsed Source Current		I_{SM}				300	A
Reverse Recovery Time		t_{RR}	$I_S=48A$, $V_{GS}=0V$		90		ns
Reverse Recovery Charge		Q_{RR}	$dI_F/dt=100A/\mu s$		300		μC

Note 1. Repetivity rating: pulse width limited by junction temperature

    2. L=0,78mH, I_{AS}=48A, V_{DD}=50V, R_G=20Ω, Starting T_J=25℃

    3. ISD≤48A, di/dt≤300A/μs, V_{DD}≤BV_{DSS}, Starting T_J=25℃

    4. Pulse Test: Pulse Width≤300μs, Duty Cycle≤2%

    5. Essentially independent of operating temperature.

TEST CIRCUITS AND WAVEFORMS

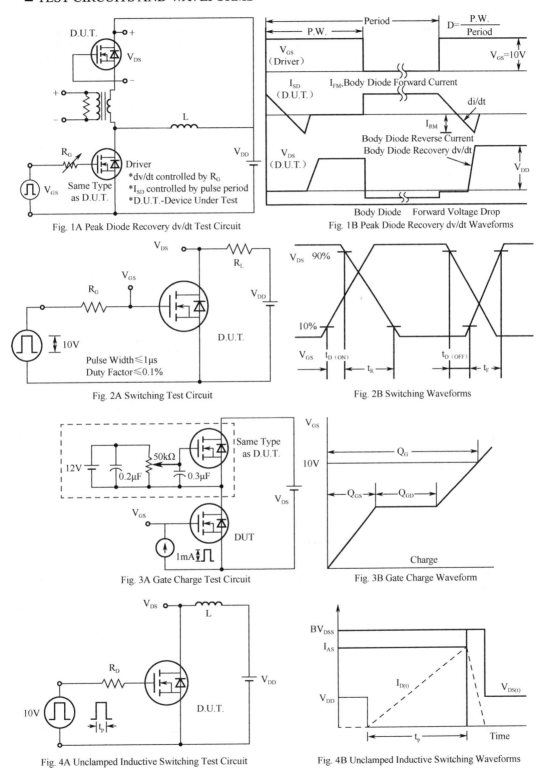

Fig. 1A Peak Diode Recovery dv/dt Test Circuit
Fig. 1B Peak Diode Recovery dv/dt Waveforms

Fig. 2A Switching Test Circuit
Fig. 2B Switching Waveforms

Fig. 3A Gate Charge Test Circuit
Fig. 3B Gate Charge Waveform

Fig. 4A Unclamped Inductive Switching Test Circuit
Fig. 4B Unclamped Inductive Switching Waveforms

■ TYPICAL CHARACTERISTICS

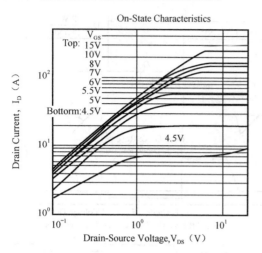
On-State Characteristics

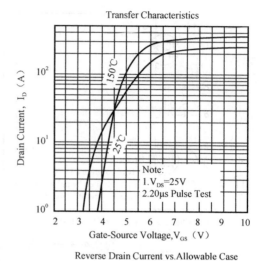
Transfer Characteristics

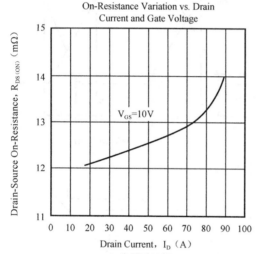
On-Resistance Variation vs. Drain Current and Gate Voltage

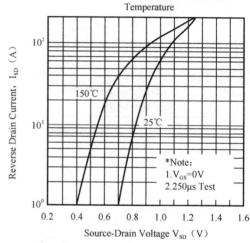
Reverse Drain Current vs. Allowable Case Temperature

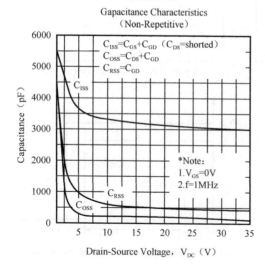
Capacitance Characteristics (Non-Repetitive)

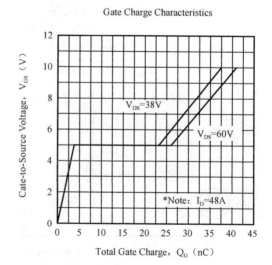
Gate Charge Characteristics

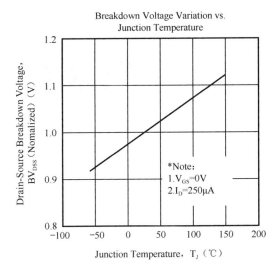 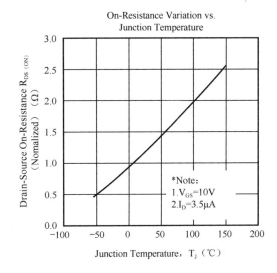

IR2110数据手册

Features

- Floating channel designed for bootstrap operation

Fully operational to +500V or +600V

Tolerant to negative transient voltage dV/dt immune

- Gate drive supply range from 10 to 20V
- Undervoltage lockout for both channels
- 3.3V logic compatible

Separate logic supply range from 3.3V to 20V Logic and power ground ±5V offset

- CMOS Schmitt-triggered inputs with pull-down
- Cycle by cycle edge-triggered shutdown logic
- Matched propagation delay for both channels
- Outputs in phase with inputs

V_{OFFSET} (IR2110)		500V max.
(IR2113)		600V max.
$I_O+/-$		2A/2A
V_{OUT}		10–20V
$t_{oN/off}$ (typ.)		120&94 ns
Delay Matching (IR2110)		10ns max.
(IR2110)		20ns max.

Packages

14-Lead PDIP IR2110/IR2113

16-Lead SOIC IR2110S/IR2113S

Description

The IR2110/IR2113 are high voltage, high speed power MOSFET and IGBT drivers with independent high and low side referenced output channels. Proprietary HVIC and latch immune CMOS technologies enable rugge-dized monolithic construction. Logic inputs are com-patible with standard CMOS or LSTTL output, down to 3.3V logic. The output drivers feature a high pulse current buffer stage designed for minimum driver cross-conduction. Propagation delays are matched to simplify use in high frequency applications. The floating channel can be used to drive an N-channel power MOSFET or IGBT in the high side configuration which operates up to 500 or 600 volts.

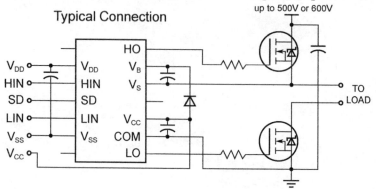

(Refer to Lead Assignments for correct pin configuration). This/These diagram(s) show electricalconnections only. Please refer to our Application Notes and DesignTips for proper circuit board layout.)

Absolute Maximum Ratings

Absolute maximum ratings indicate sustained limits beyond which damage to the device may occur. All voltage param-eters are absolute voltages referenced to COM. The thermal resistance and power dissipation ratings are measuredunder board mounted and still air conditions. Additional information is shown in Figures 28 through 35.

Symbol	Definition		Min.	Max.	Units
V_B	High side floating supply voltage	(IR2110)	−0.3	525	V
		(IR2113)	−0.3	625	
V_S	High side floating supply offset voltage		V_B-25	$V_B+0.3$	
V_{HO}	High side floating output voltage		$V_S-0.3$	$V_B+0.3$	
V_{CC}	Low side fixed supply voltage		−0.3	25	
V_{LO}	Low side output voltage		−0.3	$V_{CC}+0.3$	
V_{DD}	Logic supply voltage		−0.3	$V_{SS}+25$	
V_{SS}	Logic supply offset voltage		$V_{CC}-25$	$V_{CC}+0.3$	
V_{IN}	Logic input voltage (HIN, LIN & SD)		$V_{SS}-0.3$	$V_{DD}+0.3$	
dV_S/dt	Allowable offset supply voltage transient (figure 2)		—	50	V/ns
P_D	Package power dissipation @ $T_A \leqslant +25°C$	(14 lead DIP)	—	1.6	W
		(16 lead SOIC)	—	1.25	
R_{THJA}	Thermal resistance, junction to ambient	(14 lead DIP)	—	75	°C/W
		(16 lead SOIC)	—	100	
T_J	Junction temperature		—	150	°C
T_S	Storage temperature		−55	150	
T_L	Lead temperature (soldering, 10 seconds)		—	300	

Recommended Operating Conditions

The input/output logic timing diagram is shown in figure 1. For proper operation the device should be used within therecommended conditions. The V_S and V_{SS} offset ratings are tested with all supplies biased at 15V differential. Typical ratings at other bias conditions are shown in figures 36 and 37.

Symbol	Definition		Min.	Max.	Units
V_B	High side floating supply absolute voltage		V_S+10	V_S+20	V
V_S	High side floating supply offset voltage	(IR2110)	Note 1	500	
		(iR2113)	Note 1	600	
V_{HO}	High side floating output voltage		V_S	V_B	
V_{CC}	Low side fixed supply voltage		10	20	

续表

Symbol	Definition	Min.	Max.	Units
V_{LO}	Low side output voltage	0	V_{CC}	V
V_{DD}	Logic supply voltage	$V_{SS}+3$	$V_{SS}+20$	V
V_{SS}	Logic supply offset voltage	−5 (Note 2)	5	V
V_{IN}	Logic input voltage (HIN, LIN & SD)	V_{SS}	V_{DD}	V
T_A	Ambient temperature	−40	125	℃

Note 1: Logic operational for V_S of −4 to +500V. Logic state held for V_S of −4V to −V_{BS}. (Please refer to the Design Tip DT97-3 for more details).

Note 2: When $V_{DD} < 5V$, the minimum V_{SS} offset is limited to -V_{DD}.

Dynamic Electrical Characteristics V_{BIAS} (V_{CC}, V_{BS}, V_{DD})=15V, C_L=1000pF, T_A=25℃ and V_{SS}=COM unless otherwise specified. The dynamic electrical characteristics are measured using the test circuit shown in Figure 3.

Symbol	Definition	Figure	Min.	Typ.	Max.	Units	Test Conditions
t_{on}	Turn-on propagation delay	7	—	120	150	ns	V_S=0V
t_{off}	Turn-off propagation delay	8	—	94	125	ns	V_S=500V/600V
t_{sd}	Shutdown propagation delay	9	—	110	140	ns	V_S=500V/600V
t_r	Turn-on rise time	10	—	25	35	ns	
t_f	Turn-off fall time	11	—	17	25	ns	
MT	Delay matching, HS & LS turn-on/off (IR2110)		—	—	10	ns	
MT	Delay matching, HS & LS turn-on/off (IR2113)		—	—	20	ns	

Static Electrical Characteristics

V_{BIAS} (V_{CC}, V_{BS}, V_{DD})=15V, T_A=25℃ and V_{SS}=COM unless otherwise specified. The V_{IN}, V_{TH} and I_{IN} Parameters are referenced to V_{SS} and are applicable to all three logic input leads: H_{IN}, L_{IN} and SD. The V_O and I_O parameters are referenced to COM and are applicable to the respective output leads: H_O or L_O.

Symbol	Definition	Figure	Min.	Typ.	Max.	Units	Test Conditions
V_{IH}	Logic "1" input voltage	12	9.5	—	—	V	
V_{IL}	Logic "0" input voltage	13	—	—	6.0	V	
V_{OH}	High level output voltage, $V_{BIAS}-V_O$	14	—	—	1.2	V	I_O=0A
V_{OL}	Low level output voltage, V_O	15	—	—	0.1	V	I_O=0A
I_{LK}	Offset supply leakage current	16	—	—	50	μA	V_B-V_S=500V/600V
I_{QBS}	Quiescent V_{BS} supply current	17	—	125	230	μA	V_{IN}=0V or V_{DD}
I_{QCC}	Quiescent V_{CC} supply current	18	—	180	340	μA	V_{IN}=0V or V_{DD}
I_{QDD}	Quiescent V_{DD} supply current	19	—	15	30	μA	V_{IN}=0V or V_{DD}
I_{IN+}	Logic "1" input bias current	20	—	20	40	μA	$V_{IN}=V_{DD}$

Symbol	Definition	Figure	Min.	Typ.	Max.	Units	Test Conditions
I_{IN-}	Logic "0" input bias current	21	—	—	1.0		$V_{IN}=0V$
V_{BSUV+}	V_{BS} supply undervoltage positive going threshold	22	7.5	8.6	9.7	V	
V_{BSUV-}	V_{BS} supply undervoltage negative going threshold	23	7.0	8.2	9.4		
V_{CCUV+}	V_{CC} supply undervoltage positive going threshold	24	7.4	8.5	9.6		
V_{CCUV-}	V_{CC} supply undervoltage negative going threshold	25	7.0	8.2	9.4		
I_{O+}	Output high short circuit pulsed current	26	2.0	2.5	—	A	$V_O=0V$, $V_{IN}=V_{DD}$ $PW \leq 10\mu s$
I_{O-}	Output low short circuit pulsed current	27	2.0	2.5	—		$V_O=15V$, $V_{IN}=0V$ $P_W \leq 10\mu s$

Functional Block Diagram

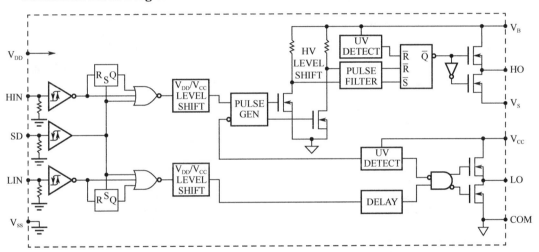

Lead Definitions

Symbol	Definition	Min.	Max.	Units
V_B	High side floating supply absolute voltage	V_S+10	V_S+20	V
V_S	High side floating supply offset voltage	Note 1	500	
V_{HO}	High side floating output voltage	V_S	V_B	
V_{CC}	Low side fixed supply voltage	10	20	
V_{LO}	Low side output voltage	0	VCC	
V_{DD}	Logic supply voltage	$V_{SS}+3V$	$V_{SS}+20$	
V_{SS}	Logic supply offset voltage	−5(Note 2)	5	
V_{IN}	Logic input voltage (HIN, LIN & SD)	V_{SS}	V_{DD}	
T_A	Ambient temperature	−40	125	℃

Note 1: Logic operational for V_S of −4 to +500V. Logic state held for V_S of −4V to $-V_{BS}$.

Note 2: When $V_{DD}<5V$, the minimum V_{SS} offset is limited to $-V_{DD}$.

Lead Assignments

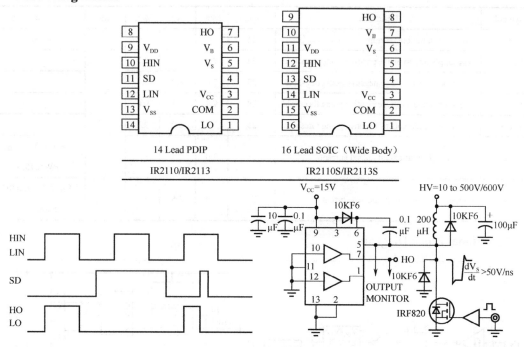

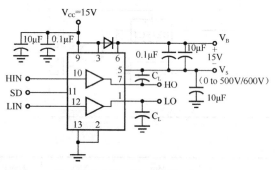

Figure 1. Input/Output Timing Diagram

Figure 2. Floating Supply Voltage Transient Test Circuit

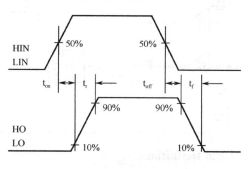

Figure 3. Switching Time Test Circuit

Figure 4. Switching Time Waveform Definition

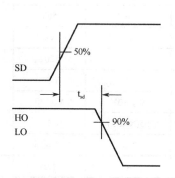

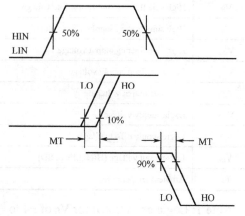

Figure 5. Shutdown Waveform Definitions

Figure 6. Delay Matching Waveform Definitions

LM324数据手册

DESCRIPTION

The LM124/SA534/LM2902 series consists of four independent, high-gain, internally frequency-compensated operational amplifiers designed specifically to operate from a single power supply over a wide range of voltages.

UNIQUE FEATURES

In the linear mode, the input common-mode voltage range includes ground and the output voltage can also swing to ground, even though operated from only a single power supply voltage.

The unity gain crossover frequency and the input bias current are temperature-compensated.

FEATURES

● Internally frequency-compensated for unity gain

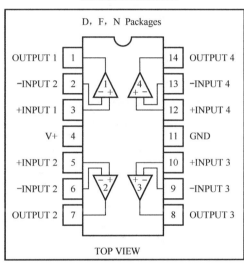

Figure 1. Pin Configuration

● Large DC voltage gain: 100dB

● Wide bandwidth (unity gain): 1MHz (temperature-compensated)

● Wide power supply range Single supply: 3VDC to 30VDC or dualsupplies: ±1.5VDC to ±15VDC

● Very low supply current drain: essentially independent of supply voltage (1mW/op amp at +5VDC)

● Low input biasing current: 45nADC (temperature-compensated)

● Low input offset voltage: 2mVDC and offset current: 5nADC

● Differential input voltage range equal to the power supply voltage

● Large output voltage: 0VDC to VCC-1.5VDC swing

ORDERING INFORMATION

DESCRIPTION	TEMPERATURE RANGE	ORDER CODE	DWG #
14-Pin Plastic Dual In-Line Package (DIP)	−55℃ to +125℃	LM124N	SOT27-1
14-Pin Ceramic Dual In-Line Package (CERDIP)	−55℃ to +125℃	LM124F	0581B
14-Pin Plastic Dual In-Line Package (DIP)	−25℃ to +85℃	LM224N	SOT27-1
14-Pin Ceramic Dual In-Line Package (CERDIP)	−25℃ to +85℃	LM224F	0581B
14-Pin Plastic Small Outline (SO) Package	−25℃ to +85℃	LM224D	SOT108-1
14-Pin Plastic Dual In-Line Package (DIP)	0℃ to +70℃	LM324N	SOT27-1
14-Pin Ceramic Dual In-Line Package (CERDIP)	0℃ to +70℃	LM324F	0581B
14-Pin Plastic Small Outline (SO) Package	0℃ to +70℃	LM324D	SOT108-1
14-Pin Plastic Dual In-Line Package (DIP)	0℃ to +70℃	LM324AN	SOT27-1
14-Pin Plastic Small Outline (SO) Package	0℃ to +70℃	LM324AD	SOT108-1
14-Pin Plastic Dual In-Line Package (DIP)	−40℃ to +85℃	SA534N	SOT27-1
14-Pin Ceramic Dual In-Line Package (CERDIP)	−40℃ to +85℃	SA534F	0581B
14-Pin Plastic Small Outline (SO) Package	−40℃ to +85℃	SA534D	SOT 108-1
14-Pin Plastic Small Outline (SO) Package	−40℃ to +125℃	LM2902D	SOT 108-1
14-Pin Plastic Dual In-Line Package (DIP)	−40℃ to +125℃	LM2902N	SOT27-1

ABSOLUTE MAXIMUM RATINGS

SYMBOL	PARAMETER	RATING	UNIT
V_{CC}	Supply voltage	32 or ±16	V_{DC}
V_{IN}	Differential input voltage	32	V_{DC}
V_{IN}	Input voltage	−0.3 to +32	V_{DC}
P_D	Maximum power dissipation, $T_A=25℃$ (still-air)[1]		
	N package	1420	mW
	F package	1190	mW
	D package	1040	mW
	Output short-circuit to GND one amplifier[2] $V_{CC}<15V_{DC}$ and $T_A=25℃$	Continuous	
L_{IN}	Input current ($V_{IN}<-0.3V$)[3]	50	mA
T_A	Operating ambient temperature range		
	LM324/A	0 to +70	℃
	LM224	−25 to +85	℃
	SA534	−40 to +85	℃
	LM2902	−40 to +125	℃
	L M124	−55 to +125	℃
T_{STG}	Storage temperature range	−65 to +150	℃
T_{SOLD}	Lead soldering temperature (10sec max)	300	℃

NOTES:

1. Derate above 25℃ at the following rates:

F package at 9.5mW/℃

N package at 11.4mW/℃

D package at 8.3mW/℃

2. Short-circuits from the output to VCC+ can cause excessive heating and eventual destruction. The maximum output current is approximately 40mA, independent of the magnitude of VCC. At values of supply voltage in excess of +15VDC continuous short-circuits can exceed the power dissipation ratings and cause eventual destruction.

3. This input current will only exist when the voltage at any of the input leads is driven negative. It is due to the collector-base junction of the input PNP transistors becoming forward biased and thereby acting as input bias clamps. In addition, there is also lateral NPN parasitic transistor action on the IC chip. This action can cause the output voltages of the op amps to go to the V+ rail (or to ground for a large overdrive) during the time that the input is driven negative.

DC ELECTRICAL CHARACTERISTICS (VCC=5V, TA=25℃ unless otherwise specified.)

SYMBOL	PARAMETER	TEST CONDITIONS	LM 124ILM224			LM324/SA534/LM2902			UNIT
			Min	Typ	Max	Min	Typ	Max	
V_{OS}	Offset voltage[1]	$R_S=0\Omega$		±2	±5		±2	±7	mV
		$R_S=0\Omega$, over temp.			±7			±9	
$\Delta V_{OS}/\Delta T$	Temperature drift	$R_S=0\Omega$, over temp.		7			7		μV/℃
t_{BIAS}	Input current[2]	$I_{IN}(+)$ or $I_{IN}(-)$		45	150		45	250	nA
		$I_{IN}(+)$ or $I_{IN}(-)$, over temp.		40	300		40	500	
$\Delta I_{BIAS}/\Delta T$	Temperature drift	Over temp.		50			50		pA/℃
I_{OS}	Offset current	$I_{IN}(+)-I_{IN}(-)$		±3	±30		±5	±50	nA
		$I_{IN}(+)-I_{IN}(-)$, over temp.			±100			±150	
$\Delta I_{OS}/\Delta T$	Temperature drift	Over temp.		10			10		pA/℃
V_{CM}	Common-mode voltage range[3]	$V_{CC} \leq 30V$	0		$V_{CC}-1.5$	0		$V_{CC}-1.5$	V
		$V_{CC} \leq 30V$, over temp.	0		$V_{CC}-2$	0		$V_{CC}-2$	
CMRR	Common-mode rejection ratio	$V_{CC}=30V$	70	85		65	70		dB
V_{OUT}	Output voltage swing	$R_L=2k\Omega$, $V_{CC}=30V$, over temp.	26			26			V
V_{OH}	Output voltage high	$R_L \leq 10k\Omega$, $V_{CC}=30V$, over temp.	27	28		27	28		V
V_{OH}	Output vottage high	$R_L \leq 10k\Omega$, $V_{CC}=30V$, over temp.	27	28		27	28		V
V_{OL}	Output vottage tow	$R_L \leq 10k\Omega$, over temp.		5	20		5	20	mV

I_{CC}	Supply current	$R_L=\infty$, $V_{CC}=30V$, over temp.	1.5	3		1.5	3		mA
		$R_L=\infty$, over temp.	0.7	1.2		0.7	1.2		
A_{VOL}	Large-signal voltage gain	$V_{CC}=15V$ (for large V_O swing), $R_L\geq 2k\Omega$	50	100		25	100		V/mV
		$V_{CC}=15V$ (for large V_O swing), $R_L\geq 2k\Omega$, over temp.	25			15			
	Amplifier-to-amplifier coupling[5]	f=1kHz to 20kHz, input referred.		−120			−120		dB
PSRR	Power supply rejection ratio	$R_S\leq 0\Omega$	65	100		65	100		dB
I_{OUT}	Output current source	$V_{IN}+=+1V$, $V_{IN}-=0V$, $V_{CC}=15V$	20	40		20	40		mA
		$V_{IN}+=+1V$, $V_{IN}-=0V$, $V_{CC}=15V$, over temp.	10	20		10	20		
	Output current sink	$V_{IN}-=+1V$, $V_{IN}+=0V$, $V_{CC}=15V$	10	20		10	20		
	sink	$V_{IN}-=+1V$, $V_{IN}+=0V$, $V_{CC}=15V$, over temp.	5	8		5	8		
		$V_{IN}-=+1V$, $V_{IN}+=0V$, $V_O=200mV$	12	50		12	50		pA
I_{SC}	Short-circuit current[4]		10	40	60	10	40	60	mA
GBW	Unity gain bandwidth			1			1		MHz
SR	Slew rate			0.3			0.3		V/μs
V_{NOISE}	Input noise voltage	f=1kHz		40			40		nV/Hz
V_{DIFF}	Differential input voltage[3]			V_{CC}			V_{CC}		V
$\Delta I_{OS}/\Delta T$	Temperature drift	Over temp.					10	300	pA/℃
V_{CM}	Common-mode voltage range[3]	$V_{CC}\leq 30V$				0	$V_{CC}-1.5$		V
		$V_{CC}<30V$, over temp.				0	$V_{CC}-2$		V
C_{MRR}	Common-mode rejection ratio	$V_{CC}=30V$				65	85		dB
V_{OUT}	Output voltage swing	$R_L=2k\Omega$, $V_{CC}=30V$, over temp.				26			V
V_{OH}	Output voltage high	$R_L\leq 10k\Omega$, $V_{CC}=30V$, over temp.				27	28		V
V_{OL}	Output voltage low	$R_L\leq 10k\Omega$, over temp.					5	20	mV

I_{CC}	Supply current	$R_L=\infty$, $V_{CC}=30V$, over temp.		1.5	3	mA
		$R_L=\infty$, over temp.		0.7	1.2	mA
A_{VOL}	Large-signal voltage gain	$V_{CC}=15V$ (for large V_O swing), $R_L \geqslant 2k\Omega$	25	100		V/mV
		$V_{CC}=15V$ (for large V_O swing), $R_L \geqslant 12k\Omega$, over temp.	15			V/mV
	Amplifier-to-amplifier coupling[5]	f=1kHz to 20kHz, input referred.		−120		dB
PSRR	Power supply rejection ratio	$R_S \leqslant 0\Omega$	65	100		dB
I_{OUT}	Output current source	$V_{IN}+=+1V$, $V_{IN}-=0V$, $V_{CC}=15V$	20	40		mA
		$V_{IN}+=+1V$, $V_{IN}-=0V$, $V_{CC}=15V$, over temp.	10	20		mA
	Output current sink	$V_{IN}-=+1V$, $V_{IN}+=0V$, $V_{CC}=15V$	10	20		mA
		$V_{IN}-=+1V$, $V_{IN}+=0V$, $V_{CC}=15V$, over temp.	5	8		mA
		$V_{IN}-=+1V$, $V_{IN}+=0V$, $V_O=200mV$	12	50		mA
I_{SC}	Short-circuit current[4]		10	40	60	mA
V_{DIFF}	Differential input voltage[3]			V_{CC}		V
GBW	Unity gain bandwidth			1		MHz
SR	Slew rate			0.3		V/μs
V_{NOISE}	Input noise voltage	f=1kHz		40		nV/Hz

NOTES:

1. $V_O \approx 1.4VDC$, $R_S=0\Omega$ with VCC from 5V to 30V and over full input common-mode range (0VDC+ to VCC −1.5V).

2. The direction of the input current is out of the IC due to the PNP input stage. This current is essentially constant, independent of the state of the output so no loading change exists on the input lines.

3. The input common-mode voltage or either input signal voltage should not be allowed to go negative by more than 0.3V. The upper end of the common-mode voltage range is VCC −1.5, but either or both inputs can go to +32V without damage.

4. Short-circuits from the output to VCC can cause excessive heating and eventual destruction. The maximum output current is approximately 40mA independent of the magnitude of VCC. At values of supply voltage in excess of +15VDC, continuous short-circuits can exceed the power dissipation ratings and cause eventual destruction. Destructive dissipation can result from simultaneous shorts on all amplifiers.

5. Due to proximity of external components, insure that coupling is not originating via stray capacitance between these external parts. This typically can be detected as this type of coupling increases at higher frequencies.

EQUIVALENT CIRCUIT

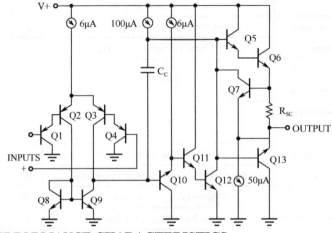

TYPICAL PERFORMANCE CHARACTERISTICS

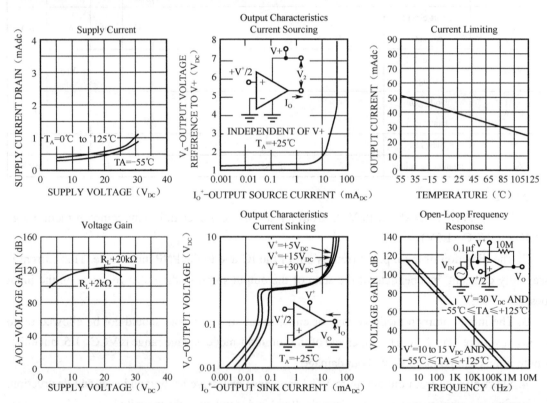

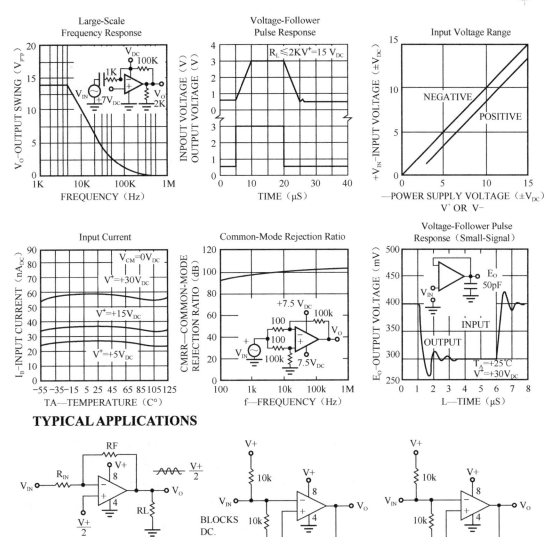

TYPICAL APPLICATIONS

Single Supply Inverting Amplifier

Non-Inverting Amplifier

Input Biasing Voltage-Follower

74HC14数据手册

FEATURES

● Applications:
- Wave and pulse shapers
- Astable multivibrators
- Monostable multivibrators.

● Complies with JEDEC standard no. 7A
● ESD protection:
HBM EIA/JESD22-A114-A exceeds 2000 V
MM EIA/JESD22-A115-A exceeds 200 V.
● Specified from −40 to +85℃ and −40 to +125℃

DESCRIPTION

The 74HC14 and 74HCT14 are high-speed Si-gate CMOS devices and are pin compatible with low power Schottky TTL (LSTTL). They are specified in compliance with JEDEC standard no. 7A.

The 74HC14 and 74HCT14 provide six inverting buffers with Schmitt-trigger action. They are capable of transforming slowly changing input signals into sharply defined, jitter-free output signals.

QUICK REFERENCE DATA (GND=0V; T amb=25℃; tr=t_f=6ns)

SYMBOL	PARAMETER	CONDITIONS	TYPICAL		UNIT
			HC	HCT	
t_{PHL}/t_{PLH}	propagation delay nA to nY	C_L=15pF; V_{CC}=5V	12	17	ns
C_I	input capacitance		3.5	3.5	pF
C_{PD}	power dissipation capacitance per gate	notes 1 and 2	7	8	pF

Notes

1. C_{PD} is used to determine the dynamic power dissipation (P_D in μW):

$P_D = C_{PD} \times V_{CC}^2 \times f_i \times N + \Sigma(C_L \times V_{CC}^2 \times f_o)$ where:

f_i=input frequency in MHz;

f_o=output frequency in MHz;

C_L=output load capacitance in pF;

V_{CC}=supply voltage in Volts;

N=total load switching outputs;

$\Sigma(C_L \times V_{CC}^2 \times f_o)$=sum of the outputs.

2. For type 74HC14 the condition is V_I=GND to V_{CC}.

For type 74HCT14 the condition is V_I=GND to V_{CC}−1.5V.

FUNCTION TABLE

INPUT	OUTPUT
nA	nY
L	H
H	L

Note

1. H=HIGH voltage level; L=LOW voltage level.

ORDERING INFORMATION

TYPE NUMBER	PACKAGE				
	TEMPERATURE RANGE	PINS	PACKAGE	MATERIAL	CODE
74HC14D	−40 to +125℃	14	SO14	plastic	SOT108-1
74HCT14D	−40 to +125℃	14	SO14	plastic	SOT108-1
74HC14DB	−40 to +125℃	14	SSOP14	plastic	SOT337-1
74HCT14DB	−40 to +125℃	14	SSOP14	plastic	SOT337-1
74HC14N	−40 to +125℃	14	DIP14	plastic	SOT27-1
74HCT14N	−40 to +125℃	14	DIP14	plastic	SOT27-1
74HC14PW	−40 to +125℃	14	TSSOP14	plastic	SOT402-1
74HCT14PW	−40 to +125℃	14	TSSOP14	plastic	SOT402-1
74HC14BQ	−40 to +125℃	14	DHVQFN14	plastic	SOT762-1
74HCT14BQ	−40 to +125℃	14	DHVQFN14	plastic	SOT762-1

PINNING

PIN	SYMBOL	DESCRIPTION
1	1A	data input
2	1Y	data output
3	2A	data input
4	2Y	data output
5	3A	data input
6	3Y	data output
7	GND	ground (0V)
8	4Y	data output
9	4A	data input
10	5Y	data output
11	5A	data input

12	6Y	data output
13	6A	data input
14	V_{CC}	supply voltage

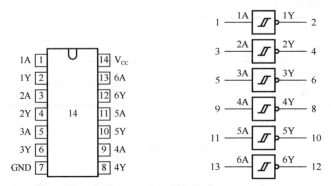

Fig.1 Pin configuration   Fig.3 Logic symbol

RECOMMENDED OPERATING CONDITIONS

SYMBOL	PARAMETER	CONDITIONS	74HC14			74HCT14			UNIT
			MIN.	TYP.	MAX.	MIN.	TYP.	MAX.	
V_{CC}	supply voltage		2.0	5.0	6.0	4.5	5.0	5.5	V
V_I	input voltage		0	—	V_{CC}	0	—	V_{CC}	V
V_O	output voltage		0	—	V_{CC}	0	—	V_{CC}	V
T_{amb}	operating ambient temperature	see DC and AC characteristics per device	−40	+25	+85	−40	+25	+85	℃
			−40	—	+125	−40	—	+125	℃

LIMITING VALUES

SYMBOL	PARAMETER	CONDITIONS	MIN.	MAX.	UNIT
V_{CC}	supply voltage		−0.5	+7	V
I_{IK}	input diode current	V_I<−0.5V or V_I>V_{CC}+0.5V	—	+20	mA
I_{OK}	output diode current	V_O<−0.5V or V_O>V_{CC}+0.5V	—	+20	mA
I_O	output source or sink current	−0.5V<V_O<V_{CC}+0.5V	—	+25	mA
I_{CC}; I_{GND}	V_{CC} or GND current		—	50	mA
T_{stg}	storage temperature		−65	+150	℃
P_{tot}	power dissipation	T_{amb}=−40 to+125℃ DIP14 packages; note 1	—	750	mW
		Other packages; note 2	—	500	mW

TRANSFER CHARACTERISTICS

SYMBOL	PARAMETER	TEST CONDITIONS		MIN.	TYP.	MAX.	UNIT
		WAVEFORMS	V_{CC} (V)				
T_{amb}=25℃; note 1							
V_{T+}	positive-going threshold	Figs 7 and 8	2.0	0.7	1.18	1.5	V
			4.5	1.7	2.38	3.15	V
			6.0	2.1	3.14	4.2	V
V_{T-}	negative-going threshold	Figs 7 and 8	2.0	0.3	0.52	0.90	V
			4.5	0.9	1.40	2.00	V
			6.0	1.2	1.89	2.60	V
V_H	hysteresis (V_{T+}−V_{T-})	Figs 7 and 8	2.0	0.2	0.66	1.0	V
			4.5	0.4	0.98	1.4	V
			6.0	0.6	1.25	1.6	V
T_{amb}=−40 to +85℃							
V_{T+}	positive-going threshold	Figs 7 and 8	2.0	0.7	—	1.5	V
			4.5	1.7	—	3.15	V
			6.0	2.1	—	4.2	V
V_{T-}	negative-going threshold	Figs 7 and 8	2.0	0.3	—	0.90	V
			4.5	0.90	—	2.00	V
			6.0	1.20	—	2.60	V
V_H	hysteresis (V_{T+}−VT_-)	Figs 7 and 8	2.0	0.2	—	1.0	V
			4.5	0.4	—	1.4	V
			6.0	0.6	—	1.6	V
T_{amb}=−40 to +125℃							
V_{T+}	positive-going threshold	Figs 7 and 8	2.0	0.7	—	1.5	V
			4.5	1.7	—	3.15	V
			6.0	2.1	—	4.2	V
V_{T-}	negative-going threshold	Figs 7 and 8	2.0	0.30	—	0.90	V
			4.5	0.90	—	2.00	V
			6.0	1.2	—	2.60	V
V_H	hysteresis (V_{T+}−V_{T-})	Figs 7 and 8	2.0	0.2	—	1.0	V
			4.5	0.4	—	1.4	V
			6.0	0.6	—	1.6	V

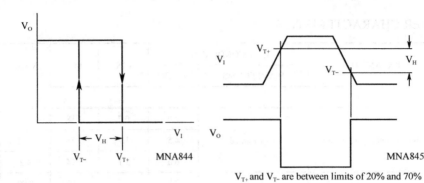

Fig.7 Transfer characteristic

Fig.8 The definitions of V_{T+}, V_{T-} and V_H.

V_{T+} and V_{T-} are between limits of 20% and 70%

参考文献

[1] 康华光. 电子技术基础模拟部分[M]. 4版. 北京：高等教育出版社，1999.
[2] 胡宴如. 模拟电子技术[M]. 北京：高等教育出版社，2000.
[3] 张志良. 模拟电子技术基础[M]. 北京：机械工业出版社，2011.
[4] 刘婷婷. 模拟电路制作与调试项目教程[M]. 北京：机械工业出版社，2012.
[5] 杨欣. 实例解读模拟电子技术完全学习与应用[M]. 北京：电子工业出版社，2013.